普通高等教育"十二五"系列教材（高职高专教育）

PUTONG GAODENG JIAOYU SHIERWU GUIHUA JIAOCAI GAOZHI GAOZHUAN JIAOYU

U0655592

分散控制系统组态与维护

FENSAN KONGZHI XITONG ZUTAI YU WEIHU

主　编　张　波　严天元

副主编　向贤兵　刘建国　曾　蓉　尹维国

编　写　刘　琴　刘春雷　成福群　张　鹏　彭　科

主　审　冯江涛

中国电力出版社

CHINA ELECTRIC POWER PRESS

内 容 提 要

本书以分散控制系统组态与维护的操作为主线，按项目化教学的任务驱动形式编写，内容涵盖 DCS 的控制器、通信网络和人/机接口三大组成部分，涉及现场级、控制级、监控级和管理级四级结构，由 DCS 认识、DCS 配置与维护、控制回路组态与调试、流程图组态和操作员操作五个项目（十六个任务）构成。

本书可作为高职高专自动化类生产过程自动化技术、电力系统自动化技术，能源类工业热工控制技术，电力技术类电厂设备运行与维护、火电厂集控运行等相关专业的教学用书，也可作为相关技术人员的参考用书。

图书在版编目（CIP）数据

分散控制系统组态与维护/张波，严天元主编 .—北京：中国电力出版社，2014.1（2022.8 重印）

普通高等教育"十二五"规划教材 . 高职高专教育

ISBN 978 - 7 - 5123 - 5140 - 0

Ⅰ.①分… Ⅱ.①张…②严… Ⅲ.①火电厂—分散控制系统—维修—高等学校—教材 Ⅳ.①TM621.6

中国版本图书馆 CIP 数据核字（2013）第 259684 号

中国电力出版社出版、发行

（北京市东城区北京站西街 19 号 100005 http://www.cepp.sgcc.com.cn）

北京天宇星印刷厂印刷

各地新华书店经售

*

2014 年 1 月第一版 2022 年 8 月北京第五次印刷

787 毫米×1092 毫米 16 开本 16 印张 390 千字

定价 48.00 元

前　　言

本书是根据教育部教高〔2006〕16 号《关于全面提高高等职业教育教学质量的若干意见》的精神，按照 DL/T 774—2004《火力发电厂热工自动化系统检修运行维护规程》等电力行业规程、制度的要求编写而成的。本书以项目为导向，以任务为驱动，通过循序渐进地应用 DCS 的组态和维护功能，使读者在多个具体任务的执行过程中，不断提升自己的能力。

本书由 DCS 认识、DCS 配置与维护、控制回路组态与调试、流程图组态和操作员操作五个项目构成，反映了企业对自动控制技术人员的工作要求。每个项目分为若干个任务，每个任务由教学目标、任务描述、知识导航、任务准备、任务实施、任务评估等模块组成。

在教材的编写过程中，贯彻执行了教育部关于全面提高高等职业教育教学质量和校企合作的精神，注重电厂对热工控制技术专业后备人才的要求。在文字叙述方面，力求简练和通俗易懂；在内容编排方面，顺应学生的认知规律，符合实践过程；在理论知识和操作技能的选材方面，融合了相关职业资格证书对知识、技能和职业素质的要求，并紧紧围绕工作任务的可操作性和实用性来展开，着力体现"任务驱动、重在实践和方便自学"的原则。充分利用理实一体化教学设备及其环境，突出对学生实践能力的培养。

本书适用于高职高专的 Ovation 系统项目化教学，也可作为自动控制技术及其相关专业的技术人员的自学教材，还可作为 Ovation 系统生产过程操作人员的参考教材。

本书由重庆电力高等专科学校张波、向贤兵、刘建国、曾蓉和成福群，川南发电有限责任公司严天元，国电重庆恒泰发电有限公司尹维国和张鹏，重庆工业自动化仪表研究所刘琴、刘春雷，以及华电四川攀枝花发电有限公司彭科编写，西南大学周雪莲参与了部分工作。本书由张波和严天元担任主编，张波统稿，太原电力高等专科学校冯江涛主审。

在本书编写过程中，得到了重庆电力高等专科学校、上海 Emerson 过程控制有限公司、国电重庆恒泰发电有限公司、国电四川广安发电有限公司和川南发电有限公司等单位的大力支持和帮助，在此谨向支持、帮助本教材编写和出版的单位和个人致以衷心的感谢。

编　者

2013 年 12 月

目　　录

绪　　论

自从 1996 年我国发电装机容量跃居世界第二位以来，我国电力仍以较高的速度和更大的规模在迅猛发展。目前，我国火电建设进入了装设 600～1000MW 超超临界机组为主的时期。

现代化火电厂在非正常运行工况下，参数变化量大、变化迅速和操作量大，而且要求在较短的时间内完成各种复杂的操作。电力生产规模的不断扩大，使电力生产复杂性也迅速提高，需要监视、控制的参数和项目都不断增加，机组热力系统和辅助设备的控制系统也日趋复杂。

从 20 世纪 40 年代起，古典控制理论得到了广泛的应用，尤其是针对单输入/单输出（SISO）线性定常系统的分析和设计。

对于火电厂众多的多输入/多输出（MIMO）系统、非线性、时变和分布参数的被控对象，采用传统的操作方式（即常规控制系统，也称为模拟仪表控制系统）是不可能满足现代化生产过程要求的。同时，随着社会的进步和发展，人们对电力生产控制过程的"稳、准、快"等控制质量和诸多的管理目标也提出了新的、更高的要求。

20 世纪 70 年代前的计算机控制系统，通常被称为早期的计算机控制系统，该系统用计算机代替了原模拟控制系统的控制器，用 CRT 代替了许多显示仪表，但是这种代替绝不是一种简单的替代，而是一种升华。

计算机由软件和硬件组成，采用二进制数字计算，具有快速的精确计算、逻辑判断、存储和通信等信息处理能力，为现代控制理论的应用提供了有力的工具。微处理器的出现并应用于自动控制领域，使火电厂自动控制水平产生了巨大的飞跃。

1．火电厂计算机控制系统的主要功能

火电厂计算机控制系统的主要功能如下：

（1）安全监视和数据处理。安全监视和数据处理包括巡回检测、参数处理、越限报警、参数显示、制表打印和性能计算等。这是计算机控制系统最基本的功能，也是计算机控制的初级应用。

（2）正常调节。在正常运行时，对锅炉、汽轮机和发电机等主辅设备进行直接或间接控制。

（3）管理计算。利用数学模型，对生产过程的数据进行计算，寻找最优工况，实现最优控制；对各运行指标进行计算，改善全厂的运行管理。

（4）事故处理。对生产过程进行监视和趋势预报，对事故进行分析和处理，并记录事故时设备的状态和参数，供运行人员事后分析。

（5）机组启停。实现发电机的自动启停。

采用计算机控制可以提高火电机组或全厂的运行效率，使机组运行稳定；减少和避免重大事故，延长设备寿命；提高操作员素质，减轻劳动强度。

2. 计算机控制系统在火电厂应用的原因

我国《火力发电厂设计技术规程》中规定：火力发电厂生产必须采用计算机进行生产过程监视和控制。火电厂将机、炉、电、控和管理全部纳入计算机控制系统，实现管控一体化，是提高火电厂自动化水平，保证新建大容量机组顺利投产，保证机组"安全、经济、可靠、优化和环保"运行的重要手段和有效措施。

计算机控制系统在火电厂应用的原因如下：

（1）市场的竞争、控制规模的扩大和管理的需要。

（2）有常规控制系统无可比拟的优越性。

（3）国家明文规定。

（4）实现管控一体化的重要途径。

电力生产过程采用自动控制技术是从低级到高级的。控制元件方面，经历了电子管、晶体管、集成电路、大规模集成电路到超大规模集成电路的发展历程；热控仪表方面，经历了模拟仪表、单元组合仪表、组装仪表、数字仪表、智能化数字仪表到计算机监控设备等几个阶段；控制方式方面，由就地仪表的基地式控制到组合控制仪表的集中式监控，从仪表的集中式监控到计算机集中控制、分散控制系统（distributed control system，DCS），再到处于发展中的现场总线控制系统（fieldbus control system，FCS）。

分散控制系统也称为分布式控制系统、集散控制系统。广义上讲，DCS 和 FCS 也称为计算机控制系统。

DCS 是自动控制、计算机、通信、CRT、电子、材料、安装、维护、可靠性和抗干扰等技术的综合应用。在当今社会各个行业的控制和管理等领域，计算机控制系统以其灵活的软硬件组合，高速的信息传送，精确的数据处理，友好的人/机界面等，发挥着越来越重要的作用。

项目一   DCS   认   识

【项目描述】

在我国电厂生产过程中，热工控制技术人员的工作职责包括 DCS 的组态与维护。

实施 DCS 组态与维护的前提是热工控制技术人员能正确说明 DCS 主要设备的基本组成、工作原理和主要作用，能正确分析 DCS 体系结构及其信号流程等。

本项目作为 DCS 组态与维护的基础，不仅要求学生能看图说明 DCS 的体系结构和信号流程等，最终能看图说明多种 DCS 的体系结构和信号流程，而且能识别实际 DCS 主要设备的名称和作用。

【教学环境】

（1）教学场地：理实一体化教室。

（2）教学设备和材料：一套完整的 DCS 实际设备和具有代表性的 DCS 体系结构图。

（3）教学参考资料：

1）DL/T 1083—2008《火力发电厂分散控制系统技术条件》。

2）华东六省一市电机工程（电力）协会. 热工自动化. 北京：中国电力出版社，2006.

3）印江. 电厂分散控制系统. 北京：中国电力出版社，2006.

4）张波. 计算机控制技术. 北京：中国电力出版社，2010.

任务   DCS   认   识

【教学目标】

1. 知识目标

（1）熟悉 DCS 的三大组成和四级结构。

（2）理解 DCS 信号流程和技术要求。

2. 能力目标

（1）能识别 DCS 主要设备。

（2）会说明 DCS 的作用和主要特点。

（3）能说明 DCS 主要设备的基本作用和特点。

（4）能看图说明任何一个 DCS 体系结构及其信号流程。

3. 素质目标

（1）养成安全生产的意识。

（2）养成严谨务实的工作作风。

（3）养成团队协作的工作方式。

（4）养成严格执行国家、行业及其企业技术标准的工作习惯。

【任务描述】

DCS 涉及多种技术的应用，已成为企业控制和管理领域最重要的综合控制系统，发挥着无法替代的作用。DCS 体系结构主要包括三大组成和四级结构。

通过 DCS 的认识任务的实施，使学生熟悉 DCS 体系结构。本任务的具体内容如下：

（1）在理实项目化教学环境中，对照 DCS 教学设备，说明控制器（controller）、I/O（input/output）模件和人/机接口（man machine interface，MMI）等设备所处的位置和作用。

（2）看图分析具有代表性的 DCS 体系结构图的基本内容。分别说明每套 DCS 的三大组成、四级结构和信号流程。

（3）完成【任务准备】、【任务实施】和【任务评估】的内容。

【知识导航】

典型反馈自动控制系统结构框图如图 1-1 所示。

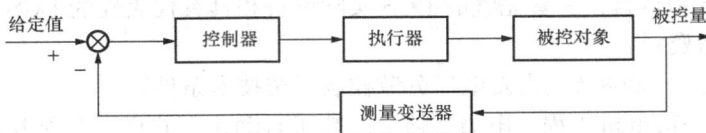

图 1-1　典型反馈自动控制系统结构框图

计算机控制系统由工业控制计算机（工控机）和生产过程两大部分组成。工控机是按生产过程控制的特点和要求而设计的计算机，它包括硬件和软件两部分。生产过程包括被控对象，测量变送、执行机构和电气开关等装置。计算机控制系统的基本结构如图 1-2所示。

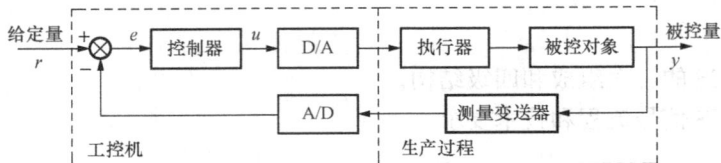

图 1-2　计算机控制系统的基本结构

生产过程的信号可以归纳为模拟量（analog）信号、开关量（digital）信号。模拟信号是指时间上连续和幅值上也连续的信号，如火电厂的温度、压力、流量、料位和成分等信号；开关量信号是时间上和数值上都不连续的量，如电动机的停止或启动等，就可以用开关量信号 0 或 1 表示。

传感器和变送器将不标准或非电量的过程参数转换为标准的电流或电压信号，便于传输、显示或计算。热电阻将温度信号转换为电阻信号，再经温度变送器转换为标准的 4～

20mA（DC）或 1～5V（DC）信号。

　　在计算机控制系统中，由于工控机的数字控制器只能识别二进制数字量，因此测量变送器电信号要经过隔离、调理和模拟量/数字量（A/D）转换后，才能进入工控机的数字控制器。

　　计算机控制系统的控制器是数字控制器，其控制规律是由计算机程序来实现的。由于计算机程序编写的灵活性，使得数字控制器比传统模拟控制器的优势更多。

一、计算机控制系统的组成

　　计算机控制系统的组成原理如图 1-3 所示。

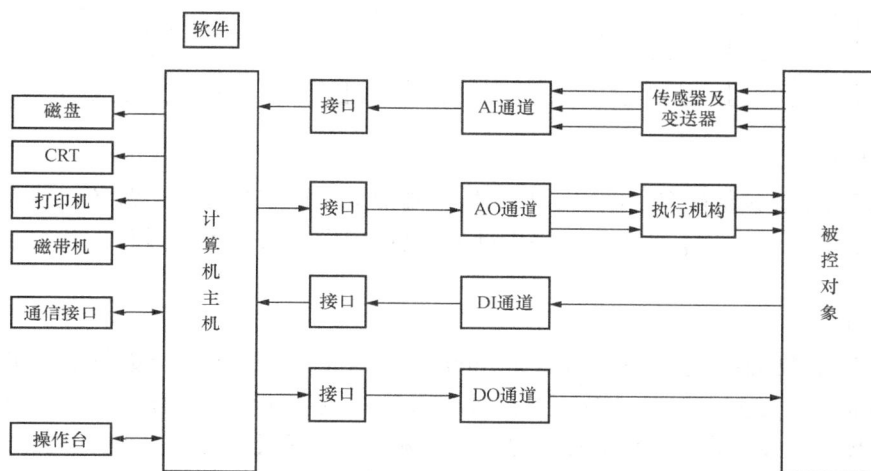

图 1-3　计算机控制系统的组成原理

（一）硬件组成

　　计算机控制系统的硬件主要由主机、输入/输出（I/O）通道、人/机接口设备和通信接口等组成。

　　1. 主机

　　主机是计算机控制系统的核心，由微处理器（CPU）、存储器、总线和接口等组成。主机依据控制算法（控制策略）对输入的信号进行运算和处理，并通过输出设备向生产过程发送控制命令，从而达到预定的控制目的，主机也可以接收来自操作员或上位机的操作控制命令。

　　2. I/O 通道

　　过程 I/O 通道是主机与被控对象或生产过程之间的接口，也称过程通道、I/O 接口、I/O 卡、I/O 板、I/O 模块或 I/O 模件。

　　工控机除了具有一般计算机的 I/O 模件外，还有专用的过程 I/O 模件。过程输入模件主要包括模拟量输入（analog input，AI）模件和开关量输入（digital input，DI）模件，它们分别用来采集生产过程的模拟量信号和开关量信号；过程输出模件主要包括模拟量输出（analog output，AO）模件和开关量输出（digital output，DO）模件，AO 模件将主机发出的控制命令转换成模拟电信号，如 4～20mA（DC），作用于执行器，DO 模件将主机发出的控制命令转换成接点信号去启停设备。

几台 600MW 的信息量和指令量汇总见表 1-1。

表 1-1　　　　　　　　　　几台 600MW 的信息量和指令量汇总

电厂名	机组容量（MW）	模拟量输入	开关量输入	总信息量	模拟量输出	开关量输出	总指令量	总计
北仑电厂	600	1506	2680	4186	60	106	166	4352
石洞口二厂	600	1455	3047	4502	137	1166	1303	5805
沁北电厂	600	1712	3038	4750	143	1251	1394	6144
扬州二厂一期	600	1728	3529	5257	288	1260	1555	6812
镇江电厂	600	1757	4350	6107	252	2094	2346	8453

3. 人/机接口

人/机接口主要包括磁盘、CRT、打印机、磁带机和操作台等，通常还包括专用的操作显示面板或操作显示台。有关人员可以借助人/机接口设备监视生产过程的状况，手动控制生产过程。

4. 通信接口

通信接口是数据终端设备（data terminal equipment，DTE）与数据通信设备（data communications equipment，DCE）之间的界面，为了使不同厂家的产品能够互换或互连，DTE 与 DCE 在插接方式、引线分配、电气特性和应答关系上均应符合统一的标准和规范，这一套标准规范就是 DTE/DCE 的接口标准，也称为接口协议。

（二）软件组成

计算机控制系统的软件主要由系统软件、应用软件和管理软件组成。

1. 系统软件

系统软件一般包括操作系统及其配套软件、算法语言、数据库、通信网络软件和诊断软件等。系统软件可以分为通用和专用两类。通用系统软件是指一般计算机使用的软件，如 Windows、Unix 操作系统和关系数据库等；专用软件是指控制计算机特有的软件，如控制语言、组态软件和实时数据库等。

在工业过程控制领域中，组态的基本含义是根据不同控制系统的要求，使用专用软件完成控制系统硬件的配置、测点的分配和信号的连接等设计的过程。

2. 应用软件

应用软件是控制人员针对某个生产过程而编制或生成的专用控制软件，一般分为 I/O 软件、控制运算软件、人/机接口软件和打印制表软件等。

3. 管理软件

目前计算机控制系统实现了控制和管理的集成，具有控制、管理、操作、经营和决策等功能，通常配备了用户所需的各类管理软件。

计算机控制系统的工作过程可以归纳为实时数据采集、实时控制运算和实时控制输出三个过程。这三个过程不断重复，使整个计算机控制系统按照一定的品质指标进行工作，并对被调量和设备本身的异常现象作出及时的处理。

　　所谓"实时"，是指在规定的时间内完成规定的任务。就计算机控制系统而言，要求计算机能够在规定的时间内，以足够快的速度，不仅对数据进行采集、分析和处理，而且利用被处理后的数据控制和操作相应的被控对象，否则就会失去控制机会。

　　计算机控制系统有两种工作方式，即在线工作方式和离线工作方式。

二、计算机的输入/输出技术

（一）计算机控制系统的信号流程

　　在计算机控制系统中，工控机是数字设备，只能接收和输出数字信号。而被控对象通常是模拟系统，被控参数及其传感器或变送器是模拟信号，执行器也只能接收模拟信号。在工控机与被控对象之间，存在着信号的互相转换。计算机控制系统的信号流程如图1-4所示。

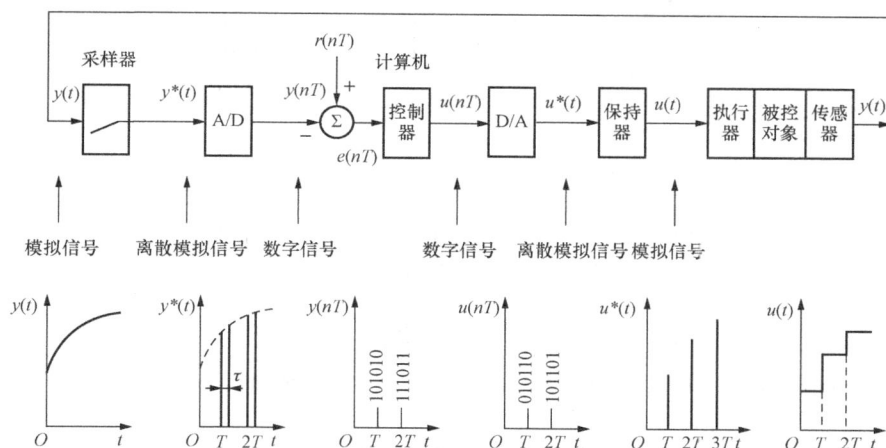

图1-4 计算机控制系统的信号流程

　　从被控对象开始依次有五种信号。

　　1. 模拟信号 $y(t)$

　　2. 离散模拟信号 $y^*(t)$

　　按一定的采样周期 T 将模拟信号 $y(t)$ 转变为在瞬时 0，T，$2T$，$\cdots$，nT 的一连串脉冲信号 $y^*(t)$ 的过程，称为采样过程。在每个采样周期 T 内，采样开关闭合时间为 τ，τ 远小于 T，仅仅在 τ 时间内 $y^*(t)$ 才是连续的。

　　模拟信号 $y(t)$ 经过采样器，就成为了离散模拟信号 $y^*(t)$。离散模拟信号是时间上离散，而幅值上连续的信号。

　　3. 数字信号 $y(nT)$、$r(nT)$ 和 $e(nT)$

　　离散模拟信号 $y^*(t)$ 经过 A/D 转换器，就成为了数字信号 $y(nT)$；设定值 $r(t)$ 由工控机转换成数字信号 $r(nT)$。在工控机内部，$y(nT)$ 和 $r(nT)$ 的差值 $e(nT)$ 为数字信号。数字信号是时间上离散，而幅值上不连续的信号。

　　4. 数字信号 $u(nT)$

　　工控机依据控制周期执行控制算法，其运算结果或控制量 $u(nT)$ 为数字信号。

　　5. 模拟信号 $u(t)$

　　控制量 $u(nT)$ 经过 D/A 转换器的转换就成了模拟信号 $u^*(t)$。

（二）信号的采样与保持

在计算机控制系统中，信号的转换过程几乎无处不在。而信号的转换中有一个重要的问题，就是如何使信号在转换过程中不丢失原来包含的信息，这就涉及信号的采样、量化和保持技术。

1. 信号的采样

（1）采样过程。采样过程就是将模拟信号变换为离散信号的过程。实现采样的装置被称为采样器或采样开关。采样器输入信号 $y(t)$，被称为原信号；采样器输出信号 $y^*(t)$，被称为采样信号。采样过程如图 1-5 所示。

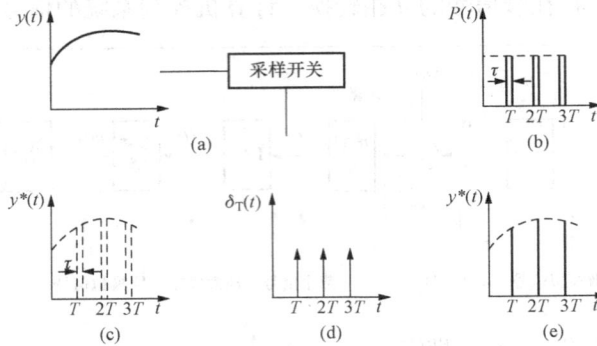

图 1-5　采样过程示意
（a）模拟信号；（b）脉冲序列；（c）采样信号；（d）单位脉冲序列；（e）理想采样信号

采样信号为一脉冲序列，在采样期间（采样开关闭合），采样信号与原信号相同，在其余时间内（采样开关断开），采样信号为零。一般说来，采样开关按一定时间间隔 T，重复接通和断开动作，这里的 T 为采样周期。采样信号可以描述为

$$y^*(t) = p(t)y(t) \tag{1-1}$$

其中，$p(t)$ 是幅值为 1、周期为 T、宽度为 τ 的脉冲序列，如图 1-5（b）所示。

当 $\tau \ll T$ 时（实际情况），可以认为

$$p(t) = \delta_T(t) = \sum_{k=0}^{\infty} \delta(t - kT) \tag{1-2}$$

这里 $\delta_T(t)$ 为单位脉冲序列，如图 1-5（d）所示。

将式（1-2）代入式（1-1），得

$$y^*(t) = y(t)\delta_T(t) = y(t)\sum_{k=0}^{\infty} \delta(t - kT) = \sum_{k=0}^{\infty} y(kT)\delta(t - kT) \tag{1-3}$$

式（1-3）表明：当采样开关的闭合时间 τ 远小于采样周期时，可以近似认为，$y^*(t)$ 是 $y(t)$ 在采样开关闭合时的瞬时值。

（2）采样定理。在计算机控制系统中，采样周期 T 的选择是极其重要的。显然，采样周期越小，采样结果就越接近连续变化的信号，但硬件投资也要相应增加；采样周期太大，将会出现采样信号不能代表原信号的现象，也不可能达到很好的控制效果。

选择采样周期的理论依据是香农（Shannon）采样定理。香农采样定理可以描述为：设原始信号频谱的最高频率为 f_{max}，采样频率为 f_s，则当 $f_s \geqslant 2f_{max}$，即只有当采样频率大于

或等于原始信号频谱中最高频率的两倍时，才能根据采样信号$y^*(t)$唯一地复现原信号$y(t)$。

采样定理为采样周期的选取奠定了理论基础，它给出了采样周期的上限。实际连续信号往往包含了各种噪声，很难确定其最高频率。采样理论要求所有的采样值取得后，才能确定被采样的时间函数$y(t)$，这对于连续运行的计算机控制系统来说，也很难实现，因为在实际系统中，在后面的采样动作发生之前，工控机就要对生产过程进行控制了。

从以上对采样定理本身规定的条件的分析可知，用理论计算的方法很难求取采样周期T。在工程实践中，常采用经验数据确定采样周期见表1-2。

表1-2　　　　　　　　　　　　　　　　采 样 周 期 参 考 值

物理量	采样周期（s）	备　　注	物理量	采样周期（s）	备　　注
流量	1～5	优先选用1～2s	温度	15～20	
压力	3～10	优先选用6～8s	成分	15～20	
流位	6～8				

2. 量化

就本质而言，采样后得到的离散模拟信号还是模拟信号，不是数字信号，不能被数字控制器接受和处理。量化过程就是用一组数码，如二进制码，来逼近离散模拟信号的幅值，将其转换成数字信号的过程，如图1-6所示。

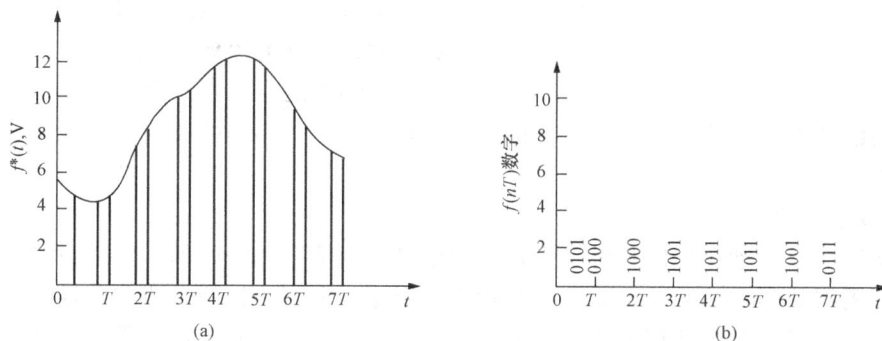

图1-6　量化过程
(a) 离散模拟信号；(b) 数字信号

由于计算机的数值信号是有限的，因此用数码来逼近模拟信号是近似的处理方法。

量化单位q是指量化后二进制数的最低位所对应的模拟量的值。设f_{max}和f_{min}分别为转换信号的最大值和最小值，i为转换后二进制数的位数，则量化单位为

$$q = \frac{f_{max} - f_{min}}{2^i}$$

对于同一转换信号范围，i越大，即转换后的位数越多，q就越小，量化误差也越小。量化误差的最大值为$\pm\dfrac{q}{2}$，而不是q。如模拟信号$f_{max}=16V$、$f_{min}=0V$，取$i=4$，则$q=1V$，量化误差最大值$e_{max}=\pm0.5V$。

由以上分析可知，在采样过程中，如果采样频率足够高，并选择足够字长的量化数值，使得量化误差足够小，就会保证采样处理的精度。因此，可以用经采样和量化后得到的一系列离散的数字量，来表示某一时间上连续的模拟信号。

3. 信号的保持

数字控制器输出的二进制数字信号，经 D/A 转换器被转换为离散信号。由于离散信号只在采样时刻有输出值，其余时刻为零，因此不能直接控制连续对象。信号的保持是按照一定的方法，确定两次采样之间信号的幅值。

保持器是指将离散采样信号恢复为连续信号的一种装置，有零阶、一阶和二阶等。由于零阶保持器结构简单，且 D/A 转换器具有零阶保持器的功能。因此，计算机控制系统中绝大多数采用零阶保持器。

零阶保持器的工作原理是根据现在或过去时刻的采样值 $u(kT)$，$u[(k-1)T]\cdots$，使用外推法，逼近两个采样时刻之间的原信号 $u(kT+\Delta t)$，其中 $0\leqslant\Delta t<T$。外推公式的一般形式为

$$u(kT+\Delta t)=a_0+a_1\Delta t+a_2\Delta t^2+\cdots+a_m\Delta t^m \tag{1-4}$$

式（1-4）称为 m 阶外推公式，代表的是 m 阶保持器，其中 a_i 为待定值（$i=0,\cdots,m$）。

当 $m=0$ 时，得零阶保持器的外推公式

$$u(kT+\Delta t)=u(kT)\quad(0\leqslant\Delta t<T)$$

零阶保持器可以将 kT 时刻的信号，一直保持（外推）到 $k+1$ 时刻前的瞬间，如图 1-7 所示。

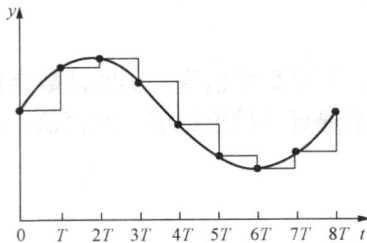

图 1-7　零阶保持器

三、计算机输入数据的预处理

为了使数字控制器能得到真实有效的数据，消除输入模件采集到的各种输入信号中混杂的干扰信号，有必要对采集到的原始数据进行数字滤波和数据预处理。

（一）数字滤波

数字滤波技术是指在软件中对采集到的数据进行消除干扰的处理。数字滤波不需要增加硬设备，只需根据预定的滤波算法，编制相应的程序，即可达到信号滤波的目的。

数字滤波器可以对极低频干扰信号进行滤波，弥补了硬件 RC 滤波器的不足。如火电厂汽包水位和炉膛负压等测量中，随机干扰的噪声频率是很低的，如果采用 RC 滤波器，即使时间常数很小，也不能将它们全部消除，但使用数字滤波，则效果显著。

常用的数字滤波方法有平均值滤波法、中位值滤波法、限幅滤波法等几种。如何正确选择滤波算法应根据具体情况，经试验后确定。

1. 平均值滤波法

平均值滤波法是对信号 y 的 m 次测量值进行算术平均作为时刻 n 的输出，即

$$\bar{y}(n)=\frac{1}{m}\sum_{i=1}^{m}y(i) \tag{1-5}$$

m 值决定了信号平滑度和灵敏度。随着 m 的增大，平滑度提高，灵敏度降低。应视具体情况选取 m，以便得到满意的滤波效果。通常流量信号取 10 项，压力信号取 5 项，温度和成分等缓慢变化的信号取 2 项。

从式（1-5）可以看出，平均值滤波法对每次采样值给出相同的加权系数，即 $1/m$。有时需要增加新采样值在平均值中的比重，可采用加权平均值滤波法，滤波公式为

$$\bar{y} = k_0 y_0 + k_1 y_1 + \cdots + k_m y_m$$

式中，k_0，k_1，$\cdots$，k_m 为加权系数，且满足下式：

$$k_0 + k_1 + \cdots + k_m = 1 \qquad (k_i > 0)$$

应视具体情况选取加权系数，并通过实际调试来确定。

平均值滤波法一般适用于具有周期性干扰噪声的信号，对偶然出现的脉冲干扰信号，滤波效果并不理想。

2. 中位值滤波法

中位值滤波是对被测参数连续采样 m 次（$m \geqslant 3$，且取奇数），并把它们按从大到小或从小到大进行排序，执行程序选择其中数值大小居中的值，作为本次有效采样值。如 $m = 3$，其算法算式为：如果 $x_1 < x_2 < x_3$，则选 x_2 为有效采样值。这里的 x_1、x_2 和 x_3 只是表示三次采样值，而与采样顺序无关。

中位值滤波法可以滤去引起采样值波动的随机脉冲干扰，特别适用于变化缓慢的过程参数的采集，一般不用于参数变化较快的过程参数的采集。

3. 限幅滤波法

由于大的随机干扰或采样器的不稳定，使得采样数据偏离实际值太远，此时可采用限幅滤波法。

设 x_{n-1} 和 x_n 分别是上次和本次的采样值，Δx_{max} 是实际增量（$\Delta x = x_n - x_{n-1}$）的最大值，则可得限幅滤波的算法算式：

$$y_n = \begin{cases} x_n & \text{当 } |x_n - x_{n-1}| \leqslant \Delta x_{max} \\ x_{n-1} & \text{当 } |x_n - x_{n-1}| > \Delta x_{max} \end{cases}$$

上式中，Δx_{max} 值的选取，应该取决于采样周期内被测参数 y 应有的正常变化率。要根据实际情况来确定 Δx_{max}，否则非但达不到滤波效果，反而会降低控制品质。

限幅滤波法主要用于变化比较缓慢的参数，如温度和成分等的测量。

为了进一步提高滤波效果，有时可以将不同滤波功能的数字滤波器组合起来，组成复合数字滤波器（多级数字滤波器）来使用。

（二）数据预处理

在计算机控制系统中，由于测量数据为过程参数，它们的数值范围和精度要求各不相同，有的参数还与多个线性或非线性测量值有关，因此必须对采样数据进行一些预处理，其中最基本的是线性化处理、标度变换和越限报警。

1. 线性化处理

大多数传感器具有非线性特性，并且很难找出明显的数学表达式，需要进行线性化处理，才能使数字控制器进行有效的计算和处理，实现计算机控制系统的目标。

在温度测量和控制中，热电偶的输出电动势 E 与被测温度 T 之间为非线性关系，且不同型号的热电偶的非线性程度也不同，但都可用如下多项式表示：

$$T = a_n E^n + \cdots + a_2 E^2 + a_1 E + a_0 \tag{1-6}$$

实际使用时，式（1-6）所取的项数和系数取决于热电偶类型和测量范围，一般 $n \leqslant 4$。a_n、$\cdots$、a_1、a_0 在规定的温度范围内为常数，则 T 与 E 的关系为

$$T = a_4E^4 + a_3E^3 + a_2E^2 + a_1E + a_0 \tag{1-7}$$

对式（1-7）做如下变换：

$$T = \{[(a_4E + a_3)E + a_2]E + a_1\}E + a_0 \tag{1-8}$$

编程时利用式（1-8）由里向外逐次进行简单运算，较式（1-6）省去了四次方、三次方、平方等运算，简化计算过程，这样就把一个高阶非线性方程运算简化了。

2. 标度变换

生产中的各个参数都有不同的量纲。将 A/D 转换后的数字量转换成与实际被测量相同量纲的过程，称为标度变换，也称为工程量转换。

热电偶的电压输出与温度之间的关系表示为 $u_1 = f(T)$，温度与电压值存在一一对应的关系；经过放大倍数为 k_1 的线性放大处理后，$u_2 = k_1u_1 = k_1f(T)$，再经过 A/D 转换后输出为数字量 D_1，数字量 D_1 与模拟量成正比，其系数为 k_2，则 $D_1 = k_2u_2 = k_1k_2f(T)$。这就是计算机接收到的数据，该数据只是与被测温度有一定函数关系的数字量，并不是被测温度，所以不能显示该数值。要显示的被测温度值，需要利用工控机对其进行标度变换，即需推导出 T 与 D_1 的关系，再经过计算得到实际温度值。热电偶测温中的标度变换如图 1-8 所示。

图 1-8　热电偶测温中的标度变换

标度变换有各种不同类型，它主要取决于被测参数测量传感器的类型，设计时应根据实际情况选择适当的标度变换方法。

（1）线性参数标度变换。线性参数标度变换是最常用的标度变换，其前提条件是被测参数值与 A/D 转换结果为线性关系。设 A/D 转换结果 N 与被测参数 A 之间的关系，如图 1-9 所示。

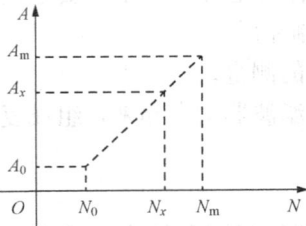

图 1-9　线性关系图

线性标度变换的公式如下：

$$A_x = (A_m - A_0)\frac{N_x - N_0}{N_m - N_0} + A_0 \tag{1-9}$$

式中：A_x 为标度变换后所得到的被测工程量的实际值；A_m 和 A_0 分别为被测工程量的量程上限和下限；N_x、N_m 和 N_0 分别为经 A/D 转换后对应于 A_x、A_m 和 A_0 的数字量。

式（1-9）为线性标度变换的通用公式，其中，N_m、N_0、A_m 和 A_0 对于某一固定的被测参数来说都是常数，不同的参数有着不同的值。为了使程序设计简单，一般把 A_0 所对应的 A/D 转换值置为 0，即 $N_0 = 0$，这样式（1-9）可写成

$$A_x = (A_m - A_0)\frac{N_x}{N_m} + A_0 \tag{1-10}$$

在很多测量系统中，仪表下限值 $A_0 = 0$，此时，对应的 $N_0 = 0$，式（1-10）可进一步简化为

$$A_x = A_m\frac{N_x}{N_m} \tag{1-11}$$

式（1-9）～式（1-11）是在不同情况下的线性刻度仪表测量参数的标度变换公式。

【例1-1】 某温度测量系统是线性的，测温范围为100～1000℃，采用10位A/D转换，某次经线性化处理后，A/D转换后的数字量是500，求此时的温度值是多少？

根据式（1-9）

$$A_x = (A_m - A_0)\frac{N_x - N_0}{N_m - N_0} + A_0 = \frac{1000 - 100}{1023 - 0}(500 - 0) + 100 \approx 438.91(℃)$$

（2）非线性参数标度变换。在不具有线性关系的测量系统中，线性变换关系表达式不再适用，需要重新建立标度变换公式。

1）公式变换法。如果传感器测出的数据与实际的参数值是非线性关系，但存在函数关系，就可以直接按解析式进行变换。

2）其他标度变换法。对于不能应用公式变换法的非线性传感器，有时可采用多项式插值法、线性插值法或查表法等其他标度变换法进行标度变换。

3. 越限报警

越限报警将采样数据经处理加工后，与规定的工艺参数范围的极限数据比较，如果越限，就通过声光报警和报警画面显示等形式，通知操作人员采取相应措施，确保生产安全。有些报警系统还带有打印输出，记录下报警的参数、报警时间、事故地点和其他情况，以便分析事故原因。

四、计算机控制系统的特点

与常规控制系统（模拟仪表控制系统）相比，计算机控制系统具有运算精度高、控制性能好、操作界面友好等特点。

1. 运算精度高

数字控制器使用数字运算，运算精度高。

2. 控制性能好

在计算机控制系统中，除使用常规控制方法外，还可使用先进的控制算法，如使用Smith预估算法提高控制系统的抗干扰能力等。软件模块代替常规模拟控制仪表使计算机控制系统接线简单，修改容易，便于构成复杂控制系统。

3. 操作界面友好

大屏幕、指示仪、记录仪、打印机、声/光报警器、按钮、键盘、鼠标、触摸屏和滚动球等设备为操作员的监视和操作提供了方便。

4. 可靠性高

计算机控制系统的可靠性主要体现在采用了高质量的电子元器件、合理的电路制作工艺、有效的抗干扰措施和先进的软件编程技术等方面。如计算机控制系统的冗余和容错设计，使得当出现局部软、硬件故障时，不会影响系统的正常控制；计算机控制系统的分布式设计，使得当个别回路故障时，不会影响其他回路；计算机控制系统的自诊断技术，使得系统能及时发现故障，并提前采取措施。所有这些都为计算机控制系统的长期稳定运行提供了保证。

5. 管控一体化

计算机网络技术的应用使得多个计算机协同工作，将设备（回路）控制、车间（机组）控制与全厂管理有机地结合在一起，实现了管控一体化。

五、火电厂 DCS 的体系结构

自从 1975 年人们开始使用 DCS 以来，随着多种技术的发展和应用，DCS 有了显著的发展和更新。现在，尽管不同 DCS 产品在硬件的互换性、软件的兼容性和操作的一致性，甚至名称等方面很难达到统一，但从其基本构成方式和构成要素来分析，仍然具有相同或相似的体系结构。

为了实现信息集中、危险（控制）分散和管控一体化的理想目标，我国火电厂 DCS 基本上都采用了纵向上分层、横向上相互协调、由上至下和逐步求精的金字塔式的网络体系结构。火电厂 DCS 的体系结构主要由过程控制站（process control unit，PCU）、人/机接口和通信网络三部分组成，可以分为决策管理级、监控级、控制级和现场级四级结构，如图 1-10 所示。

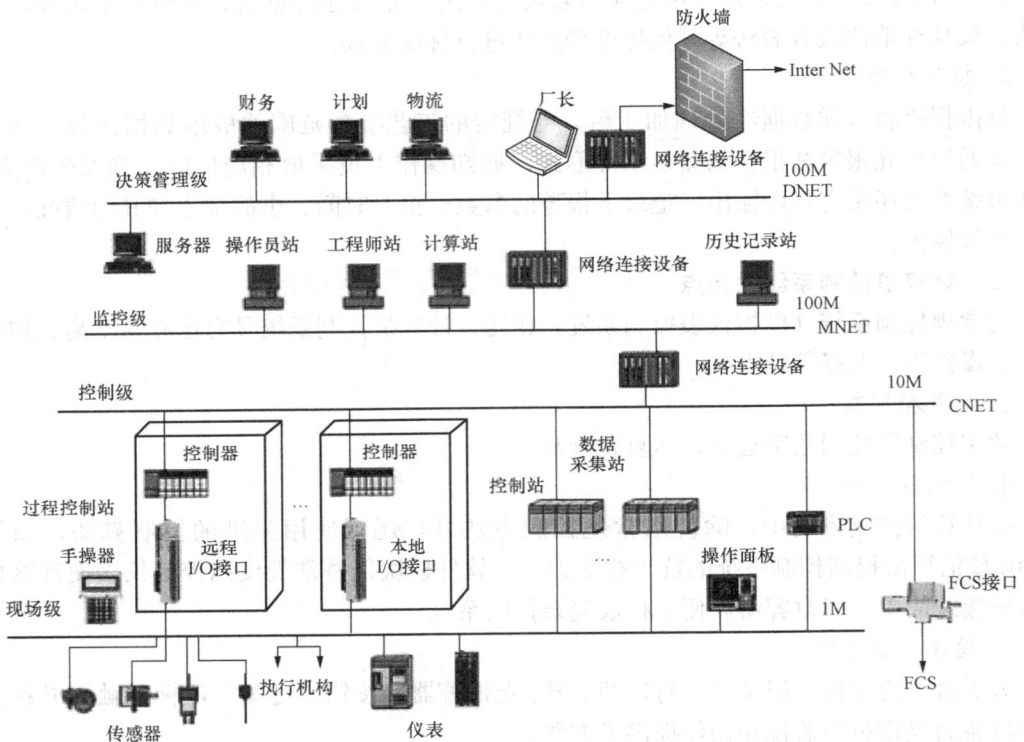

图 1-10　火电厂 DCS 的体系结构

1. 管理级

管理级主要包括厂级监控信息系统（supervisory information system in plant level，SIS）和厂级信息管理系统（management information system，MIS）。

SIS 主要处理全厂实时数据，完成厂级生产过程的监控和管理，厂级故障诊断和分析，厂级性能计算、分析和经济负荷调度等。

MIS 主要为全厂运营、生产和行政的管理工作服务，主要完成设备和维修管理、生产经营管理和财务管理等。

2. 监控级

监控级的各种工作站是 DCS 信息展示和控制人员的人/机交互主要平台，主要设备有操作员站（operator station）、工程师站（engineering station）和历史记录站等，借助于网间连接器，监控级的各种工作站可以同时、双向地与管理级、控制级共享数据和交换信息。

3. 控制级

控制级由过程控制站、数据采集站、PLC、I/O 模件和控制级网络传输介质等组成。借助于网络传输介质、数据采集站、I/O 模件和网间连接器，控制级的过程控制站同时接受现场级和监控级的控制信号，也同时将过程控制站的处理信号传输给现场级和监控级。

控制级能够实现连续控制、逻辑控制、顺序控制和批量控制等。利用现场总线接口，控制级还能够实现现场总线的连接和控制。

4. 现场级

现场级主要由现场级网络传输介质、I/O 总线、执行机构、手操器、控制面板、各种传感器和仪表构成，如果现场总线集成于 DCS，则一般还包括现场总线仪表。

在 DCS 体系结构的四级结构中，从横向上看，同一层次的设备独立工作和相互协调，共同完成某个确定的工作任务；从由上自下的纵向上看，实现了全厂的厂级管理、厂级监控、车间级监视与操作、现场级的过程控制等目标要求。

特别指出，DCS 的纵向分层、横向分散的金字塔式的分级递阶结构，体现了大系统理论的分解和协调的思想，是分散控制和集中管理有机地结合；各级的网络拓扑结构、通信协议、数据转换速度、设备配置、环境要求和工作任务等存在很大的差异；可以根据生产实际需要，有所取舍地设置 DCS 的四层结构。

DCS 硬件采用积木式结构，不仅可以灵活地配置过程控制站、操作员站和工程师站等节点的数量及其硬件组成，如内存容量、硬盘容量和外部设备种类等，而且可以根据需要进行系统扩展和增加功能。DCS 硬件主要包括过程控制站、数据采集站、操作员站、工程师站、历史记录站、PLC 和手操器和控制面板等。

DCS 软件系统可分为系统软件、应用软件、通信软件和组态软件四类。

六、火电厂的 GPS

火电厂的 DCS 规模庞大、关系复杂，如果没有一个统一的时间基准，可能会产生管理和控制的失效或是误操作。统一的时钟是保证电力系统安全运行、分析事故原因和提高机组控制水平的一个重要措施。

全球定位系统（global positioning system，GPS），主要由空间星座部分、地面监控部分和用户设备部分三大部分组成。GPS 采用卫星、高轨、高频、测时和测距方式获得精确的时间信号，经过软硬件的处理，其误差小于 $1\mu s$，再将国际标准时间转换为北京时间输出。通过 GPS，可以实现 DCS、故障录波器、保护装置和各种事件记录等时序的统一。

火电厂系统时钟的时间基准可以是接收来自 GPS 的"数字主时钟"信号，它使挂在该网络上的各个站的时钟同步。当 GPS 的"数字主时钟"失效时，将系统自动转到预先设定的就地上位机或 PLC 上的时钟。

时间同步在某 500kV 变电站的应用如图 1-11 所示。

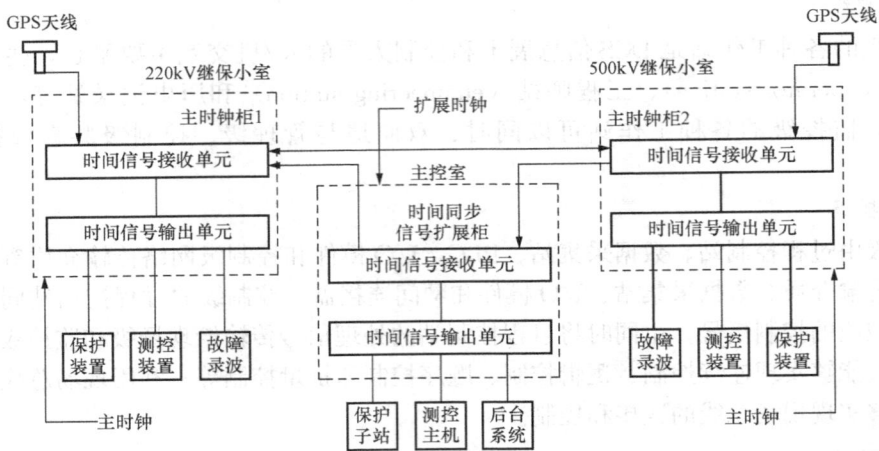

图 1-11　时间同步在某 500kV 变电站的应用

⧗ 【任务准备】

一、引导问题

（1）说明 DCS 的作用和特点。

（2）说明 DCS 的三大组成和四级结构。

二、制定任务方案

在正确问答引导问题后，根据行业（企业）规程和项目化教学过程的基本要求，参照实施计划表，制订任务方案表。

【任务实施】

根据项目化教学过程的基本要求，完成任务的计划、准备、实施和结束工作。项目化教学过程的基本要求，如附录一所示。

在教师的指导下，实施本任务，具体内容如下：

（1）每组依次熟悉 DCS 的服务器、人/机接口、控制器、I/O 模块和通信接口等硬件组成及其位置，并做好记录。

（2）分析下面三套 DCS 的体系结构及其信号流程，并做好记录：

MACSV 系统如图 1-12 所示；

AC800FR 如图 1-13 所示；

Industrial^{IT} Symphony 系统如图 1-14 所示。

（3）分组讨论。

1）DCS 的服务器、人/机接口、控制器和 I/O 模块等设备的基本作用。

2）MACSV 系统等三套 DCS 的体系结构、信号流程和主要特点。

（4）在检验评估表内，填写对应的内容，并与任务实施计划表和任务实施表一起提交。

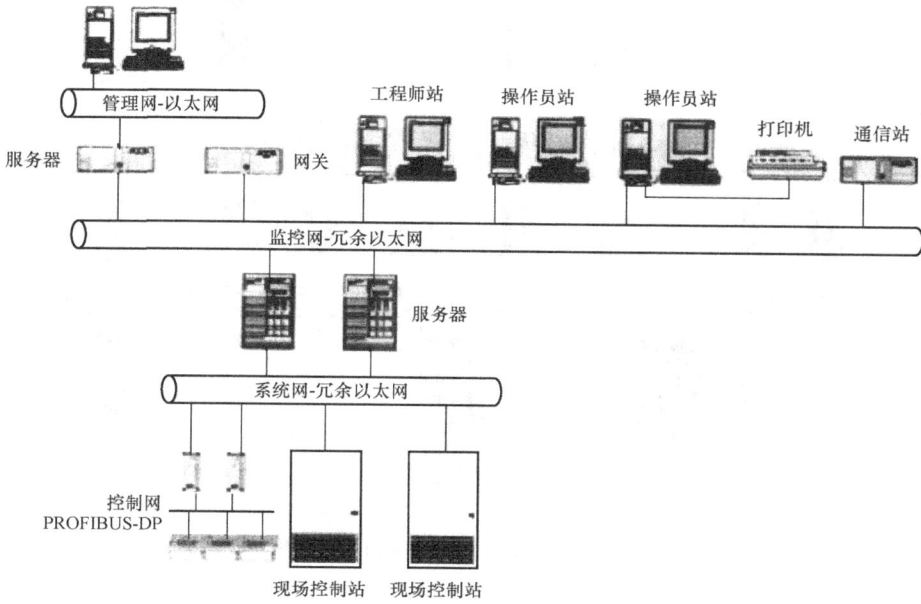

图 1-12 MACSV 系统

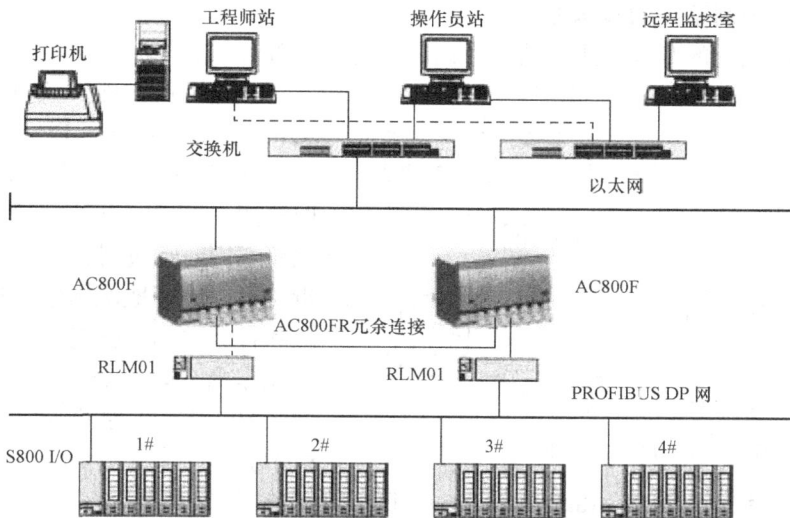

图 1-13 AC800FR

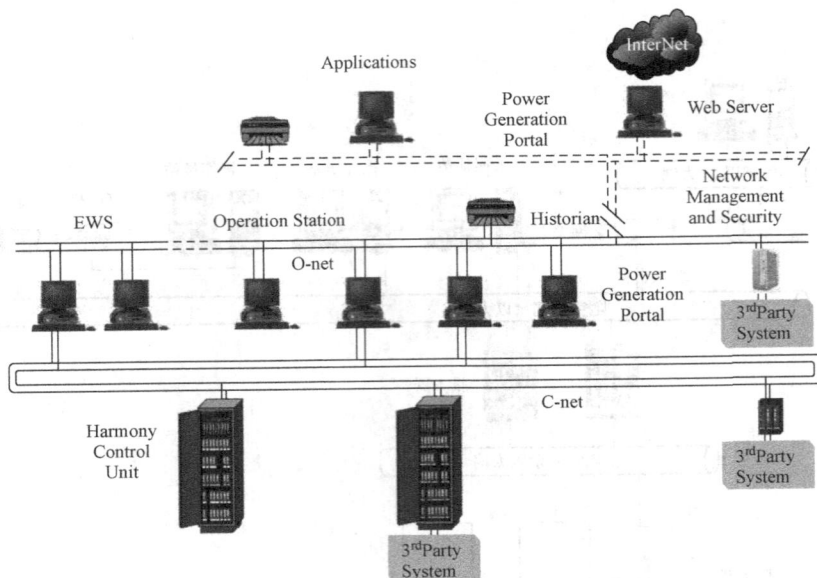

图 1-14　Industrial^IT Symphony 系统

【任务评估】

检查任务的完成情况，收集任务方案表和任务实施表，完成检验评估表。

【知识拓展】

一、计算机控制系统的基本形式

计算机控制系统的基本应用形式，可以归纳为以下五种。

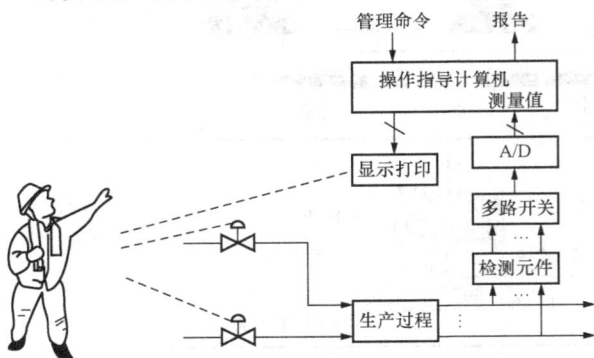

图 1-15　DAS 原理框图

1. 数据采集与处理系统（data acquisition system，DAS）

DAS 不仅对生产过程参数进行巡回检测、处理、分析、记录和参数越限报警，同时通过对大量参数的统计和分析，可以更好地掌握生产过程的运行状况和各参数的变化趋势，并在必要时给出操作指导，DAS 也称为操作指导控制系统。DAS 原理框图如图 1-15 所示。

2. 直接数字控制（direct digital control，DDC）系统

DDC 系统是使用一台工控机对多个被控参数进行巡回检测，检测结果与给定值进行比较，再按 PID 规律或直接数字控制方法进行控制运算，然后输出到执行机构，对生产过程进行控制。DDC 系统原理如图 1-16 所示。

3. 计算机监督（supervisory computer control，SCC）系统

SCC 系统的数字控制器接受过程输入信号，根据生产过程的要求，不断计算出相应的数据（最佳给定值）传输到 DDC 的数字控制器，使生产过程始终处于最优工作状况。SCC 系统原理框图如图 1-17 所示。

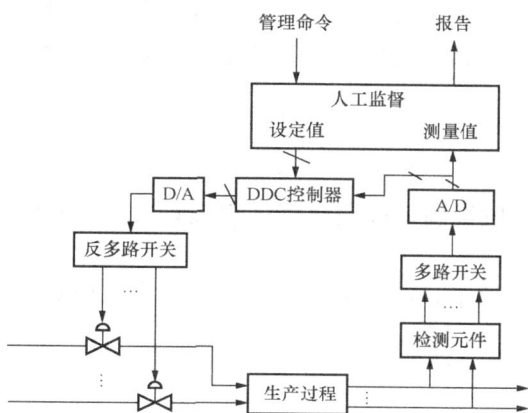

图 1-16　DDC 系统原理　　　　　　图 1-17　SCC 系统原理框图

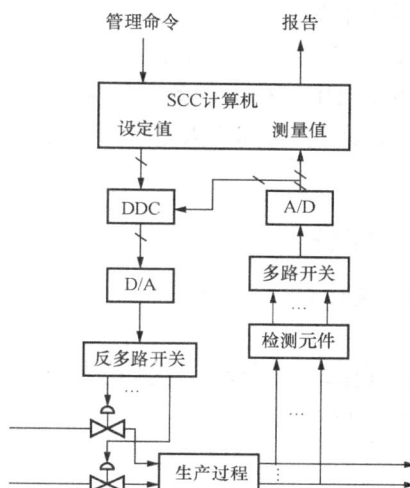

4. DCS

1971 年 1 月，Intel 公司的霍夫研制成功世界上第一块 4 位微处理器芯片 Intel 4004，标志着第一代微处理器问世，微处理器和微机时代从此开始，DCS 也应运而生。

DCS 融合了多种技术，如计算机、自动控制、通信、网络、电子、材料、测量、抗干扰和人/机接口等技术。DCS 是现在普遍使用的控制系统，具有先进性、可靠性、扩展性、兼容性和开放性等特点。

5. FCS

FCS 是 20 世纪 80 年代中期，在国际上发展起来的一种崭新的工业控制技术。FCS 突破了传统的信息交换方式、信号制式和系统结构的限制，更新了传统的自动化仪表功能概念和结构形式，也改变了系统的设计和调试方法，开辟了控制领域的新纪元，具有十分广阔的发展前景。

二、火电厂 DCS 的特点

大型火电厂的 DCS 除具有常用 DCS 的运算精度高、控制性能优良和操作界面友好等主要特征外，还有它固有的特点。

1. 可靠性要求高、控制复杂

火电厂机组的控制是一个大型而复杂的工程，不仅锅炉、汽轮机、发电机、燃料、给水和除灰等设备的数量庞大，而且相互间的关系非常复杂。另外，电网调度对电能生产的要求也很高，因此火电厂的 DCS 都具有回路反馈控制、顺序控制和混合控制等复杂控制功能，能够满足电力企业的各种的要求，实现复杂计算、先进控制和优化管理的目标。

2. 使用 GPS

除了使用 DCS 系统内的时钟同步方式外，越来越多的火电厂正在使用安全和可靠的

GPS 的卫星对时系统。

3. 管控一体化方式

鉴于电能、电网调度和电业管理的特殊要求，火电厂已推行"火力发电厂厂级监控信息系统技术要求"，因此管控一体化是符合国情的技术，火电厂 DCS 管理和控制的衔接问题，早已得到了落实。

4. 全部电气纳入 DCS

由于火电厂机电设备数量众多，因此电气的 DCS 管理十分重要。DCS 在 I/O 模件、扫描周期、人/接口和增大系统容量等方面功能的扩大，也加速了全部电气纳入 DCS 的进程。

【课后任务】

1. 查阅 DL/T 659—2006《火力发电厂分散控制系统验收测试规程》文件，并编写其纲要。

2. 查阅有关资料，按照技术报告的格式和要求，编写火电厂热控技术人员应具备的职业素质的技术报告。

项目二 DCS 配置与维护

【项目描述】

DCS 的配置和维护是热工控制技术人员的基本工作能力。

DCS 的配置包括硬件配置和软件配置。合理的 DCS 配置能改善 DCS 的工作环境，减少故障的发生，提高整个系统的可靠性，发挥 DCS 应有的控制、管理、安全和维护等功能。

DCS 维护包括故障诊断、故障维护、日常维护和预防性维护等，涉及的内容包括系统诊断、故障诊断、故障修复、故障消缺、备件管理和维护操作等。

通过执行本项目的 DCS 配置与维护、I/O 及控制器组态、数据库维护、系统诊断与维护、工作站维护和操作权限管理等任务，增强学生配置和维护 DCS 的技能。

【教学目标】

(1) 能备份和恢复数据库。

(2) 掌握工程师站的功能。

(3) 能解释部分通信术语的含义。

(4) 能实施 DCS 的安全权限管理。

(5) 能对控制器及 I/O 进行简单的组态。

(6) 能说明常用通信设备的作用和特点。

(7) 熟悉 DCS 网络的基本配置及其技术要求。

(8) 了解国家、行业及其企业规定的 DCS 维护内容及其要求。

(9) 掌握故障判断的基本流程和方法，会分析常见的故障原因。

(10) 能使用系统诊断工具和硬件维护工具，会处理简单的系统故障和设备故障。

(11) 开展职业素质的培养。

【教学环境】

(1) 教学场地：理实一体化教室。

(2) 教学设备和材料：一套完整的 DCS 教学设备、多个工程师站、一个移动硬盘、DCS 常用的备件、DCS 常用的常用硬件维护工具。DCS 常用硬件维护工具如附录五所示。

(3) 教学参考资料。

1) DL/T 1083—2008《火力发电厂分散控制系统技术条件》。

2) 上海爱默生过程控制系统有限公司. Ovation 硬件培训手册. 2010.

3) 沈丛奇. 艾默生 Ovation 系统（火力发电厂分数控制系统典型故障应急处理预案）. 北京：中国电力出版社，2012.

4）静铁岩. 热工控制系统运行维护手册（Ovation 控制系统）. 北京：中国电力出版社，2008.

任务一 DCS 系统配置

【教学目标】

1. 知识目标
（1）了解 OPC 技术。
（2）熟悉 DCS 常用的通信技术。
（3）熟悉 Ovation 系统的特点和技术要求。
（4）熟悉 Ovation 系统硬件和软件的配置。
（5）熟悉 DCS 常用通信设备的作用和技术要求。

2. 能力目标
（1）能说明 Ovation 系统配置。
（2）能说明常用的通信协议的名称和内容。
（3）能说明常用的通信设备的名称和作用。
（4）能说明 Ovation 系统硬件的组成和整个系统特点。

3. 素质目标
（1）养成安全生产的意识。
（2）养成严谨务实的工作作风。
（3）养成团队协作的工作方式。
（4）养成严格执行国家、行业及其企业技术标准的工作习惯。

【任务描述】

DCS 系统配置包括软硬件配置，其中硬件配置可以分为控制器、通信网络及其设备、人/机接口、I/O 模块、电源和接地等配置；软件配置可以分为系统软件、应用软件、通信软件和管理软件等配置。

Ovation 通信网络大致分两层。一层是操作员站、工程师站、历史数据站与过程控制站之间的快速交换式以太网（TCP/IP），另一层是控制器与 I/O 模块之间的 PCI 总线或现场总线。通常情况下，如果控制系统的站点较多，则网络采用两层星型网络拓扑；反之，则网络采用单层星型网络拓扑。

通过 DCS 系统配置，使学生熟悉 DCS 系统配置的基本要求和操作步骤。本任务的具体内容有三个。

（1）试分析双层 Ovation 软硬件的基本配置和特点。说明的主要内容如下：
1）Ovation 软件的基本配置。
2）Ovation 的控制器、I/O 模块、电源、接地、通信介质、交换机和人/机接口等硬件的基本配置和技术要求。

双层 Ovation 网络如图 2-1 所示。

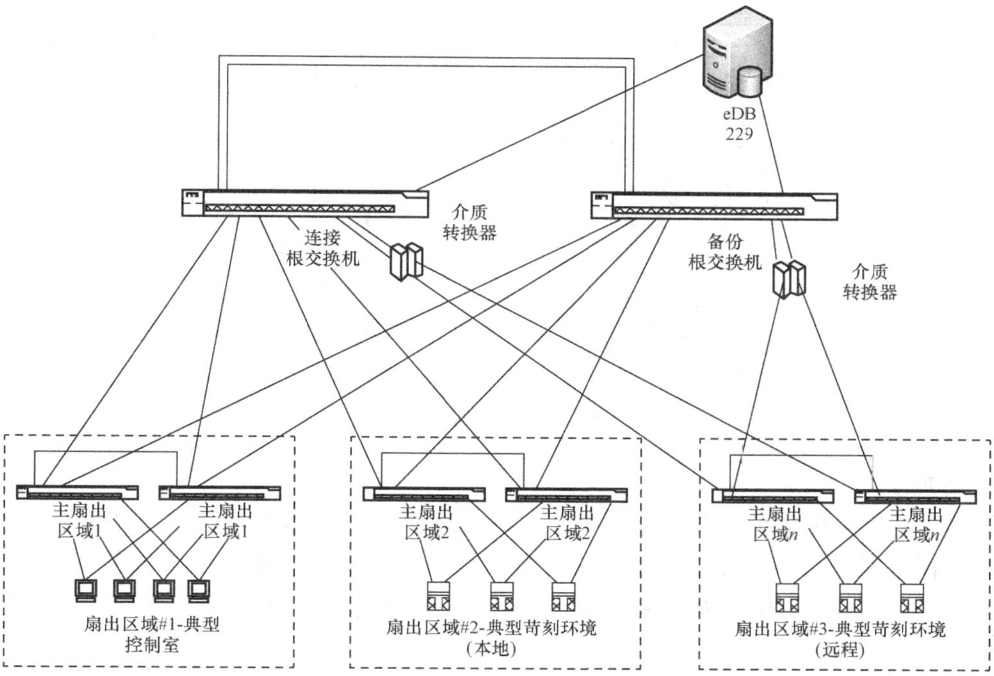

图 2-1 双层 Ovation 网络

（2）检查交换机设备，记录 Ovation 系统 Cisco2950/2960 系列交换机的型号、各指示灯的名称及其含义、模式按钮位置和各端口位置，并进行记录。指示灯包括 LED、RPS（备用电源）LED 和端口 LEDs 等。

（3）完成【任务准备】、【任务实施】和【任务评估】的内容。

【知识导航】

一、OSI/RM 七层模型的描述

决定 DCS 网络性能的三要素是网络拓扑、传输介质和介质访问控制方法。通信设备、通信环境和传输距离等对网络性能有很大影响。DCS 的每个设备的软硬件组成、功能特点和数据交换方式等存在很大的差异。为了保证各种设备之间相互通信的性能，避免通信的冲突和堵塞现象，通信发送方和接收方都应当遵循相应的数据传输控制的约定，即网络通信协议，网络通信协议也称为数据链路控制规程或网络通信规程等。

目前 DCS 的网络通信协议主要有 OSI/RM（open system interconnection/reference model）和 TCP/IP（transmission control protocol/internet protocol）等。OSI/RM 协议由七层组成，也称为 OSI 七层模型。OSI/RM 框图如图 2-2 所示。

OSI/RM 七层由低到高分别是物理层、数据链路层、网络层、传输层、会话层、表示层和应用层。第一层到第三层属于低三层，描述了网络通信连接的链路内容；第四层到第七层为高四层，说明了端到端的数据通信内容。

图 2 - 2   OSI/RM 框图

1. 物理层

物理层是建立在电缆、物理端口及其附属设备等物理介质基础上的协议和会话，主要负责实际的信号传输，即比特流。工作在物理层的物理介质主要包括网络接口（network interface card，NIC）、中继器、集线器（HUB）、双绞线、同轴电缆、RJ45 接口、串口和并口等。

2. 数据链路层

数据链路层协议主要描述了控制相邻系统之间的物理链路。用户数据被封装成帧保证了数据的可靠传输，帧是数据链路层的协议数据单元，只在数据链路层中有意义。帧和链路控制协议（LCP）的表示如图 2 - 3 所示。

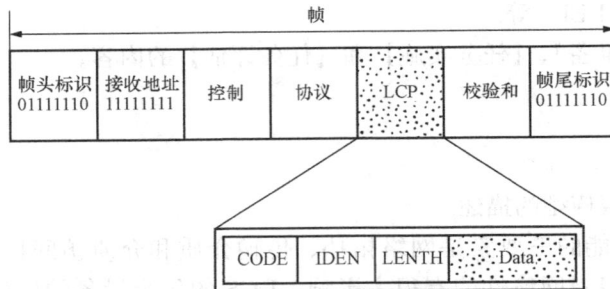

图 2 - 3   帧和链路控制协议（LCP）的表示

3. 网络层

网络层协议描述的内容包括建立与拆除网络连接、路径选择与中继、网络连接多路复用、分段和组块、服务选择与流量控制等。网络层协议解决的不是同一网段内部的通信问题，而是整个网络的通信问题。

设置网络层的主要目的有两个：一是提供路由，即选择到达目标主机的最佳路径，并沿该路径传输数据包；二是能够控制流量，避免冲突和堵塞。网络层设备主要负责路由，即选择合适的路径的功能。

4. 传输层

传输层的网络传输协议描述了网络数据传输标准。如多路复用与分割、映像传输地址与网络地址、传输连接的建立与释放、分段与重新组装、组块与分块等。

网络传输协议和传输层设备实现了端到端的数据传输，保证了数据在网络之间的传输质量。

5. 会话层

会话层协议描述了从会话连接到传输连接的映射、数据传输、会话连接的恢复与释放、会话管理、令牌管理和活动管理等。传输层设备可以提供会话服务。

6. 表示层

表示层协议屏蔽了通信双方不同的数据表示方法，描述了数据语法转换、语法表示、表示连接管理、数据加密和数据压缩等数据管理的内容。

7. 应用层

应用层解决用户具体应用的问题。在这一层中，TCP/IP 协议中的 FTP、SMTP 和 POP 等协议得到了充分应用，如电子邮件和文件的传输等。

综上所述，OSI/RM 只定义开放系统的层次结构、层次之间的相互关系和各层可能包括的任务，不提供实现的方法，只是一个参考模型而已。

二、网络传输介质

DCS 网络可以采用有线或无线的传输介质等。有线传输介质主要包括双绞线、同轴电缆和光纤三种。DCS 网络的通信质量与传输介质有关。传输介质的选择主要取决于网络拓扑的结构、实际需要的通信容量、可靠性要求和能承受的价格范围等。

1. 物理特性

物理特性说明了传输介质的特性。

2. 传输特性

传输特性包括信号发送技术、调制技术、传输容量和传输频率范围等。

3. 连通性

连通性是指节点与节点的连接方式。节点与节点的连接，既可采用点到点连接，也可以使用多点连接。

4. 地理范围

在不用中间设备并将失真限制在允许范围内的情况下，整个网络所允许的最大距离就是地理范围。

5. 抗干扰性

在存在扰动的情况下，装置、设备或系统保持其性能不降低的能力，称为抗干扰性，抗干扰性是衡量介质的数据传输性能指标之一。

6. 相对价格

相对价格包括元件、安装和维护等价格。

三、网络拓扑结构

从图演变而来的"拓扑"方法抛开了 DCS 网络中的具体设备，把工作站和服务器等网络单元抽象为"点"，将网络中的电缆等传输介质抽象为"线"，由点和线组成的几何图形就构成了 DCS 网络的拓扑结构。DCS 常见的网络拓扑结构主要有星形、总线形、环形、树形

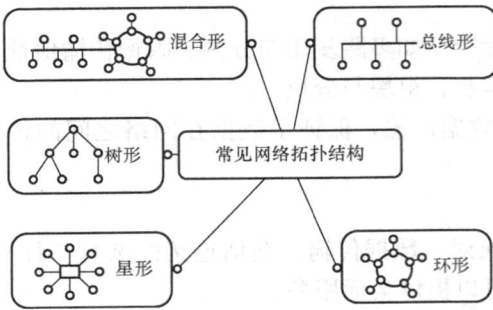

图 2-4 DCS 常见的网络拓扑结构

和混合形结构五种，如图 2-4 所示。

四、介质访问技术

鉴于局域网种类繁多和发展迅速，1980 年 2 月，美国电气和电子工程师学会（IEEE）成立 802 课题组，研究并制定了局域网标准 IEEE802。802 标准定义了网卡如何访问传输介质以及如何在传输介质上传输数据，还定义了网络通信设备之间连接的建立、维护和拆除的途径。遵循 802 标准的产品包括网卡和路由器等局域网络设备。

符合 802 标准的常用介质访问技术主要有三种：802.3 总线结构的载波监听多路访问/冲突检测（carrier sense multiple access/collision detect，CSMA/CD），802.4 令牌总线访问技术和环型结构的 802.5 令牌环访问技术。

1. CSMA/CD 访问技术

以太网不是一种具体的网络，而是总线型拓扑结构的 IEEE802.3 通信协议标准。根据数据传输的速率不同，以太网分为标准以太网（10Mb/s）、快速以太网（100Mb/s）、千兆以太网（1000Mb/s）和万兆以太网（10Gb/s）等。应用在工业中的以太网称为工业以太网。

工业以太网的主要特点如下：

（1）实时性。以太网通信协议和令牌调度算法保证了通信的实时性。

（2）开放性。兼容 TCP/IP 协议。

（3）安全性。能防止"冲击波"等网络病毒对过程控制站的影响。

（4）稳定性。当出现网络故障时，单网网络风暴不影响通信，双网网络风暴不影响过程控制站的控制性能。

网络风暴通常是指网络通信出现丢包、响应迟缓和时断时通等现象，主要原因是网络通信设备损坏，如网卡或交换机损坏等。另外，病毒攻击和黑客活动也容易产生网络风暴。

（5）易维护性。使用标准以太网硬件可降低维护人员培训费用和备品备件成本。

CSMA/CD 的典型应用是以太网，有"先听后发"和"边发边听"两种工作方式。

1）先听后发。使用 CSMA/CD 方式时，总线上各节点都在监听总线，即检测总线上是否有别的节点发送数据。如果发现总线是空闲的，则立即发送数据；如果监听到总线忙，这时节点需要持续等待或者等待一个随机时间，直到监听到总线空闲时，才能将数据发送出去，这就是先听后发工作方式。

2）边发边听。在发送数据的过程中，很容易发生传输冲突的现象。当两个或两个以上节点同时监听到总线空闲，并开始发送数据时，就会发生碰撞，产生冲突；传输延迟也可能会导致冲突的产生，即第一个节点发送的数据在未到达目的节点时，另一个要发送数据的节点就已监听到总线空闲，并开始发送数据。当两个被传数据发生冲突时，它们都因被破坏而产生碎片，无法到达正确的目的节点。为确保数据的正确传输，每一节点在发送数据时，要边发送边检测冲突，称为边发边听工作方式。

CSMA/CD 的工作过程是当检测到总线上发生冲突时，就立即取消传输数据，随后发送一个短的阻塞信号，以加强冲突信号，这样可以保证网络上所有节点都知道总线上已经发生了冲突；在阻塞信号发送后，等待一个随机时间，然后再将要发送的数据发送一次，如果还有冲突发生，则重复监听、等待和重传的操作，如图 2-5 所示。

虽然 CSMA/CD 有结构简单和轻负载时延小等优点，但是当网络通信负荷增大时，会出现冲突增多、网络吞吐率下降和传输延时增加等现象，通信性能就会明显下降。另外，各节点是通过竞争才获得总线使用权的，如果某个节点运气不好，就有可能需要很长的时间才能发送一帧，因此当总线网节点比较多时，实时性较差。

图 2-5 CSMA/CD 的工作过程示意

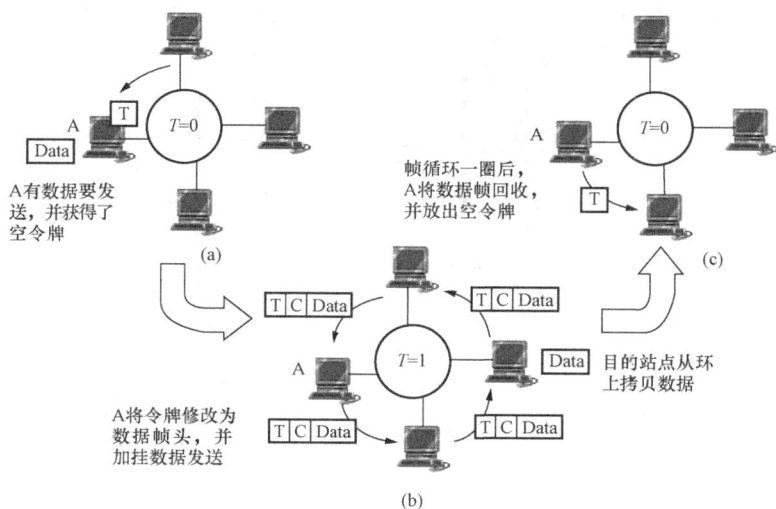

2. 令牌环访问技术

令牌环技术适用于环形网络，并已成为流行的环访问技术。令牌有"忙"和"闲"两种状态。

当某一个节点要发送数据，并获得空令牌后，将令牌置"忙"，并以帧为单位发送数据。如果下一节点是目的节点，则将帧拷贝到接收缓冲区，并在帧中标志出帧已被正确接收和复制，同时将帧送回环上，否则只是简单地将帧送回环上。在帧绕行一周到达源节点后，源节点回收已发送的帧，并将令牌置"闲"状态，再将令牌向下一个节点传输。

当令牌在环路上绕行时，可能会产生令牌的丢失，此时应在环路中插入一个空令牌。令牌的丢失将降低环路的利用率，而令牌的重复也会破坏网络的正常运行，因此必须设置一个监控节点，以保证环路中只有一个令牌绕行。当令牌丢失，则插入一个空闲令牌；当令牌重复时，则删除多余的令牌。令牌环网的主要工作过程如图 2-6 所示。

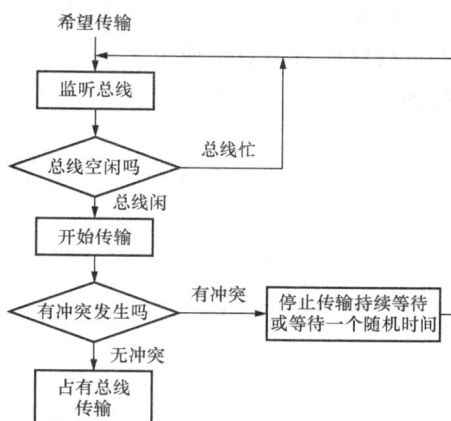

图 2-6 令牌环网的主要工作过程

3. 令牌总线访问技术

令牌总线介质访问控制技术综合了 CSMA/CD 和令牌环的介质访问技术。从逻辑上看，令牌总线网所有节点形成一个逻辑环；从物理上看，令牌总线网仍为总线结构。令牌总线网的结构示意如图 2-7 所示。

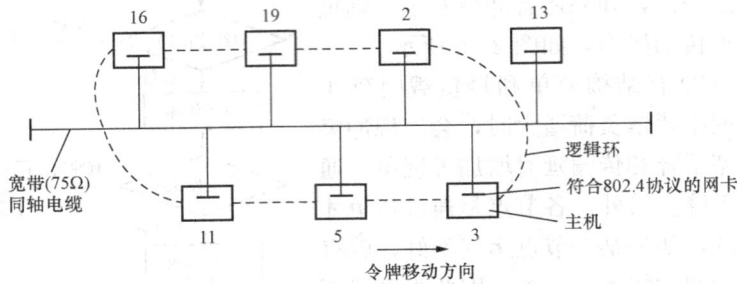

图 2-7　令牌总线网的结构示意

五、Ovation 系统配置

美国西屋电气公司 1982 推出了 WDPF，1989 年推出了 WDPF-Ⅱ，1997 年推出了 Ovation。21 世纪，西屋电气公司并入 Emerson 公司。Ovation 系统主要用于过程控制和工厂管理。典型的 Ovation 系统结构如图 2-8 所示。

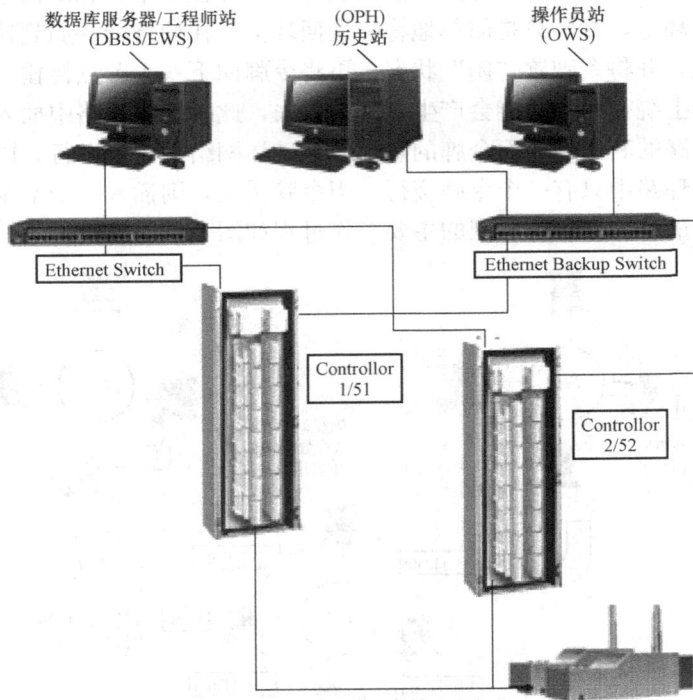

图 2-8　典型的 Ovation 系统结构

在典型的 Ovation 系统结构中，数据库服务器/工程师站为编程中心，用于建立数据库和控制逻辑；历史站作为长期点数据的存储（周、月、年），检索操作站/报警站的历史趋势；操作员站为监视和控制的人/机接口；冗余控制器对 1/51、2/52 实现生产过程的监视和控制；Switch 为交换机。

Ovation 采用 Oracle 关系数据库作为整个控制系统的核心。Oracle 关系数据库存储和管理了系统的配置信息、控制算法信息和过程点信息，并保证所有数据的一致性和完整性。

通常情况下，Ovation 数据库包含一个运行在工程师站上的主数据库和运行在其他工作站上的多个分布式数据库。每个站的独立的分布式数据库内含主数据库的部分信息定时从主数据库获取点信息的更新，如在控制系统组态时，所有修改更新信息将存储在主数据库中，当这些修改被装载到控制器或者某个工作站后，主数据库将向每个分布式数据库广播这些更新数据，以保持与主数据库一致。

主数据库也会周期性地广播主/备控制器信息、站点的不匹配信息、当前的顺序号等。利用顺序号，客户端可确定是否需要单独向主数据库申请发送更新信息。Ovation 系统网络的各节点有相应的网络号（节点号）和网络接口。Ovation 网络中的数据流如图 2 - 9 所示。

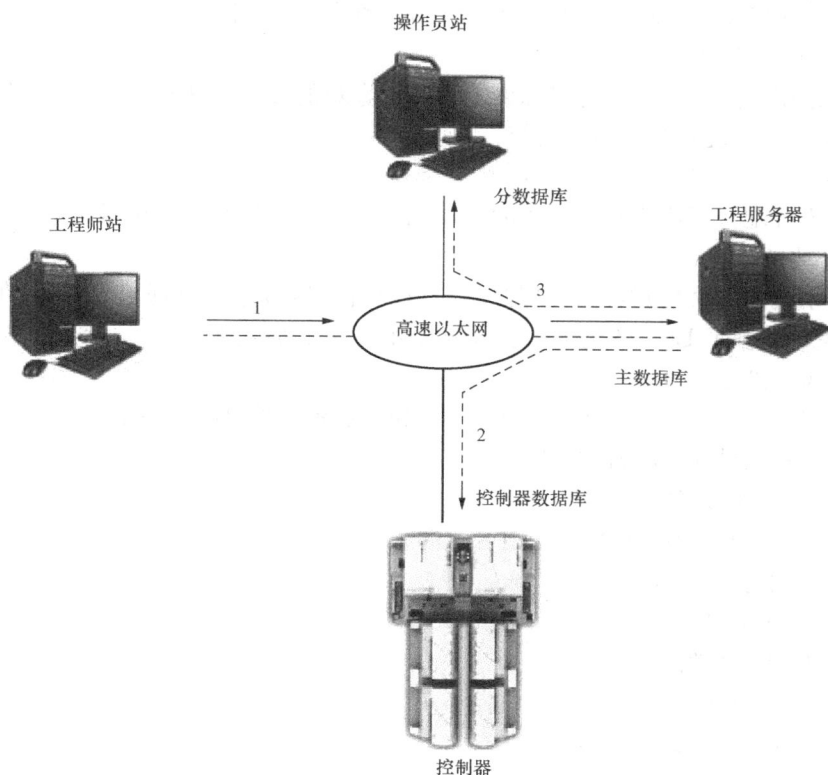

图 2 - 9 Ovation 网络中的数据流

在图 2 - 9 中，1 表示使用组态工具在主数据库中生成一个新点；2 表示用 Loader 将新点下装到控制器中；3 表示下装以后，操作站部分的数据被广播到操作站的分数据库中。

Ovation 系统的数据主要由相关数据库管理系统（RDBMS）控制，控制系统与 Ovation 相关数据库独立运行，所有系统的信息被保存并不断更新，系统的组态工作与全局分布式的相关数据库有关。

　　除了实时和历史的过程数据外，RDBMS 存储了 Ovation 的每一个信息，包括系统组态、历史储存和重新建立的数据、报表格式、控制算法信息、I/O 控制器原始数据和过程数据库。Ovation 系统常用术语见附录六。

　　Ovation 系统的主要技术特点如下所述。

　　1. 分布式功能设计

　　多个独立的 Ovation 模块相互协调执行重要的应用项，即使一个站点出现故障，也不影响系统继续运行。

　　2. 简化的软硬件设计

　　Ovation 采用目前广泛认可的硬件、软件、网络和通信接口，按照工业标准制造的产品易于维护和升级。

　　3. 冗余设计

　　Ovation 系统的冗余设计包括双重的处理器插板、电源和通信联接等。双重处理器提供主/备的控制，如果发生故障，则处理器进行无扰动地自动切换。

　　4. 直观的诊断方法

　　Ovation 系统采用嵌入式的容错和诊断程序，直观的诊断方法包括系统各部件上的颜色指示灯、音响报警系统及其状态画面等。

　　5. 易于组态

　　Ovation 系统配置了用户易于使用的、功能强大的集成化和图形化组态工具。

　　6. 灵活的扩展性

　　Ovation 系统的网络构建灵活，如控制器可以直接连接第三方通信设备、I/O 模块易于扩展和升级等，体现了 DCS 的先进性、开放性和灵活性等特点。

　　六、Ovation 机柜

　　Ovation 机柜又称为 DPU 柜，分为主控柜和扩展柜。控制柜配置的主要元件如下：

　　(1) 使用一块背板的冗余控制器。

　　(2) Pentium PC 处理器。

　　(3) +24V、+5V 和 ±12V 的 PCPS 电源板。

　　(4) 以太网卡。

　　(5) 最多两块 PCRL。

　　(6) 主/辅 24V 电源。

　　(7) 电源分配模块。

　　(8) 标准 I/O 模块和基座。

　　(9) I/O 传输板，ROP 连接两个 Branch I/O，主/辅 24V 电源，Local I/O Bus 通信最多连接 8 个分支。

　　(10) 构成 I/O Bus 回路的 I/O 分支终端头 A 和 B。

　　Ovation 控制器通常是指一台或多台机柜，包括 I/O 模块。DPU 柜设备的正反面布置如图 2-10 所示。

　　I/O 卡件的地址与命名规则是正对机柜的正面左手侧为 A，从上到下依次为 A1~A8；右手侧为 B 侧，从下到上为 B1~B8；正对机柜的背面，左手侧从上到下为 C1~C8，右手侧从下到上为 D1~D8。在机柜组装过程中，A~D 区域用于指定设备的物理位置，而 1~8 模

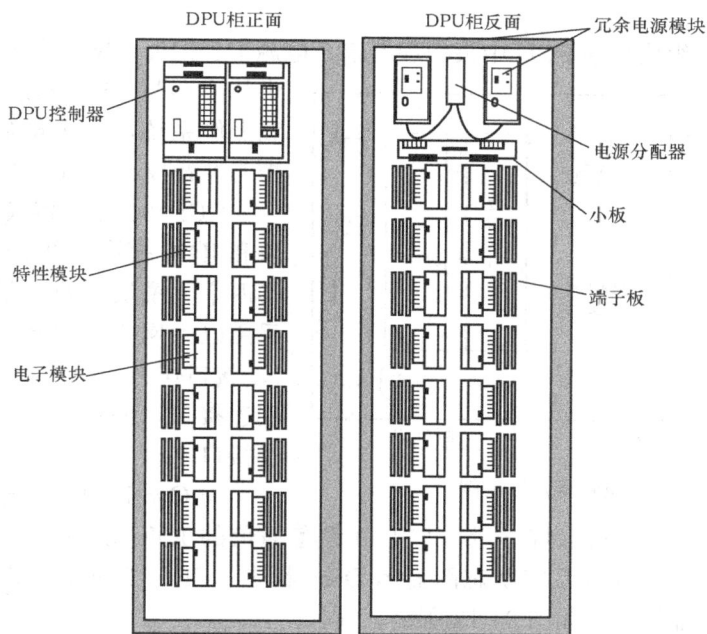

图 2-10 DPU 柜设备的正反面布置

块位置用于定义总线地址位置。I/O 卡件的地址与命名规则的说明如图 2-11 所示。

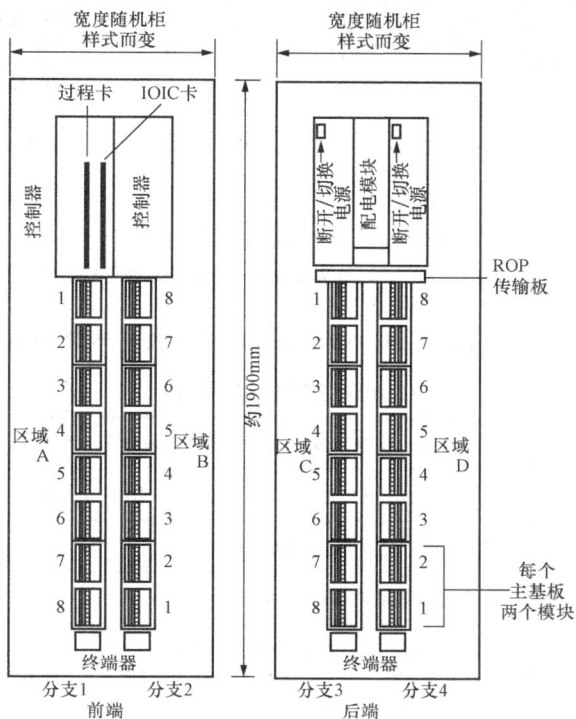

图 2-11 I/O 卡件的地址与命名规则的说明

七、控制器

控制器的硬件组成包括 CPU 中央处理器卡、电源卡、闪存、网卡和 I/O 接口卡等。其中的闪存与 CPU 相连，内有逻辑算法和操作系统，在失电后，数据不丢失。控制器背板示例如图 2-12 所示。

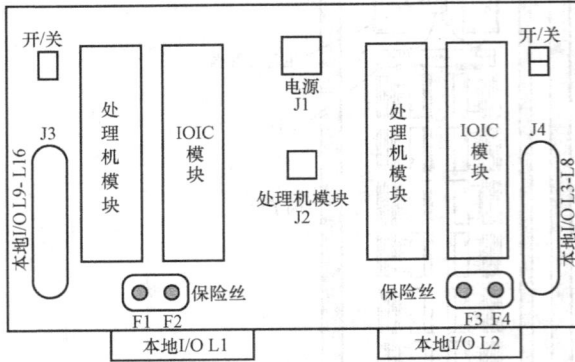

图 2-12 控制器背板示例

OCR400 控制器模块包含处理器模块和 IOIC 模块（电子模块和特性模块）等两个主模块。处理器模块的 N1 接口采用以太网方式连接第三方网络设备，N2 接口作为单网连接口，N3 接口是双网连接口，N4 接口作为与备份控制器连接口。

与 Ovation 网络通信的处理器模块的网络通信状态由 LED 指示灯显示，与 I/O 设备通信的 IOIC 模块的 I/O 通信状态也由 LED 指示灯显示。Ovation 系统状态图显示 Drop 状态、CPU 工作状态和控制器诊断等信息。OCR400 控制器模块，如图 2-13 所示。

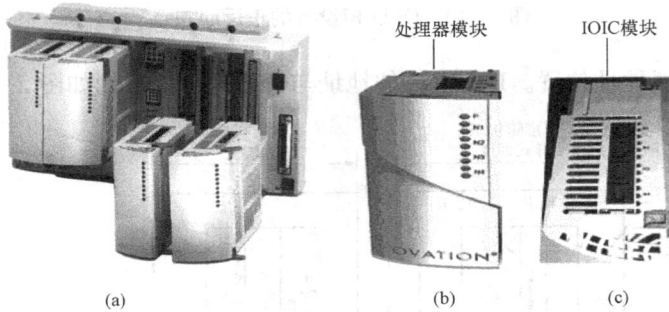

图 2-13 OCR400 控制器模块
（a）控制器的安装；（b）处理器模块正面；（c）处理器模块内侧

Ovation 控制器 I/O 能力见表 2-1。Ovation 控制器硬件规格见表 2-2。

表 2-1   Ovation 控制器 I/O 能力

本地 Ovation I/O	支持 2 组，每组最多 8 个独立分支，每分支 8 个模块，每对控制器最多 128 个模块
本地 Q-Line I/O	支持一个 48 块 Q 系列卡件节点，一个附加节点（支持 48 块卡件）
远程 Ovation I/O	最多 8 个节点，64 个模块
远程 Q-Line I/O	最多 8 个节点，48 个卡件
最大硬接线 I/O 量	模拟量 1024 点，数字量或者 SOE 2048 点
智能设备能力	FF、Profibus 和 Device Net

虚拟 I/O 能力（通过以太网 TCP/IP 和其他标准协议连接）	Allen-Bradley PLC DF-1； GE Mark V/VI GSM； Modbus TCP； GE Genius I/O； Toshiba 汽轮机控制系统； MHI 汽轮机控制系统； 外接 Ovation 网络

表 2 - 2   **Ovation 控制器硬件规格**

总 线 结 构	PCI 标 准
发生点（有名点）	最多 32 000 点，具体容量与处理器和内存有关
过程控制任务	两个固定时间（1s 和 100ms），三个自定义时间（10ms～30s）
处理器	Intel 奔腾处理器、400MHz、128MB Flash 和 128MB RAM
网络端口	4 个 10/100MB 以太网端口
电源	24V（DC）40W
尺寸	7in×20in×8in
CE 认证	符合 CE 认证，需安装在 CE 认证的机柜中

控制器冗余配置，无扰动切换，并采用商用多任务实时操作系统（RTOS）来实现实时控制和通信功能，兼容即插即用（plug and play）的标准 PC 产品。多控制区的设计有效地分配处理器负载，提高了控制器的可利用率。

Device Net 是一种链接简单工业设备和自动化系统的应用层协议，处于工厂网络结构的基础层。网络地址是 Device Net 设备使用的当前地址，每个 Device Net 设备有唯一的物理设备标记及其对应的媒体访问控制标识符（MACID）。

Device Net 设备分为主设备和从设备等两类。主设备收集来自从设备的输入数据，并将输出数据分配给从设备；从设备是指从主设备接收应用数据，或将应用数据传送给主设备的外围设备，如变频装置、I/O 和电动机启动器等。

控制器的主要功能如下：

（1）发起和接收处理点，并为发起点提供报警和命令字处理。

（2）读取 I/O 模块的数据，并将数据转换为处理点。

（3）读取处理点的数据，并将数据写入 I/O 模块。

（4）在线实现点和控制器系统的添加、删除和修改，并执行控制算法。

在 Ovation 系统中，点是现场设备 I/O 值、计算值和内部系统信息等任何数据项。点是最小单元，存储在 Ovation 主数据库中的点的名称和唯一系统 ID 编号可识别每个点，如 Ovation 控制系统将某个输入信息转换为工程单位，然后将该点属性的一组信息存储在点记录中，作为全局数据库的一项记录，就被称为一个点。

八、I/O 模块

标准 I/O 模块由电子模块和特性模块组成。电子模块作为现场信号与控制器的接口，电子模块的种类包括 AI、AO、DI、DO、接点输入、热电偶输入、热电阻输入、脉冲累加器、计数器以及数据链接控制器等。装有熔丝的特性模块主要起保护作用。

标准 I/O 模块及其主基板如图 2-14 所示。

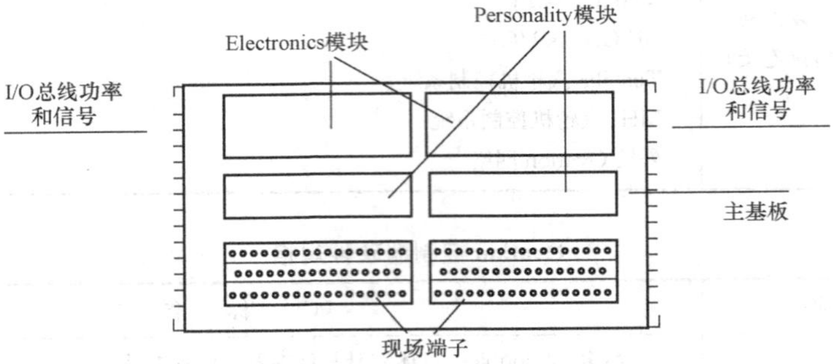

图 2-14 标准 I/O 模块及其主基板

1. I/O 模块的主要特点

(1) 大多数模块都符合 CE 标记 (CE Marking), CE 标记是多个欧洲国家强制性要求产品必须携带的安全标志。

(2) 热插拔和模块化的插入式组件简化了维护操作。

(3) I/O 基座安装在 DIN 导轨上。特有的基座互连方式节省了大量的电源和通信配线。

(4) 每个 I/O 模块存储了模块类型、组、序列号和修订等信息。

(5) 特性模块和电子模块采用不同颜色的标签。

(6) 不同色码的 LED 状态指示器显示设备所处的不同状态。

2. I/O 模块的主要类型

(1) AI 模块。AI 模块包括模拟输入 (13 位)、模拟输入 (14 位)、模拟高速输入 (14 位)、HART 模拟输入、HART 高性能模拟输入、RTD (4 输入) 和 RTD (8 输入)。

(2) AO 模块。AO 模块包括模拟输出、HART 模拟输出和 HART 高性能模拟输出。

(3) DI 模块。DI 模块包括数字输入、紧凑型数字输入、触点输入、紧凑型触点输入、事件顺序输入、紧凑型事件顺序输入和增强紧凑型事件顺序输入。

(4) DO 模块。DO 模块包括数字输出、继电器输出和 24V (DC) 高压侧数字输出。继电器输出模块由电子模块及其主基板组成，用于切换位于现场的电流和电压设备。

(5) 总线接口模块。总线接口模块包括 HART I/O 模块和常用的现场总线模块。

(6) 专业模块。专业模块包括链接控制器、回路接口、脉冲累加器、伺服驱动器、速度检测器、阀门定位器和小型环路接口模块 (SLIM)。

九、电源和接地系统

Ovation 供电系统具有输入欠电压保护、输入过电压保护、输出过电流保护和过热保护等功能，断电保持时间为 32ms。

Ovation 供电系统由两个功率因数校正供电模块和一个电源分配模块组成，电源分配模块终端区是 AC 或 DC 电源。互为冗余的两个供电模块的供电模块组能分别接受 AC 或 DC 输入。开关供电模块提供冗余的 AC 和 DC 供电，冗余的 DC 电源为每个 I/O 总线供电，辅助的 I/O 电源在需要时为变送器回路和触点继电器供电。

Ovation 系统采用多机柜 EMC 簇接地。Ovation 接地系统示意如图 2-15 所示。

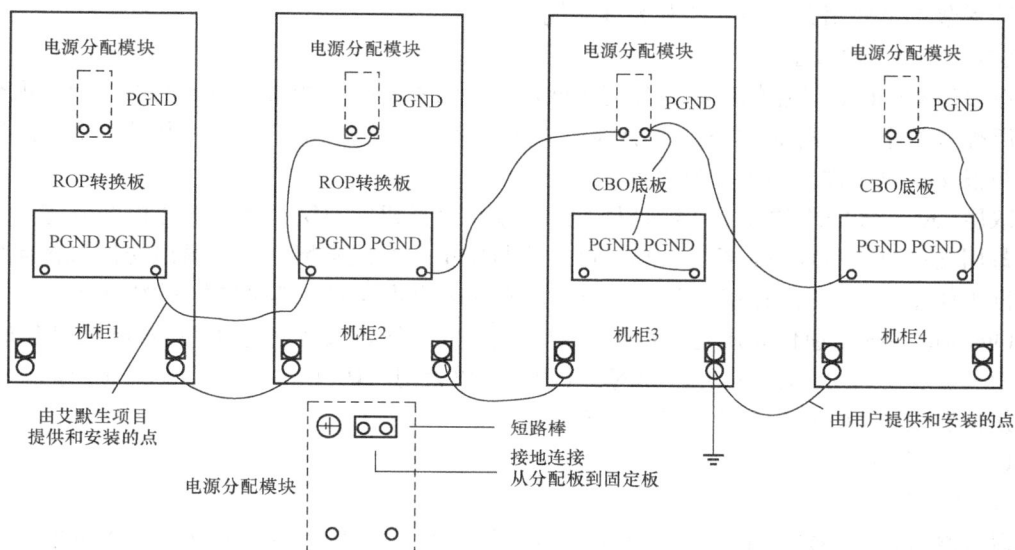

图 2-15　Ovation 接地系统示意

十、通信网络

基于交换技术的、标准的和开放的 Ovation 快速局域网络的主要特点如下：

（1）使用 Ovation OPC 等服务器；

（2）Ovation 站点直接与高速公路通信；

（3）通信介质采用光纤电缆或同轴电缆；

（4）LAN 与 WAN 互联使用桥路和监视器；

（5）确定性和非确定性的两种数据传输方式；

（6）PLC 可成为 Ovation 数据高速公路的直接站点；

（7）使用全冗余和容错技术标准，冗余交换机作为网络拓扑设备。

Ovation 通信网络的主要技术指标见表 2-3。

表 2-3　　　　　　　　　　　Ovation 通信网络的主要技术指标

参数	内　　容	参数	内　　容
站数	每条网最多 254 个站，每条网 20 万个点	网络拓扑	星形拓扑
速率	100Mb/s	每网长	200km
容量	20 万实时点/s	通信方式	支持同步和异步通信方式
介质	光纤、同轴电缆和/非屏蔽双绞线（UTP）	通信协议	工业 TCP/IP 协议，完全与以太网兼容

（一）单层网络设置

每个 Ovation 系统都围绕一对互连和冗余的根交换机进行构建。这对交换机形成网络树的根被命名为 Root 和 Backup Root。最简单的 Ovation 系统只包含这一对交换机，适用于位于单个区域的相对较小的系统。在通常情况下，小系统采用 UTP 电缆连接；在某些情况下，远程节点可使用介质转换器和光纤电缆。

（二）双层网络设置

在多组 Ovation 站点位于物理分离区域，或者随着系统不断增大的情况下，围绕根交换机对所配置的小系统可添加第二层交换机来扇出树，最大扇出区域数目由根交换机配置决定。与根交换机一样，扇出交换机也冗余配置。

双层 Ovation 网络的配置特征是具有三个扇出交换机的双层区域。通过电缆互连主交换机与备用交换机，可隔离一组 Ovation 站点进行维护。在通常情况下，扇出交换机区域中的站点群集使用 UTP 电缆连接，并且可能使用光纤电缆将这些交换机连接到根交换机。

Ovation 系统的通信介质是光纤、同轴电缆和双绞线，或者光纤和 UTP 电缆混合布线。串行 RS232、RS422、RS485、以太网、TCP/IP 以太网、Profibus 和 Device Net 等 Ovation 通信接口实现了 Ovation 系统设备的物理连接。

（三）交换机

1. 交换机的作用

以太网采用 CSMA/CD 技术。当网络负载较重时，随着冲突的增加，以太网的带宽必然降低，这就需要使用交换机技术。

以太网交换机的引入使网络各站点之间可独享带宽，消除了无谓的冲突检测和出错重发，提高了传输效率，而且交换机提供了站点之间或局域网段之间点对点的连接和点对点的数据传送方式，使得其他节点不可见，从而有效地避免了冲突。

共享式网络由集线器组成网络，交换式网络由交换机组成网络。如果将集线器视为一条内置的以太网总线，则交换机可以被认为是多条总线的互连。随着第三层交换技术的出现，少数交换机已经工作在 OSI 七层模型中的第三层（网络层），实现了 IP/IPX 路由。

2. 交换机的工作方式

交换机的工作方式有存储转发和直通等两种方式。

存储转发方式是从一个输入端口接收一个帧放入共享缓冲区，然后过滤掉不健全和有冲突的帧，并校验差错，最后再将数据按目的地址转发到指定端口。存储转发方式交换质量高、速度慢，适用于网络主干的连接。

直通方式是只对接收到的数据帧的目的地址信息进行检查，然后立即按指定的地址转发出去，不处理差错和过滤。直通方式对帧不过滤，误码率较高，交换速度快，适用于交换式网络的外围连接。

3. 交换机的特点

如果所有工作站都不需要通信时，则所有端口都不连通；如果某个工作站需要通信时，则能同时连通许多对端口，处于通信状态的用户是独占而不是与其他网络用户共享传输介质的宽带，这就使每一对相互通信的工作站都能无冲突地传输数据，而一旦通信结束后，就断开连接。

Ovation 采用 Cisco 2950/2960 系列的交换机。为保证实时数据能及时刷新，每个交换机都是特殊配置。Ovation 的交换机端口类型可以分为 Ovation Drop 端口、Fan-Out 端口、Switch Interconnection 端口（冗余）和 IP Only 端口。

Cisco 2950/2960 系列交换机的型号和用途见表 2-4。

表 2 - 4   **Cisco 2950/2960 系列交换机的型号和用途**

2950 系列		2960 系列	
用　途	型号	用　途	型号
Root Switch	1X00093Gxx	Root Switch（Cisco WS-C2960-24）	1X00508Gxx
Fan Out Switch	1X00093Gxx	Fan Out Switch（Cisco WS-C2960-24）	1X00508Gxx
IP Traffic Switch	1X00093Gxx	IP Traffic Switch（Cisco WS-C2960-24）	1X00508Gxx
Core Switch（Cisco 3550，Router Switch）	1X00105Gxx	Core Switch（Cisco 3560，Router Switch）	1X00399Gxx

冗余配置的交换机不仅能使站点通过双口网卡连接到两个交换机上，还能使两组 Switch（Fan Out）构建站群（Clusters），从而实现了地理位置分散，有效地消除了碰撞，保证了单一元件的故障不会而引起整个网络瘫痪，提高了整个网络的故障容错处理能力和可靠性。Root Switch Port 和 Fan Out Switch Port 的定义见表 2 - 5。

表 2 - 5   **Root Switch Port 和 Fan Out Switch Port 的定义**

Root Switch Port 定义	Fan Out Switch Port 定义
1. 所有口（除了 Port 1）被组态为100Mbit/s，全双工通信	1. 所有口（除了 Port 1）被组态为100Mbit/s，全双工通信
2. Port 1 被定义为自动协商，阻止 Ovation 多路传输，可与 10/100 Mbit/s 的 IP 设备相连，可与 IP Switch 相连	2. Port 1 被定义为自动协商，阻止 Ovation 多路传输，可与 10/100Mbit/s 的 IP 设备相连，可与 IP Switch 相连
3. Port 2、3 用于两个 Root Switches 冗余互联	3. Port 2 用于两个 Fan Out Switches 冗余互连
4. Port 4～24 用于连接下层 Fan Out Switch 或为 Local Port	4. Port 3、4 用于与上层 Root Switch 进行级连
	5. 交换机 Port 5～24 用于与上层 Root Switch 进行级连接或作为 Local Port

在交换机或网络接口外部，中继器可将一种介质类型转换为另一种介质类型，成为主要的介质转换器。

有关 Ovation 当前支持的各种通信接口的信息由 Ovation 系统通信接口的"硬件/设备"表格和"版本"两种电子表格提供。"硬件/设备"电子表格包含通信接口的硬件或设备、接口的物理连接、通信接口的协议、接口的平台和连接 Ovation 的接口选项等信息。"版本"电子表格包含通信接口的名称、支持接口的 Ovation 软件版本接口的连接、配置和使用相关的 Ovation 文档等信息。

十一、人/机接口

Ovation 系统的人/机接口包括操作员站、工程师站和历史站等。

1. 操作员站

操作员站处理控制画面、诊断、趋势、报警和系统状态的显示，获取动态点和历史点、通用信息、标准功能显示、事件记录和报警管理程序等。

2. 工程师站

工程师站执行编程、操作和维护功能。工程师站在操作员站功能的基础上增加了创建、下载和编辑过程图像、控制逻辑和过程点数据库等所需的功能。

3. 历史站

历史站负责整个 Ovation 系统的过程数据、报警、事件顺序记录（SOE）和操作员记录的大容量存储和检索，以 0.1s 或 1s 的时间扫描和存储，点容量多达 20 万。

十二、软件

DCS 软件系统可分为系统软件、应用软件、通信软件和组态软件四类。DCS 软件结构如图 2-16 所示。

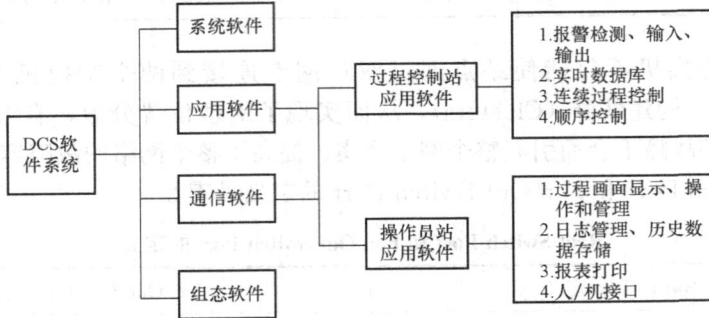

图 2-16　DCS 软件结构

Ovation 系统包括一套直观的、完全图形化界面的编程工具。在 Ovation 系统中，应用软件通常是指组态软件，也称为组态工具。Ovation 组态工具包括以下主要应用软件。

1. 控制逻辑建立器

控制逻辑建立器采用标准的"科学仪器制造商协会"（SAMA）图标的图形化组态环境进行控制策略组态，并执行编译和下载。

2. 图表建立器

图表建立器采用标准的拖拽方式来绘制过程监视画面，还支持颜色渐变、3D 和动画等效果。

3. I/O 建立器

根据现场控制器和 I/O 配置情况，I/O 建立器生成机组的硬件配置树，并定义每个 I/O 模块的每个通道。

4. 点建立器

点建立器使用户能够增加、删除或修改过程的目标点，实现对系统范围内点的一致性检验。

5. 报表生成器

报表生成器提供设计和修改用户报表格式的工具。

6. 配置建立器

配置建立器定义 Ovation 系统设备各项组态有关的数据，如控制器的控制域定义和操作员站功能等。

7. 安全建立器

安全建立器定义用户和用户组的权限与角色。

当系统组建完成后，按照软件安装手册和系统组建方案等要求，在服务器上和工作站上，必须安装相应的系统软件和应用软件。在某电厂 2×1000MW 机组系统中，主要系统软件和应用软件见表 2-6。

表 2-6　　　　　　　　　　某电厂安装的主要系统软件和应用软件

软件名称	功能	单位	7 号机组	8 号机组	共用	厂家
操作系统软件	Windows	套	1/MMI	1/MMI	0	Microsoft
控制器系统软件	VxWORKS	套	1/控制器	1/控制器	1/控制器	Microsoft
AutoCAD	组态工具	套	2	2	0	Autodesk
Oracle 数据库	数据管理	套	1	1	0	ORACLE
历史数据管理	HSR	套	1	1	0	Emerson
报表管理软件	Crystal report	套	1	1	0	Emerson
AMS 设备管理软件		套	1	1	0	Emerson
OPC 接口软件	SIS 接口	套	1	1	0	Emerson
Ovation 组态工具	系统组态	套	1	1	0	Emerson
GPA 性能计算软件	性能计算	套	1	1	0	Emerson

【任务准备】

一、引导问题

（1）RJ45 接口的作用。

（2）OSI/RM 的七层名称和作用。

（3）802 协议主要分为哪几个部分？

（4）RS232 和 RS485 的含义及其作用？

（5）Ovation 交换机的名称、作用和特点。

二、制订任务方案

在正确问答引导问题后，根据行业（企业）规程和项目化教学过程的基本要求，制订任务方案表。

【任务实施】

根据项目化教学过程的基本要求，完成任务的计划、准备、实施和结束工作。在教师的指导下，实施本任务，具体内容如下：

（1）查看 Ovation 交换机。每组依次熟悉 Ovation 交换机的型号、模式按钮位置、各端口位置、各指示灯的名称及其含义，并做好记录。Ovation 交换机如图 2-17 所示。

（2）按照本任务的描述和项目化教学的要求，执行本任务。

（3）分组讨论，完成自评和互评。

（4）提交任务实施计划表、任务实施表和检验评估表。

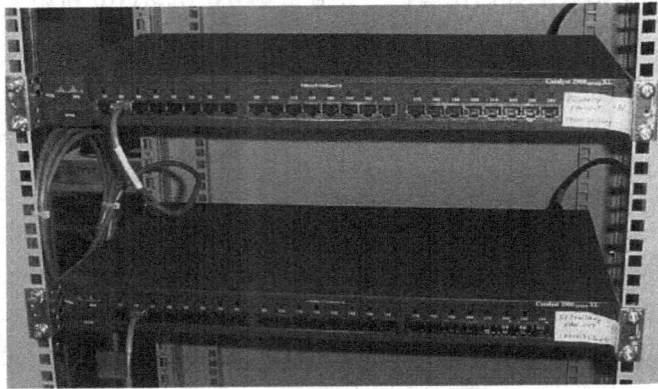

图 2-17 Ovation 交换机

【任务评估】

检查任务的完成情况，收集任务方案表和任务实施表，完成检验评估表。

【知识拓展】

一、DCS 通信部分的基本要求

DL/T 1083—2008《火力发电厂 DCS 技术条件》规定 DCS 通信部分的基本要求。

1. 网络结构要求

（1）通信网络应采用分级的层次型结构。DCS 通信网络推荐分为主控通信网络级和 I/O 级，采用现场总线技术的系统可增加现场设备级，非实时性数据通信可采用单独的网络。

（2）单元机组主控通信网络应相对独立。根据工艺运行的要求，分别设置母管制机组、电厂辅助车间和脱硫控制系统等的主控通信网络，各主控通信网络应相对独立。

（3）各 DPU 的 I/O 通信网络应互相独立。远程 I/O 串行通信总线应冗余配置。

（4）通信协议应采用开放的和符合国际标准的协议。

（5）多机组公用的设备和系统可设计公用控制系统主控通信网络，该网络应有相对独立性，与相关机组主控通信网络应配置在不同网段，应有可靠的访问限制机制。

（6）设备级通信网络应采用符合 IEC 61158 现场总线国际标准的网络结构和协议，连接现场总线的智能仪表和设备。互为冗余的仪表和设备应配置在不同网段或分支。

2. 硬件要求

（1）通信介质。节点间距离小于 100m 的主控通信网络可采用通信双绞线电缆，节点间距离大于 100m 距离的主控通信网络应采用光纤。按照相关类型现场总线标准或制造商的技术要求，配置现场总线通信介质。

（2）通信通道。连接在主控通信网络的 DPU、人/机接口站和服务器等节点，应有冗余通信通道和接口。冗余通信通道应具有可靠的冗余性能，任一通道的故障不应造成系统通信故障。各通信通道应有自诊断和故障报警功能。

（3）安装在现场的通信设备应采用适合工业环境的产品。

3. 通信速率

（1）通信速率应满足控制系统的实时性和通信负荷率的要求。

（2）采用工业以太网的主控通信网络的节点通信速率应达到 100Mb/s。

（3）采用串行通信的 I/O 通信速率应不低于 1Mb/s，采用并行通信的 I/O 通信速率应不低于 256kByte/s。

4. 现场总线通信

按照仪表和设备的地理位置，合理布置在各网段或支路上的现场总线仪表和设备，应保证冗余仪表和设备分布在不同网段或分支，并尽可能减少通信线路的长度。基本要求如下：

（1）合理设计主系统及与主系统连接的所有相关系统（包括专用装置）的通信负荷率，保证在高负荷运行时不出"瓶颈"现象，并且接口设备（板件）稳定和可靠。

（2）连接到系统数据高速公路上的任一系统或设备的故障都不应导致通信系统瘫痪，或者影响其他联网系统和设备的工作。

（3）通信总线应有冗余装置。在任何时候，冗余的数据高速公路都能同时工作，并且通信负荷率在繁忙工况下不超过 30%，以太网不超过 30%。

（4）通信高速公路的故障不应引起机组跳闸或 DPU 不工作。

（5）当数据通信系统发生某个通信错误时，系统应能自动采取某种安全措施，如切除故障的设备或切换到冗余装置等。

（6）在电子噪声、射频干扰和振动都很大的现场环境中，系统应能连续运行而不降低系统性能。

二、支持 Ovation 通信接口的四种平台

1. 链接控制器模块（RLC）

链接控制器模块模块可连接 RS232、RS422 或 RS485 等串行接口，实现串行通信。

2. Ovation 控制器

Ovation 控制器通过软件驱动程序实施以太网 TCP/IP 通信。

3. 以太网链接控制器（ELC）

以太网链接控制器是监控、管理设备及其环境的过程控制器，其数据来源于远程位置。以太网链接控制器模块被设计安装在标准的 Ovation I/O 机柜中，SCADA 系统与以太网链接控制器的功能有关。

4. Ovation 工作站

在整个 Ovation 系统中，Ovation 工作站的站点不仅提供了与电厂过程的通信，而且可监控正常和异常的电厂的生产状况。工作站通过软件包 SCADA 或 OPC 等实施串行或以太网 TCP/IP 通信。

三、Ovation IP 地址的设置

每个 TCP/IP 主机都有唯一的逻辑 IP 地址标识。IP 地址是 32 位地址，由网络 ID 和主机 ID 两部分组成。

网路 ID 也称为网络地址，用于标识大规模 TCP/IP 网际网络内的单个网段，连接并共享访问同一网络的所有系统。同一网络所有设备 IP 地址的网络 ID 都是相同的，主机 ID 也称为主机地址，用于识别每个网络内部的 TCP/IP 节点。

32 位因特网地址分为五种类别。大型网络采用 A 类地址，A 类因特网地址的高 8 位指

定网络域，最高优先级位设置为零，剩余 24 位表示主机域。大中型网络使用 B 类地址，B 类因特网地址的高 16 位分配给网络域，两个最高位分别设置为 1、0，剩余 16 位组成主机域。小型网络使用 C 类地址，C 类因特网地址的高 24 位表示网络域，三个最高位分别设置为 1、1 和 0，剩余 8 位组成主机域。A、B 和 C 类地址格式如图 2-18 所示。

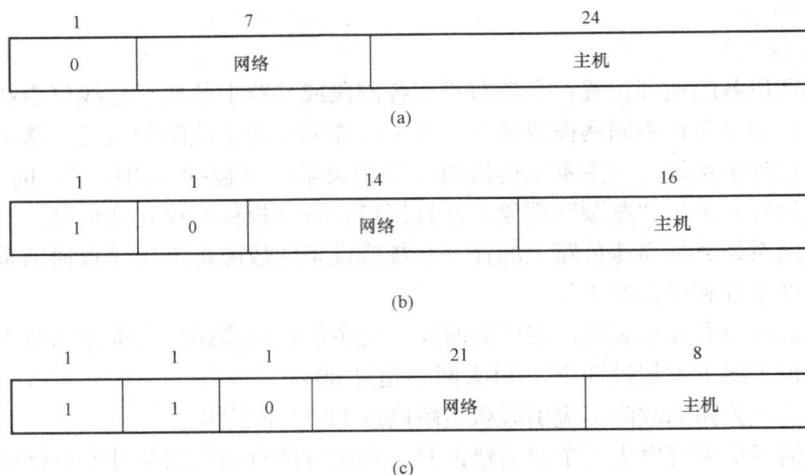

1	7	24
0	网络	主机

(a)

1	1	14	16
1	0	网络	主机

(b)

1	1	1	21	8
1	1	0	网络	主机

(c)

图 2-18　A、B 和 C 类地址格式
(a) A 类地址格式；(b) B 类地址格式；(c) C 类地址格式

C 类地址由 4 个 8 位数组组成，其中第 1、2、3 个 8 位数组作为网络号，最后一个 8 位数组作为主机号来标识该网络上的计算机。Ovation 网络的 IP 地址采用 C 类地址。

因特网地址编写为用点（句点）分隔的 4 个 3 位数。每个数字均以十进制格式编写，表示一个 8 位字节。当串连在一起时，4 个 8 位字节组成 32 位因特网地址，此符号称为点分十进制。点分十进制数字中的最大可能字段值为 255，这表示所有为 1 的 8 位字节。

因特网的地址规则规定：如果地址主机部分的位全部是 0，则此地址是指在地址网络部分中指定的网络，如 C 类地址 192.31.7.0 是指特定网络；反之，如果地址网络部分的位全部是 0，则此地址是指在地址主机部分中指定的主机，如 C 类地址 0.0.0.234 是指特定主机。

子网掩码用于识别网络地址的子网域。子网掩码是以点分十进制符号编写的 32 位因特网地址，此地址的网络和子网部分全部为 1，如 C 类网络 192.168.1.0 的子网掩码为 255.255.255.0。

每个 Ovation DCS LANs 通常分配 512 个 C 类 IP 地址，通常最后一个 8 位地址与 Drop 号对应，并作为 Drop 类型站点，高端地址作为网络设备或非 Ovation 站点。站网络 IP 地址设置如图 2-19 所示。

drop200 192.168.2.200　　drop201 192.168.2.201

drop210 192.168.2.210　　drop211 192.168.2.211　　drop160 192.168.2.160

drop1 192.168.2.1　　drop51 192.168.2.51

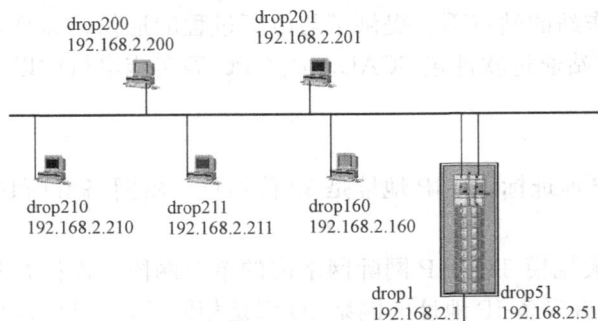

图 2-19　站网络 IP 地址设置

四、14 位 AI 模块

14 位 AI 模块由特性和电子模块组成，并提供 8 个独立隔离的输入通道。输入信号通过对应的特性模块有条件地传输到电子模块，特性模块也对电子模块的输入线路提供涌浪保护。作为 I/O 总线的接口，电子模块完成模拟信号转换成数字信号。

14 位 AI 的电子模块包括 1C31224G01 [4～20mA（DC）输入] 和 1C31224G02 [±1V（DC）输入] 两组模块。14 位 AI 特性模块包括 1C31227G01 [4～20mA（DC）输入] 和 1C31227G02 [±1V（DC）输入] 两组模块。如果 14 位模拟量电压输入通道的 1 输入被接成本地机柜地，通道 8 为现场设备接地，则 14 位模拟量电压输入的示意如图 2-20 所示。

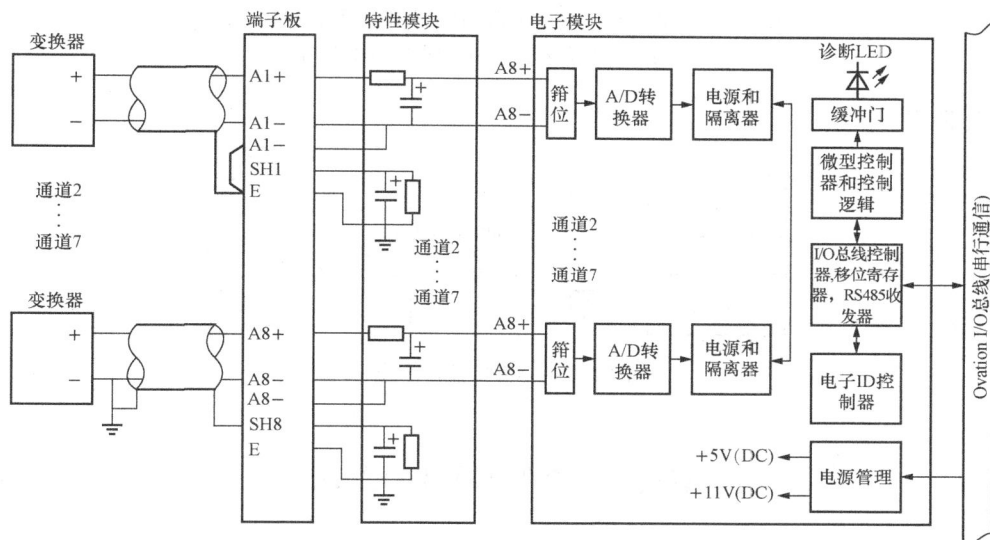

图 2-20　14 位模拟量电压输入的示意

五、OPC 技术

网络动态数据交换服务器实现 Ovation 控制器与 Windows 系统之间实时数据传递，开放数据库连接服务器实现 Ovation 与不同系统之间的实时、历史数据传递，OPC 服务器和 Data Link 服务器等实现 Ovation Network 和软件包（客户端）之间数据传递。

OPC [object linking and embeding（OLE）for process control] 是基于 Windows 的应用程序与现场过程控制应用的接口，如某电厂的主机 DCS、脱硫 DCS、除灰渣 PLC、输煤 PLC 和水网 DCS 等都是通过 OPC 与 SIS 连接。

在过去，为了存取现场设备的数据信息，每一个应用软件开发商都需要编写专用的驱动程序（接口函数），如图 2-21（a）所示。

由于编写设备的驱动程序给用户和软件开发商带来的麻烦，因此人们急需要一种具有高效性、可靠性、开放性和可互操作性的即插即用的设备驱动程序，OPC 标准也就应运而生。OPC 改善了数据源与数据用户间的连接关系，如图 2-21（b）所示。

OPC 技术使用了 OLE 2 技术，OLE 标准允许多台计算机之间交换文档和图形等对象，由一套标准的 OLE/COM 接口实现。OPC 已成为工业界系统互联的缺省方案。OPC 接口如

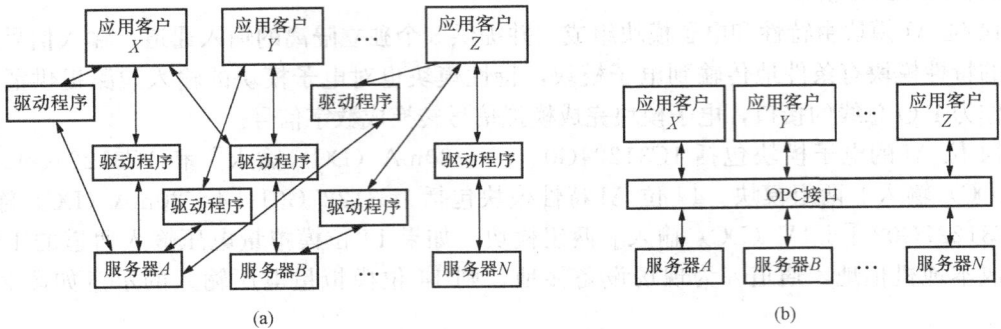

图 2-21 OPC 改善了数据源与数据用户间的连接关系
(a) 过去的驱动程序；(b) 现在的 OPC 接口

图 2-22 所示。

图 2-22 OPC 接口示意

任务二 控制器及 I/O 组态

【教学目标】

1. 知识目标

(1) 掌握 Ovation 站点的内容。

(2) 熟悉 Ovation 工程师站的基本功能。

(3) 熟悉 Ovation Developer Studio 界面。

(4) 熟悉 Ovation Developer Studio 系统树及其右键的功能。

2. 能力目标

(1) 能利用 Ovation 联机帮助，解决操作过程的疑难问题。

(2) 能使用 Ovation Developer Studio 工具，实现控制器及 I/O 的简单组态，并查询系统的设置状态。

3. 素质目标

(1) 养成安全生产的意识。

(2) 养成严谨务实的工作作风。

(3) 养成团队协作的工作方式。

(4) 养成严格执行国家、行业及其企业技术标准的工作习惯。

【任务描述】

DCS 控制器及 I/O 的组态是热工控制技术人员必备的专业技能。

无论是新建、扩建、改建和维护系统，还是增加、改变和更换 I/O 卡件等，均存在控制器和 I/O 的组态，Ovation Developer Studio 是 Ovation 系统的主要组态工具。

通过控制器和 I/O 的组态，使学生熟悉 Ovation Developer Studio 界面及其操作，掌握DCS 组态的基本方法和步骤。本任务的具体内容如下：

（1）组态控制器；

（2）组态一个数字点；

（3）创建一个工具栏，工具栏名称自定；

（4）分别说明在 Operation 工具栏中的五个按钮的作用；

（5）在 Ovation Developer Studio 窗口中，将工具栏的小图标改为大图标显示；

（6）完成【任务准备】、【任务实施】和【任务评估】的内容。

【知识导航】

一、Ovation 联机帮助

基于 Windows 界面的 Ovation 系统有一个联机帮助系统。在使用目录、索引、搜索工具或应用程序对话框时，按 F1 键可查询相关信息。

1. 帮助系统搜索方法

在应用程序菜单中，选择 Online Help 选项，弹出一个包含 Contents、Index 和 Search 三个选项卡的对话框。

（1）Contents 选项卡。Contents 选项卡采用目录树形结构，以包含单个文件的图书图标形式，表示每个主题。如果要访问对话框中的信息，只有单击左侧窗口中的主题，则右侧窗口显示帮助文本。

（2）Index 选项卡。在 Index 选项卡窗口中，文本输入字段用于搜索特定信息索引。当键入信息时，系统就开始搜索条目的索引，并按照字母的排序，突出显示最匹配输入信息的索引帮助主题。在选择一个主题并单击 Display 按钮后，右侧窗口显示帮助文本。

（3）Search 选项卡。在 Search 选项卡窗口中，如果将关键字键入搜索框并单击 List Topics 按钮后，则启用选项，显示匹配关键字的主题。在选择一个主题并单击 Display 按钮后，右侧窗口显示帮助文本。

2. 查看联机帮助

在菜单栏上，图标可查看的首选项如下：

（1）隐藏/显示图标。隐藏/显示图标用于隐藏/显示 Contents、Index 和 Search 三个选项卡。当选项卡处于隐藏状态时，如果单击隐藏图标，则仅显示帮助文本；如果单击显示图标，则可再次显示选项卡。

（2）上一个图标。上一个图标用于显示以前的帮助选择。

（3）下一个图标。下一个图标用于显示后面的帮助选择。

（4）打印图标。打印图标用于打印当前帮助屏幕。

二、Ovation 站点

Ovation 网络站点包括常用站点和可选站点。

1. 常用站点

（1）单连接站（SAS）。单网口，与单独交换机相连，如控制器，单连接站只需要与主机主板网口连接。

（2）双连接站（DAS）。双网口，与双交换机相连，如工程师服务器站、工作站、工程师站、历史/记录/计算站和操作员站等，双连接站需要插入单独的双口网卡。

2. 可选站点

可选站点包括动态数据交换服务器、开放数据库连接服务器、OPC 服务器和 Data Link 服务器等。

三、工程师站

（一）工程师站的组成、功能和特点

Ovation 工程师站的硬件由显示器、主机、鼠标、键盘和硬盘等组成，软件包括一套完整的和易于使用组态工具。Ovation 工程师站顺应 ODBC/SQL 工业标准，兼容其他数据库系统，最大容量为 20 万点，存储了所有的系统软件、系统目标码和应用源程序代码，具备系统的组态、在线修改组态、在线使用参考工具手册、管理、维护和操作员站的基本功能等，并能多窗口同步实现控制、数据库设计和图形设计等。

下面介绍工程师站的组态和监视功能。

1. 组态

（1）硬件的配置。定义 DPU 站号、网络的参数和站内的 I/O 配置等。

（2）数据库的组态。定义系统数据库中的各种参数，系统数据库包括实时数据库和历史数据库。实时数据库的组态是定义数据库各点的名称、工程量、上下限值和报警条件等；历史数据库的组态是定义各个进入历史库的点的保存周期。

（3）画面的生成。在 CRT 上，以人/机界面交互方式，直接作图来生成显示画面和建立所需的图形工具。Ovation 系统采取标准的移位击键法可移动或拖动及改变对象的大小，并通过滚动菜单选取色彩、线宽、填空和文本格式等图形属性。

（4）控制逻辑的组态。采用 CAD 为基础的组态工具，生成控制逻辑，定义各控制回路的控制算法、系数、调节周期及其参数；采用标准功能块（算法块）相互级连，即上一块的输出作为下一块的输入，每一块的算法块完成特定的功能或计算，经过组合，形成完整的控制回路。

（5）组态数据的编译和下装。编译组态数据，并下装给各个控制器，将流程控制图形下装至各操作员站。

（6）操作安全级别的设定。设定操作的安全级别包括防止误操作和越级操作，闭锁不在操作人员的操作权限内的操作指令，口令保护和复核一些重要的操作。

2. 监视功能

监视各站、网络通信和安全情况。

（二）组态软件和组态软件系统

1. 组态软件（configuration software）

组态软件包括相当丰富的功能软件模块和功能软件包，通常每个 DCS 产品都提供了运

算功能块和控制功能块等。

2. 组态软件系统

组态软件系统包括组态环境和运行环境两个部分。组态环境相当于一套完整的工具软件，用于设计和开发人们的应用系统，组态生成的结果是一个数据库文件，即组态结果数据库。作为一个独立的运行系统，按照组态结果数据库的指定方式，运行环境执行各种处理，完成组态设计的目标和功能。组态环境和运行环境互相独立，又密切相关，如图 2-23 所示。

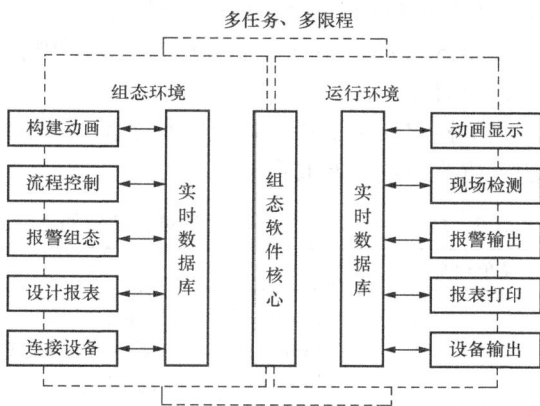

图 2-23 组态环境和运行环境的关系

主数据库具有一致和精确的可维护性，全域数据库不断更新并报告当前的数值。

在域模式下，网络上的所有计算机都是域的一部分，被称为域成员。域控制器管理域成员的安全策略。在域控制器上，安装了安全管理服务器软件；在域成员上，安装了安全管理客户软件；安全策略和源数据库由域控制器存储，并与网络上的其他计算机共享。

四、Ovation Developer Studio 窗口

工程师站的核心软件 Ovation Developer Studio 是一个管理整个 Ovation 系统组态的综合软件应用程序，Ovation 站点类型、控制策略、过程图形、点记录、系统级组态和安全由 Ovation Developer Studio 创建和维护。

打开 Ovation Developer Studio 组态工具的步骤是双击桌面上的 Ovation Developer's Studio 图标，或者单击桌面左下角的 Start 按钮，选择 Ovation 文件夹，选择 Ovation Engineering Tools 文件夹，单击 Ovation Developer's Studio 图标。Ovation Developer Studio 窗口如图 2-24 所示。

图 2-24 Ovation Developer Studio 窗口

在使用 Ovation Developer Studio 组态工具的过程中，有时必须使用右键单击，才能执行选择及其操作。右键选项菜单可能因对象不同而异，如右键单击 CQDZ2 图标，则弹出多个选项菜单；右键单击 CQDZ2 图标下的 External System Interface 文件夹，又弹出 Search、Find、Allow Docking 和 Hide 等四个选项菜单。

Ovation Developer Studio 窗口的主要内容如下所述。

1. 菜单栏

菜单栏包含多个层叠按钮，每个按钮显示一个访问 Studio 功能的下拉菜单。菜单栏按钮的下拉菜单项目及其说明见表 2-7。

表 2-7 菜单栏按钮的下拉菜单项目及其说明

菜单栏按钮	下拉菜单项目和说明
Print	Setup—更改打印机和打印选项。 Print—打印活动文档中所选的选项卡。 Print All—打印活动文档中的所有选项卡。 Print Preview—显示活动文档被打印时的样子。 Save As—将当前所选的对话框另存为一个文件。 Exit—退出 Ovation Developer Studio 应用程序
Edit	Undo—撤消上一操作。 Cut—将所选内容剪切到剪贴板。 Copy—将所选内容复制到剪贴板。 Paste—粘贴剪贴板内容。 Select All—选择活动文档中的所有内容
Operation	Operation 下拉菜单显示功能名称和图标形式的所有操作功能（Hide 和 Allow Docking 除外）。仅突出显示对特定项目/文件夹可用的功能，所有其他功能呈灰色显示。 Operation 工具栏包含图标形式的所有操作功能（Hide、Allow Docking 和 Refresh 除外）。仅突出显示对特定项目/文件夹可用的功能，所有其他功能呈灰色显示
Browse	Expand Child—显示所选项的所有子项。 Collapse Child—关闭所选文件夹的所有子文件夹。 Expand All—显示直到叶节点的所有项目。 Collapse All—关闭所有文件夹，并仅显示根节点
View	Workbook Mode—为工作空间窗口中打开的每个功能对话框提供选项卡。 Full Screen Mode—通过消除所有菜单和菜单栏增大工作空间的大小。 Customize Toolbar—打开 Customize Toolbar 对话框。 Overview Window—显示或隐藏概述窗口。 WorkPad Window—显示或隐藏工作板窗口。 Status Bar—显示或隐藏状态栏。 Lookup List As—以单列、多列或图标显示工作板窗口中的项目。 1. Icon—更改工作板窗口中列出的文件夹和对象的外观。 2. Single Column—在一个垂直列中列出工作板窗口中的文件夹和项目。 3. Multi-column/Vert.—在多个垂直列中列出工作板窗口中的文件夹和项目。 4. Multi-column/Horiz.—在多个水平列中列出工作板窗口中的文件夹和项目

续表

菜单栏按钮	下拉菜单项目和说明
Window （当窗口在工作空间中时才可用）	Close—关闭工作空间中的活动窗口。 Close All—关闭工作空间中的所有窗口。 Next—如果工作空间中打开多个窗口，Next 将依次激活下一个窗口。 Previous—如果工作空间中打开多个窗口，Previous 将依次激活上一个窗口。 Cascade—以对角方式堆叠工作空间中的所有窗口，活动窗口始终在最前面。 Tile Horizontally—以水平方式堆叠工作空间中的所有窗口；双击一个窗口的标题栏以激活该窗口。 Tile Horizontally—以垂直方式堆叠工作空间中的所有窗口；双击一个窗口的标题栏以激活该窗口
Help	Contents and Index—显示 Ovation Developer Studio 的联机帮助。 About Ovation DevStudio—显示程序信息、版本号和版权

2. 工具栏

查看和自定义工具栏的步骤如下：

（1）访问 Ovation Developer Studio。

（2）在菜单栏中，单击 View 菜单。

（3）单击 Customize Toolbar...，弹出包含 Toolbars 选项卡和 Commands 选项卡的 Customize 对话框。

（4）选择 Toolbars 选项卡，选择或取消选择 Show Tooltips、Cool Look 和 Large Button 等内容。

（5）选择 New 按钮，新建工具栏，在 Toolbar Name 框中，输入新工具栏名称。

（6）选择 Commands 选项卡，在工具栏上添加、删除或移动按钮。

（7）单击 OK 按钮，使用所选的工具栏，执行其他更改。

Standard、Operation、Browse 和 Windows 等四个工具栏的按钮提供了 Ovation Developer Studio 的特定功能，如 Save、Open 和 Create 等。

3. 系统栏

系统栏显示当前的 Ovation 系统。

4. 视图栏

视图栏的 Hardware、TrashCan 和 Defaults 三个功能列提供了数据库的不同视图。

（1）Hardware 视图栏。Hardware 视图是数据库的分层文件结构视图，称为系统树。在 Hardware 视图栏中，最高级别是系统，然后依次是 Network、Unit、Drop 和 Point。Hardware 视图栏主要用于创建新的系统。如果使用备份/恢复工具导入现有系统，则可以导出文件，还可以配置和编辑系统的现有属性。

第一次打开的 Hardware 视图栏仅显示 Hardware 根文件夹和 Systems 图标（或文件夹），如果未定义任何系统，则只显示 Hardware 根文件夹。展开某个文件夹结构的方法是单击该文件夹前面的加号（+）。

（2）TrashCan 视图栏。TrashCan 视图栏类似于 Windows 的回收站。

（3）Defaults 视图栏。Defaults 视图栏用于显示 I/O 设备的树形结构和十三种默认点类型。TrashCan 和 Defaults 视图栏如图 2-25 所示。

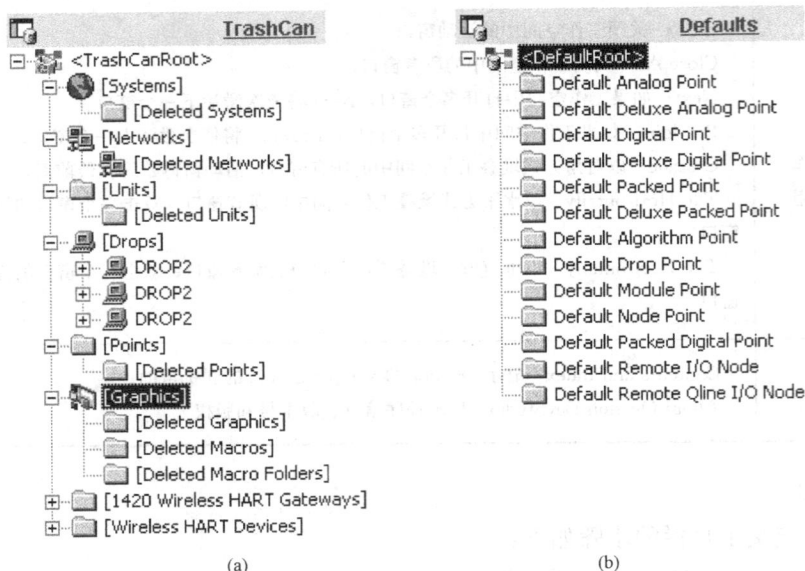

图 2-25　TrashCan 和 Defaults 视图栏
(a) TrashCan 视图栏；(b) Defaults 视图栏

设置模拟点默认值的操作步骤如下：

1）访问 Ovation Developer Studio；

2）选择 Defaults 栏；

3）在 Defaults 栏中，双击 Default Analog Point，出现十三种默认点类型的文件夹；

4）单击 Default Analog Point 文件夹，在选择工作板区域中，双击 Default Analog Point 文件，弹出 Default Analog Point 对话框。

在 Ovation Developer Studio 窗口中，常用的对话框主要有典型对话框和向导对话框。

典型对话框窗口由标题栏、工作空间、选项卡、工具按钮、输入区、下拉列表和复选框等组成。标题栏用于说明对话框窗口的功能，工作空间是包含对话框输入区的主体，选项卡是打开新的对话框主体，工具按钮提供对话框的功能。在输入区中，不能更改已由过去输入自动确定的呈灰色显示区域的信息。

5）在 Default Analog Point 对话框中，输入模拟点的默认值，单击 OK 按钮。

在创建项目时，应当修改特定点或单元的默认值。

在 Hardware 视图栏中，只有设置点字段的点描述、特征符、最小/最大标度、显示位数和安全组等值，才可以创建每个项目的默认属性或值。如果删除一个单元，则该文件夹及其所有内容都将从 Hardware 视图栏移至 TrashCan 视图栏，并置于 Units 占位符中。如果仅删除一个配置项，则该记录不会移到 TrashCan 视图栏中。从 Hardware 视图栏中删除的项目不是都存储在 TrashCan 文件夹中，只有在 TrashCan 视图栏有相应占位符的项目才能移至 TrashCan 中。

从 Hardware 或 Defaults 文件夹中删除的所有文件和文件夹都被移动到存储文件的

TrashCan 文件夹中。打开已删除的文件夹，可将文件夹恢复为其原始文件夹，或者完全从系统中清除文件。

5. 概述窗口

概述窗口显示 Ovation Developer Studio 树的 Hardware、Defaults 或 TrashCan 视图。

6. 工作板窗口

工作板窗口显示可选项目、程序或文件。工作板窗口的工作板视图按钮用于更改对象显示的方式。工作板视图按钮及其说明见表 2-8。

表 2-8　　　　　　　　　　　　　　工作板视图按钮及其说明

按　　钮	说　　明
	Icons—更改工作板窗口中列出的文件夹和对象的外观
	Single Column—在一个垂直列中，列出工作板窗口中的文件夹和对象
	Multi-column/Vertical—在多个垂直列中，列出工作板窗口中的文件夹和对象
	Multi-column/Horizontal— 在多个水平列中，列出工作板窗口中的文件夹和对象

7. 状态栏

状态栏显示当前 Studio 会话的有关信息。

8. 工作空间

工作空间显示功能对话框和文档对话框。

9. 对话框

对话框是执行操作的功能窗口。在工作空间窗口中，打开一个文件通常会产生一个功能对话框或文档对话框。

10. 选项卡

选项卡是设置项目属性的对话框窗口。

五、Ovation Developer Studio 的主要功能

Ovation Developer Studio 包含了配置控制系统所需的多个软件和工具，下面介绍其主要功能。

1. 配置站

添加、修改和删除站。

Base Station 站类型使用 Operator Station 站许可证，不同站类别的站数目不同。在定义每个站前，必须定制站类别，并添加许可证允许的站数目。在创建站后，为了使系统能识别被创建的新站，必须创建相应的站点，使站点与站的所需 DU 记录类型相对应。在被创建的站和站点下装到目标站后，必须对站进行修改，可以使用站文件夹中的项目建立和配置站。

2. 配置 Operator Station

Ovation Developer Studio 以树形结构或分层结构对功能进行分类，系统信息位于树的顶部，后面紧跟网络、单元、站和点信息。

Ovation Developer Studio 工具可以移动或复制控制逻辑、I/O 点和过程画面等元素，定义系统树中较低级别对象的属性，将 Networks、Units 和 Drops 配置为不同于 Systems 文件夹级别定义的属性。Systems 文件夹级别设置的属性是从树中向下默认，在较低级别树设置的属性通常会覆盖在较高级树下定义的属性。

　　Ovation Developer Studio 系统树的每个文件夹或项目均包含该级别的所有特定元素，Ovation Developer Studio 系统树结构的特性和功能如图 2-26 所示。

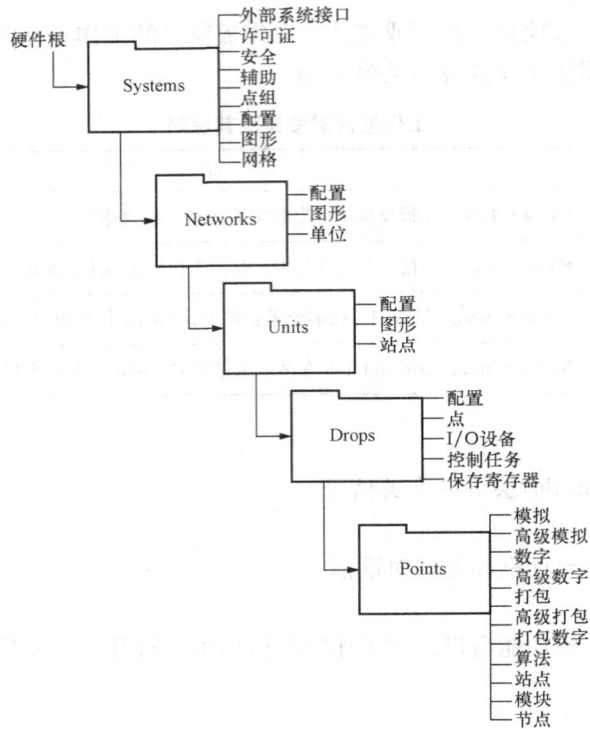

硬件根 → Systems
- 外部系统接口
- 许可证
- 安全
- 辅助
- 点组
- 配置
- 图形
- 网格

Networks
- 配置
- 图形
- 单位

Units
- 配置
- 图形
- 站点

Drops
- 配置
- 点
- I/O 设备
- 控制任务
- 保存寄存器

Points
- 模拟
- 高级模拟
- 数字
- 高级数字
- 打包
- 高级打包
- 打包数字
- 算法
- 站点
- 模块
- 节点

图 2-26　Ovation Developer Studio 系统树结构的特性和功能

　　Systems、Networks、Units 和 Drops 等文件夹包含的 Configuration 文件夹的子文件夹互不相同。如果一个数据库中有多个系统，则 Systems 文件夹将包含配置各自系统的所有系统项。在 Systems 文件夹级别中，只要将 Point Groups 文件夹的 External System Interface 设置为 Systems 文件夹独有，就可配置整个 Ovation Developer Studio 的参数和画面，每个主要文件夹有被查看的配置内容。

　　Graphics 和 Configuration Networks 是文件夹级别的唯一附加功能，Networks 文件夹级别的配置组件是 DDB、Network Time Protocol 和 Point processing。

　　Units 文件夹包含网络的每个单元的所有设置和子文件夹，并直接控制 Drops 及其 Points。Units 文件夹级别的功能包括 Graphics 和 Configuration，控制的配置组件为 Network Time Protocol 和 Point processing。Units 文件夹级别更改的报警配置会影响该单元及其所有站中的所有报警，但不影响网络或系统中的其他单元。

　　3. 访问 Ovation Security Manager

　　如果许可证系统组件分配了域中用户和站的安全角色，则未授权用户就只能执行未授权操作。Active Directory 数据库存在 Ovation 系统安全性的所有安全选择和分配。

4. 配置 I/O

I/O Devices 文件夹的设置向导和对话框描述了 Ovation 系统的 I/O 设备。在 Ovation Developer Studio 中，定义 I/O 模块的硬件参考信息如下：

（1）启用现场设备。启用现场设备是设置控制系统，并实现现场仪器的正确定位和通信的操作。

（2）构建点。Drops 文件夹的子项是 Points 文件夹。作为数据库中点的标准接口，Points 文件夹包含了 Drop 中每个点的用户可定义字段，点记录存储了定义 Ovation 点属性的信息。

（3）创建点组。点组是各种点的集合，系统树的 Systems 文件夹包含 Point Groups 文件夹。

5. 访问 Graphics Builder

Graphics Builder 用于开发显示在 Ovation Operator Station 上的过程图，Graphics 文件夹主要用于访问 Graphics Builder 应用程序。

6. 创建趋势组

趋势是经过所选时间间隔后绘制点值的一种显示，趋势的数据来源于人/机接口趋势历史或系统数据库。趋势组采集用途相似的点，显示组中的点值绘图，便于比较数据。

7. 创建保存寄存器

在特殊函数和梯形应用程序中，有效编号为 0～9999 之间的 10 000 个保存寄存器一般用于存储值，每个保存寄存器使用一个字节（16 位）内存。在 Ovation Developer Studio 中，任何控制器 Drops 文件夹均可访问和插入保存寄存器应用程序。

8. 维护数据库

维护数据库的工作内容主要包括备份和恢复数据库。

六、控制器组态

在 Ovation 系统中，站是包含 Ovation 软件并与系统中其他站通信的任何硬件计算机，如果有多个站，则每个站都将出现在 Drop 项目中，并且为每个站提供项目。Ovation 软件包含多个站类型，见表 2-9。

表 2-9 站 类 型

站类型	配置	点	画面	I/O 设备	控制组件	控制任务	保存寄存器
Operator Station	×	×	×				
Sim Operator Station	×	×	×				
Base Station	×	×					
Controller	×	×		×	×	×	×
Advanced Controller	×	×		×	×	×	×
Sim Controller	×	×		×	×	×	×
Advanced Sim Controller	×	×		×	×	×	×
Virtual Controller Host	×	×	×				
Virtual Controller	×	×		×	×	×	×

Ovation Developer Studio 提供一种添加、修改并删除站到系统数据库的机制。在实际工作中，工作站和控制器这两种基本站类型可添加到系统中。下面介绍如何将控制器站添加到系统中。

（一）添加控制器站所需的信息

一旦确定必须安装新站并且已获取许可证，就必须收集相关信息，以便完成添加站和站点。

1. 添加控制器站所需的信息

（1）"站类型"。

（2）控制器类型（OCR400 或 OCR161）。

（3）最大点限制（Normal、Expanded 或 32000）。

2. 添加站点所需的信息

（1）说明。

（2）特性。

（3）安全组。

（4）流程图。

（5）辅助信息。

（6）扫描频率。

（7）报警优先级。

（8）控制逻辑图。

（9）广播频率（必须）。

（10）启用或禁用的 eDB Collection。

（11）点名称（必须）（必须为 DROPXXX，其中 XXX 是站 ID）。

（12）站编号（必须）（必须为主控或备用控制器的 ID 号，并且必须与点名称一致）。

3. 确定控制器的 IP 地址

（1）单击显示器左下方的 Start 按钮。

（2）打开 Programs 图标。

（3）查找并双击 Command Prompt 图标。

（4）在对话框中，键入 ipconfig。

（5）按 Return 或 Enter 键。

（6）复制配置所需的 IP 地址。

4. 确定站的 NIC 地址

NIC（网络接口卡）位于控制器（或工作站）中。NIC 需要获取并记录 NIC 地址（从卡中获取或被分配地址），以便正确配置 Ovation Controller 软件。

5. 确定站 Additional Network Interfaces

Additional Network Interfaces 是 Controller 与其他网络接口配置的滚动列表。选项包括的内容如下：

（1）OCR400-选择 N1、N2、N3 或 N4。

（2）OCR161-选择 None、fei0、fei1 或 fei2。

（二）插入控制器站

在 Ovation 系统中插入控制器站的步骤如下：

（1）启动 Ovation Developer Studio。

（2）在 Hardware 视图栏中，使用系统树，导航至 Drops 文件夹。

（3）右键单击 Drops 文件夹。

（4）选择 Insert New...，出现 Insert New Drop Wizard 对话框，如图 2-27 所示。

（5）在 Insert New Drop Wizard 对话框的 Drop Id 值字段中，键入站 ID 号（1～254）。

（6）如果要使用备用站，则在 Partner Id 值字段中键入 ID 号（1～254）。

（7）从 Drop-type 下拉菜单中，选择所需的站类型。

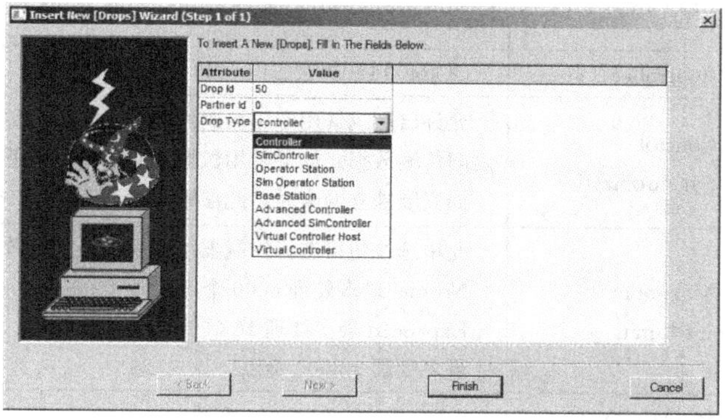

图 2-27　Insert New Drop Wizard 对话框

（三）输入控制器站的站信息

当完成"插入站"中的步骤后，执行操作如下：

（1）在 Insert New Drop Wizard 对话框中，选择 Finish，出现 New［Drops］对话框，如图 2-28 所示。

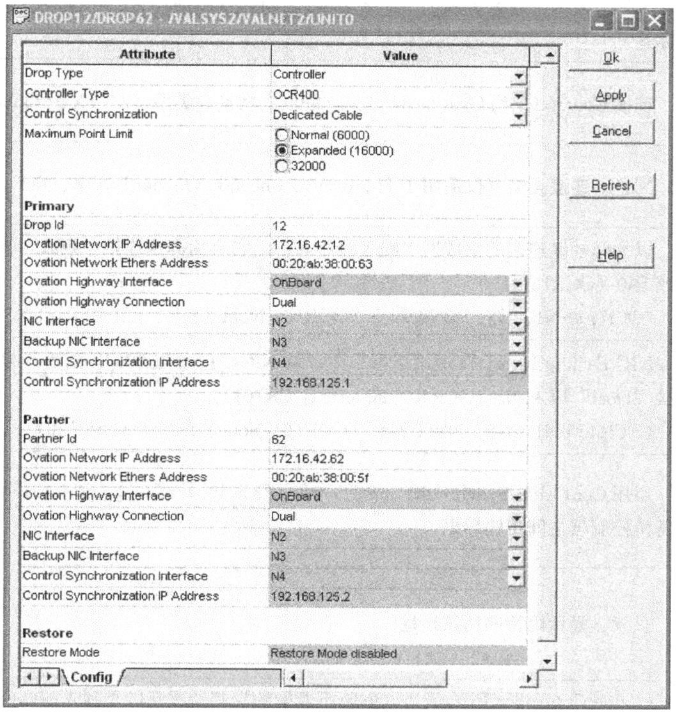

图 2-28　New［Drops］对话框

（2）输入所选站类型的所需信息。新控制器站对话框信息说明见表 2 - 10。

表 2 - 10　　　　　　　　　　　　新控制器站对话框信息说明表

字　段	说　　明
Drop Type	可选择站类型的下拉菜单（Controller、SimController、Advanced Controller 和 Advanced Sim-Controller）
Controller Type	OCR400 或 OCR161
Control Synchronization	允许启用或禁用专用控制器同步（如果启用）的下拉菜单，专用于在主控制器和备份控制器之间传输数据。如果禁用数据将通过高速通道（Ovationa Highway 或 Dedicated Cable）传输。 如安装独立网卡时，此参数仅适用于 OCR161 硬件类型
Maximum Point Limit	此单选按钮可选择控制器可监视的最大点数。 Normal 最多处理 6000 个点。 Expanded 最多处理 16 000 个点。 最多处理 32 000 个点
PRIMARY 或 PARTNER Drop ID 或 Partner ID	Primary Drop ID 是点的原来站的站编号。（1～254）。如果站有备用站，则在此字段中指出（1～254）
Ovation Network IP Address	站的因特网协议（IP）地址通常由系统管理员分配，IP 地址包括四组十进制数并且格式如下： ×××.×××.×××.××× 如果该网络已与其他网络（如因特网）隔离，则 IP 地址可以是任何有效范围
Ovation Network Ethers Address	硬件地址的格式是： ××：××：××：××：××：××［其中最后四个数字（××：××）一般位于 NIC 的标签上］
Ovation Highway Interface	连接 Controller 到 Ovation Highway 的以太网接口类型（ZNYX 或 Onboard）
Ovation Highway Connection	NIC 卡连接类型（仅适用于 Highway Connection Onboard）（单、双）
NIC Interface	以太网电缆连接的集成网卡物理端口名称，它会为高速连接"板载"自动填入 N1（OCR400）或 fei0（OCR161）。 （OCR400-N1、N2、N3 和 N4）（OCR161-None、fei0、fei1 和 fei2）
Backup NIC Interface	NIC Backup Interface 适用于第二个板载 NIC，它会为 NWIF 高速连接"Onboard"和高速连接"Dual"填入 N2（OCR40）或 fei1（OCR161）。 （OCR400-N1、N2、N3 和 N4）（OCR161-None、fei0、fei1 和 fei2）
Control Synchronization Interface	启用 Controller Synchronization 后，N4（OCR400）或 fei2（OCR161）将专用于在主控制器和备份控制器之间传输数据
Control Synchronization IP Address	只读，显示因特网协议地址
Restore Restore Mode	Online Controller Restore Mode-将不匹配的控制器重新恢复到先前匹配的状态（Restore Mode Disable、Restore Mode Enable All Drops 和 Restore Mode Enable Redundant Drops）

（3）如果选择 Apply 按钮，则保存设置，但不关闭对话框。如果选择 OK 按钮，则保存设置并关闭对话框。

在 Drops 文件夹下，出现一个新的＜DROP♯＞项目。

注　意

当创建新站后，必须为 Primary 和 Partner 添加站点，以提供 Drop（状态（DU））Point 记录类型。

（四）添加控制器站站点

每个 Ovation 站都会自动配置站点或 DU 记录（也称为站状态记录）。广播此记录的目的是警告系统特定站内可能会发生的故障，并显示站的当前状态。设计的标准状态图用来从 DU 记录中获取信息。状态图通常足以收集单个站状态的所有相关信息。

创建站点的步骤如下：

（1）使用 Ovation Developer Studio 工具。

（2）在 Hardware 视图栏中，使用系统树，导航至 Points 文件夹。

（3）右键单击 Points 项目（如站点）。

（4）在弹出菜单中，选择 Insert New…，出现 Insert New Drop Point Wizard 对话框。Insert New Drop Point Wizard 对话框提供的信息如下：

1）在 Point Name Value 字段中，定义站点的名称（其名称必须是单词 Drop 后面紧跟站编号）。

2）选择与站名称条目一致的适当站编号。

（5）在 Insert New Drop Point Wizard 对话框中，填写和选择所需信息。

（6）选择 Finish，出现 New Drop Point 对话框，如图 2-29 所示。

（7）在 New Drop Point 对话框中，根据实际需要，利用各个选项卡，选择或修改默认字段值，并填写所需的信息。

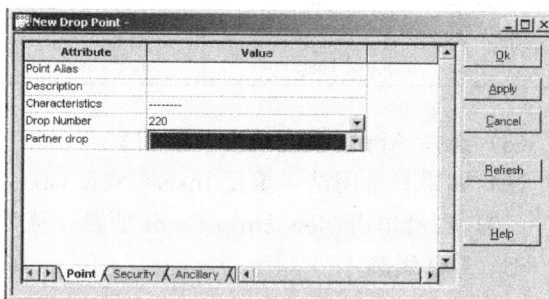

图 2-29　New Drop Point 对话框

New Drop Point 对话框选项卡信息见表 2-11。

表 2-11　　　　　　　　　New Drop Point 对话框选项卡信息

选项卡	字段	说　　明
Point	Point Alias	用于点名称的 16 个字符长度别名
	Description	说明直接对应点记录的 ED 字段，最长可达 30 个字符
	Characteristics	特征符直接对应点记录的 KR 字段，其中第一个字符直接对应点记录的 AY 字段（标签符）。 最多可以使用 8 个字母数字字符，第一个字符必须是字母（A～Z，也可以使用破折号字符）
	Drop Number	站编号（1～254）
	Partner Drop	确定备用站的站编号（如果适用）

续表

选项卡	字段	说　明
Security	Security Group	表示系统中各个点定义的安全组，最多可以定义 32 个复选框。 注意：至少须选择一个安全组，才能允许修改点
Ancillary	Ancillary	有关点的用户定义的其他信息
eDB	Collection Enabled	用于指定点是否由 eDB 收集的复选框
	Scan Frequency	eDB 高速扫描特定点的频率（以 10ms 为单位），以确定其是否符合采集标准
Alarm	Alarm Priority	设置报警优先级字段（1～8，1 为最豪华）
	Alarm Annunclator Text（仅适用于使用 Alarm Annunciator 的情况下）	此文本可确定处于报警当中的点，Alarm Annunclator 报警带中的报警消息框会显示两行文本（每行最多 12 个字符），总共 24 个字符。 可将竖线（"｜"）用作行分隔符将两行文字分开，此竖线不计算在行中的 12 个字符内。 例如，如果输入 FD FAN AA｜AIR FLOW，则出现在报警消息框的形式如下： FD FAN AA AIR FLOW 如果不使用行分隔符，前面的 12 个字符会用于第一行，任何其他字符会用于第二行
	Alarm Description	报警的文本说明（字符串最大长度为 45 个字符）
Display		此字段定义点所在的流程图号
	Signal Diagram	Signal Diagram 字段定义点所在的控制逻辑图号

（8）选择 Apply 按钮或 OK 按钮。

（9）如果有备用站，重复 Insert New Drop Point 步骤，即步骤（1）～（6）。

（10）右键单击 New Drop Point 项目，从弹出菜单中，选择 Load，使用新站更新系统。

七、I/O 组态

1. 增加 Branch

（1）在 Ovation Developer Studio 的 Hardware 面板中，使用目录树，导航至 Branch1。

（2）右键单击 Branch1，单击 Insert New…，出现 Insert New Branch1 Wizard 向导对话框。

（3）在 Insert New Branch1 Wizard 向导对话框中，选择 Branch Number 的数值 1～8，单击 Finish 按钮，完成增加 Branch 的操作。增加 Branch 的导航如图 2-30 所示。

2. 增加 I/O 卡件

（1）在 Ovation Developer Studio 的 Hardware 面板中，使用目录树，导航至 Branch2。

（2）双击展开 Branch2，双击展开 Slot7：Empty 文件夹，右键单击 Ovation Module，单击 Insert New…，出现 Insert New Ovation Module Wizard 向导对话框。

（3）在 Insert New Ovation Module Wizard 向导对话框中，单击 Module Type 右边的倒三角形选择按钮，选择卡件类型，单击 Finish 按钮，出现 New Ovation Module 对话框。

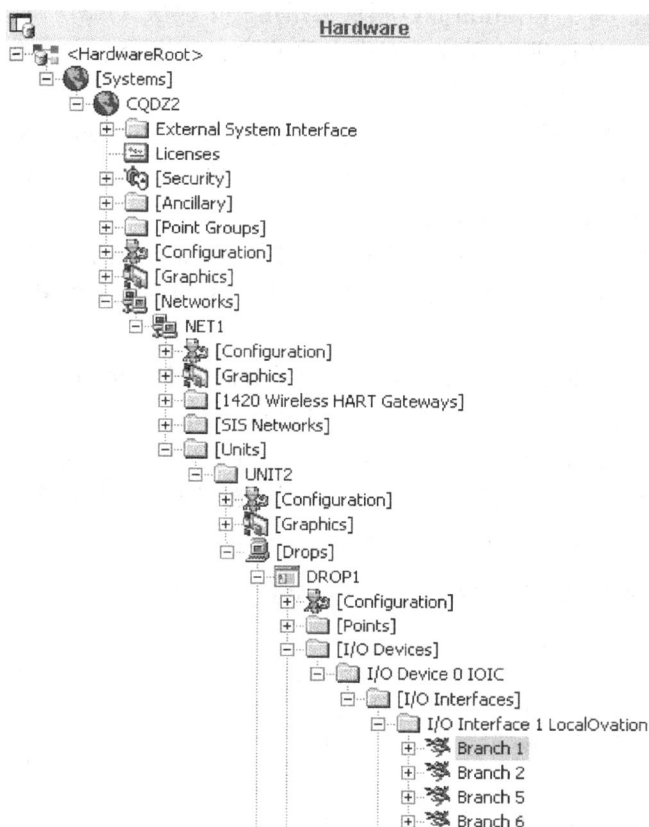

图 2-30　增加 Branch 的导航示意

（4）在 New Ovation Module 对话框中，分别展开由所选 I/O 卡件类型对应的各个列表选项卡，完成选择或定义值的内容。

3. 定义常用的 I/O 卡

（1）定义 4～20mA（DC）的 AI 卡。定义 4～20mA（DC）的 AI 卡的方法与增加 I/O 卡件的方法基本相同。在对话框中，卡件类型选择 4～20mA 类型的 AI 卡，并填写卡件点名。

（2）定义 DO 卡。定义 DO 卡的方法与增加 I/O 卡件的方法基本相同。在对话框中，卡件类型选择 DO 卡，并填写卡件点名。

（3）定义继电器输出卡或 RTD 输入卡。定义继电器输出卡或 RTD 输入卡的方法与增加 I/O 卡件的方法基本相同。在对话框中，卡件类型分别选择继电器输出卡或 RTD 输入卡，并分别填写卡件点名。

4. 创建一个 RM 点

点是由多个寄存器组成的收集信息的数据包。点的寄存器由动态数据、静态数据、闪存数据和人/机接口数据等四个部分组成。

在组态期间，为识别 Ovation 数据库的要素，系统为远程节点和 Ovation I/O 模块元素分配点名称。每个远程节点会分配一个节点（RN）记录类型点名称，RN 记录类型包含用于监视节点电源的位。每个 Ovation I/O 模块会指定一个模块（RM）记录类型点名称。RM 点用于组态 I/O 模块，并提供有关 I/O 模块有关的状态和报警信息。在 Ovation Developer Studio 窗口中，创建一个 RM 点的步骤如下：

（1）在 Hardware 视图栏中，使用系统树，导航至 Module Points 文件夹。

（2）右键单击 Module Points 文件夹，在弹出的菜单中，单击 Insert New…，弹出 Insert New Module Points Wizard 向导对话框。

由输入区、按钮、下拉列表和复选框等组成的向导对话框用于提供正在插入的特定项目所需最小的输入信息。向导对话框顶部的标题栏指明要构建的对话框类型，底部的按钮提供向导对话框的功能。

（3）在 Insert New Module Points Wizard 向导对话框中，填写 Points Name，选择 Frequency 的大小，单击 Finish 按钮，出现 New Module Points 对话框。

（4）在 New Module Points 对话框中，分别选择 Point、Config、Security、Ancillary、Alarm、Hardware 和 Display 等选项卡列表，填写或选择各对话框中要求的项目。

（5）单击 OK。一个 RM 点的创建过程如图 2-31 所示。

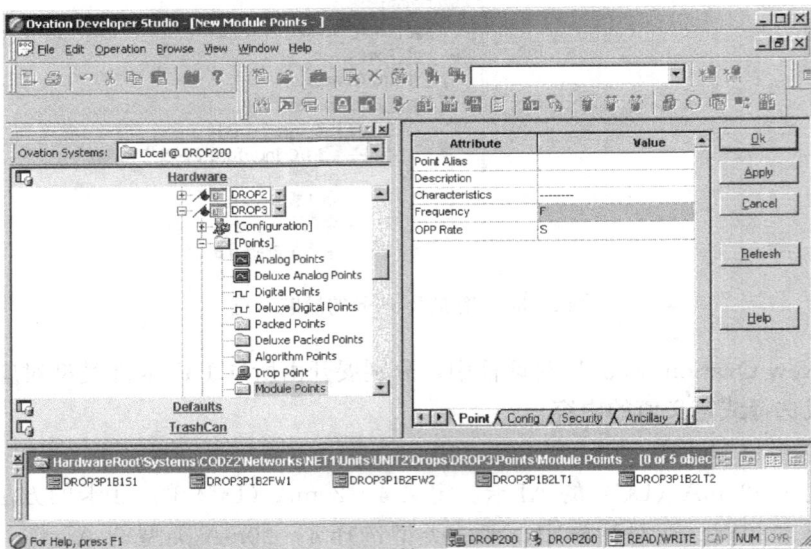

图 2-31　一个 RM 点的创建过程示意

⧗ 【任务准备】 ◎

一、引导问题

（1）I/O 组态的步骤。

（2）控制器组态的步骤。

（3）Ovation Developer Studio 系统树包含的内容。

（4）Ovation 工程师站的组态内容主要分为哪几部分？

（5）什么是 Ovation 站点？Ovation 站点分为哪几类？

（6）Ovation Developer Studio 主窗口分为哪几部分？每部分显示什么内容？

二、制订任务方案

在正确问答引导问题后，根据行业（企业）规程和项目化教学过程的基本要求，制订任务方案表。

【任务实施】

根据项目化教学过程的基本要求，完成任务的计划、准备、实施和结束等工作。在教师的指导下，实施本任务，具体内容如下：

（1）按照本任务的描述和项目化教学的要求，执行本任务。

（2）分组讨论，完成自评和互评。

（3）提交任务实施计划表、任务实施表和检验评估表。

【任务评估】

检查任务的完成情况，收集任务方案表和任务实施表，完成检验评估表。

【知识拓展】

1. Ovation 冗余控制器

完全冗余控制器包括双奔腾处理器、双网络接口、双处理器电源、双 I/O 电源、双辅助电源、双输入电源供电、双 I/O 接口和远程 I/O 通信介质等。控制器内部信号及本地 I/O 接口卡的连接如图 2 - 32 所示。

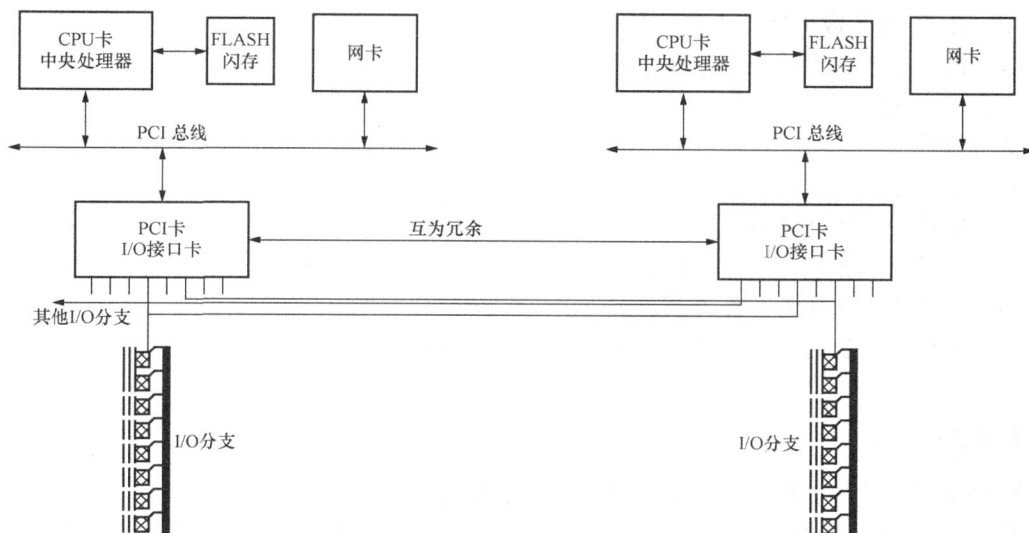

图 2 - 32 控制器内部信号及本地 I/O 接口卡的连接

互为冗余的两个处理器执行相同的应用程序，主处理器执行系统的 I/O 任务，处于控制状态，辅助处理器必须处于备份、组态或离线状态。主处理器和辅助处理器的工作状态分别称为控制状态和备份状态。

主处理器和辅助处理器的自动故障切换控制条件包括控制处理器故障、网络控制器故障、I/O 接口故障、控制处理器失电和控制处理器复位等。

自动故障切换运行是指如果系统控制状态处理失败，监视器无法监测到驱动主处理器的 I/O 接口时，则通知辅助处理器，并执行辅助处理器与主处理器的无扰动地切换，由辅助处理器开始执行主处理器的工作，并向 Ovation 网广播信息。

2. HART 协议

1985 年，美国 Rosemount 公司推出的一种用于现场智能仪表和控制室设备之间的通信协议，这就是可寻址远程传感器高速通道（highway addressable remote transducer，HART）开放通信协议。HART 装置能提供具有相对低的带宽，适度响应时间的通信，HART 技术已成为全球智能仪表的工业标准。

3. 基金会现场总线

基金会现场总线（foundation fieldbus，FF）以 OSI/RM 为基础，取其物理层、数据链路层和应用层作为 FF 通信模型的相应层次，并在应用层上增加了用户层。

任务三　数据库维护

【教学目标】

1. 知识目标
(1) 了解数据库的作用。
(2) 掌握关系数据库的特点。
(3) 熟悉 DCS 数据库与点之间的关系。
(4) 熟悉主数据库与分数据库之间的关系。
2. 能力目标
备份分数据库。
3. 素质目标
(1) 养成安全生产的意识。
(2) 养成严谨务实的工作作风。
(3) 养成团队协作的工作方式。
(4) 养成严格执行国家、行业及企业技术标准的工作习惯。

【任务描述】

数据库维护是热工控制技术人员必备的专业技能。

数据库是 DCS 最有效的数值管理工具，DCS 厂家通常都选用了著名的主流数据库，如 Oracle、PI 和 Informix 等分布式关系数据库，作为 DCS 的数据处理基础。

备份和恢复数据库是数据库维护的主要内容。通过本任务的执行，使学生初步具备维护数据库的技能。本任务的具体任务如下：

(1) 备份分数据库。

（2）完成【任务准备】、【任务实施】和【任务评估】的内容。

【知识导航】

一、概述

300MW 以上机组的 I/O 测点通常在 5000 点以上，数据库不停地应对大量数据的运算、引用、交换和更为复杂的数学处理。在控制指令指挥下，DCS 完成数据的采集、分类、传输和保存等一系列运算任务，在这个过程中，数据库的性能决定数据处理的效率和安全。

实时数据库实现了一个企业的监视、控制和管理等信息的集成及其处理，成为最有价值的信息资源，如图 2-33 所示。

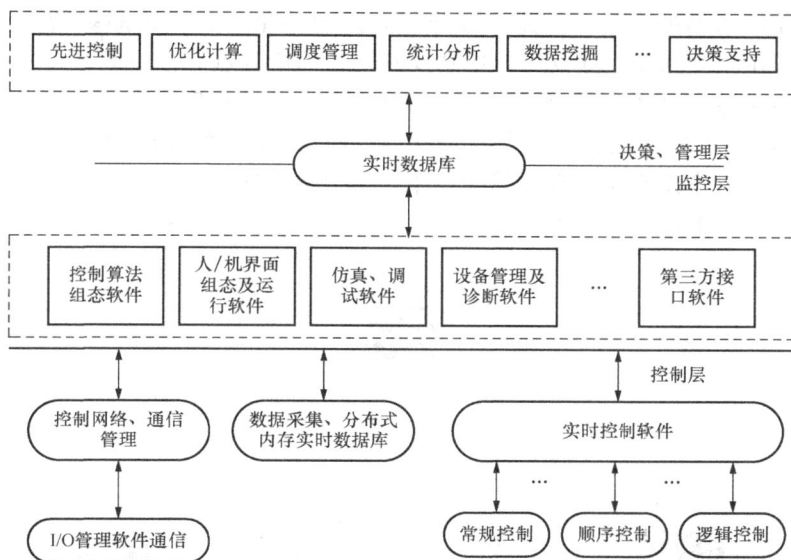

图 2-33　实时数据库实现信息的集成及其处理

Ovation 系统采用 Oracle 数据库作为数据库的基础，并由关系数据库管理系统（RD-BMS）对数据库进行管理。Ovation 数据库存储了系统配置、控制算法信息和处理点数据库等大量信息，并将这些信息经过加工生成新信息传输至控制系统，还允许通过第三方 SQL（结构化查询语言）工具访问应用软件和控制系统。

在关系数据库存储信息的表格中，以行显示的记录表示有关独立项目的信息采集，以列显示字段记录的固有属性，并根据一个表格指定列中的数据，执行搜索，以查找另一表格中的其他数据。在执行搜索时，只要一个表格某字段中的信息与另一表格相应字段中的信息匹配，关系数据库就能实现这两个表格的结合，生成另一个新表格。

1. 主数据库

Ovation 数据库由一个主数据库和多个分散的分数据库组成。主数据库包含了 Ovation 系统的全部系统数据，并用于创建和修改控制策略，验证控制策略和过程点。运行的主数据库查询过程数据库，捕获控制和点属性的更改，并将更改的属性应用到分数据库。

根据相关的功能，主数据库的数据被分别置于多个表格中，这种组织结构方式称为由用户级和系统级组成的主数据库图表。用户级主数据库图表包含点数据、组态数据、硬件模件信息和 Ovation 点记录类型信息等的参考数据。系统级图表包含 Ovation 特定表格和各种处理过程的动态表格。

2. 分数据库

分数据库主要用于传播被修改的动态数据。根据 Ovation 站的不同，分数据库包含的内容如下：

（1）工厂模式操作级的数据。

（2）被 Ovation 网络检索到的过程点数据。如果是操作站，则不仅包括全部系统点和下装的信息，还包括传播的其他软件系统点。如果是 Ovation 控制器，则仅包括其本身和能够接收的点。

（3）验证主和备站的信息。如果是操作站，则包括全部系统站的更新和分数据库的传播；如果是 Ovation 控制器，则仅针对本站及其冗余站接收点进行验证。

（4）系统点目录。系统点目录只存在操作站中，由分数据库更新。

（5）全部点的 MMI 数据。全部点的 MMI 数据只存在操作站中，由分数据库来更新。

（6）全局点组。全局点组只存在操作站中，由分数据库来更新。

数据库的协调示意如图 2-34 所示。

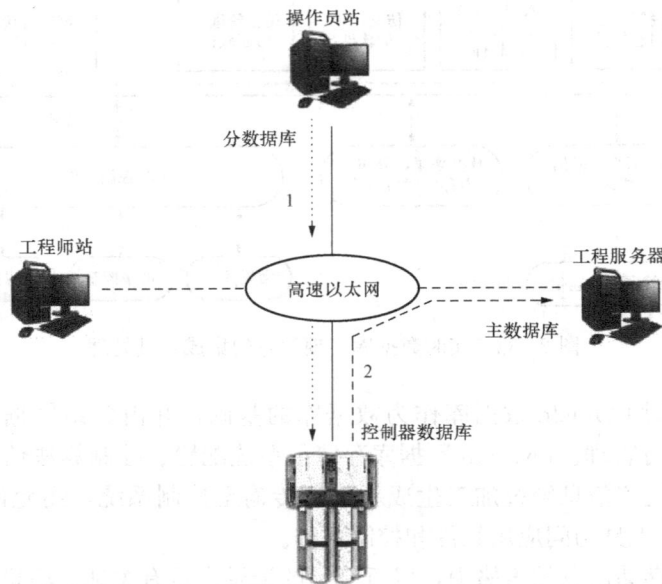

图 2-34　数据库的协调示意

1—回路的数据整定是操作站通过网络直接向控制器修改参数；
2—回路改变参数后，控制器的数据是必须用手动方式传送到
数据库，最终再由 CB 工具更新控制回路的 Sheet

二、数据库的备份

数据库的备份条件包括修改了数据库、使用了 Reconcile 整定参数、使用了 Sensor Calibrate 或定时备份。在数据库备份前，应做好数据库的上传工作；在 Ovation 系统备份

时，应关闭所有工作站的组态工具。

（一）Ovation 系统备份的主要内容

（1）保存所有与 Ovation 相关的所有安装软件、光盘和文件等，如操作系统和各种补丁等。

（2）记录重要用户的用户名及其安全权限。

（3）保存工作站的软硬件配置信息。

（4）完成包括 Developer Studio Reconcile 和 Control Builder Reconcile 的 Reconcile 操作。

（5）备份域控制器的配置信息。

（6）完全备份数据库，即全数据库备份。

（7）部分备份数据库，即分数据库备份。

（二）保存工作站软硬件配置信息

使用 Windows 系统信息来读取本机的配置信息，保存工作站软硬件配置信息的操作过程如下：

1. 执行 Start 命令

执行 Start，选择 All Programs，选择 Accessories，选择 System Tools，选择 System Information，出现 System Information 窗口，如图 2 - 35 所示。

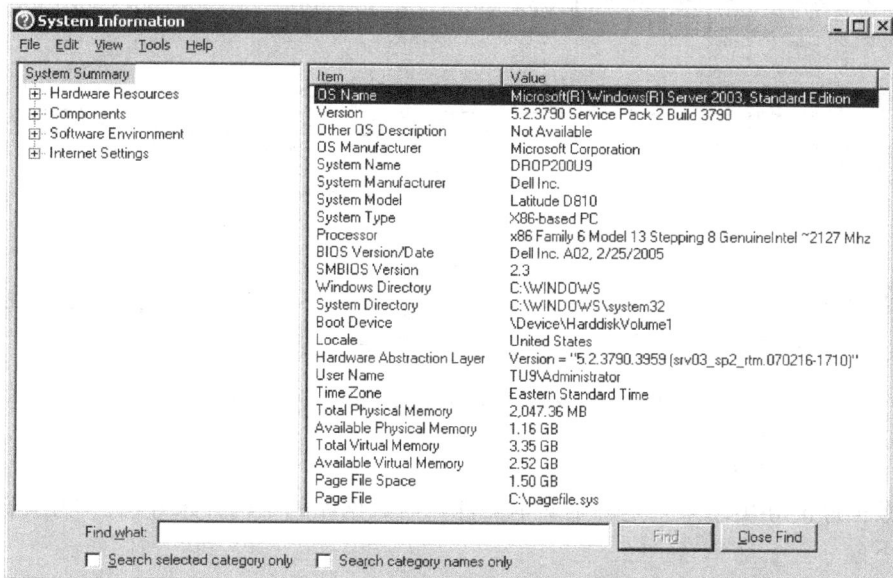

图 2 - 35 System Information 窗口

2. 保存报表信息

选择 File 菜单，选择 Save...，保存 . nfo 文件。

3. 完成 Developer Studio Reconcile 和 Control Builder Reconcile 操作

Developer Studio Reconcile 操作的目的是使数据库中的数据与控制器中运行的数据保持一致，SAMA 图 Reconcile 操作的目的使控制回路文件中的参数与数据库中参数一致。

Reconcile操作过程如下：

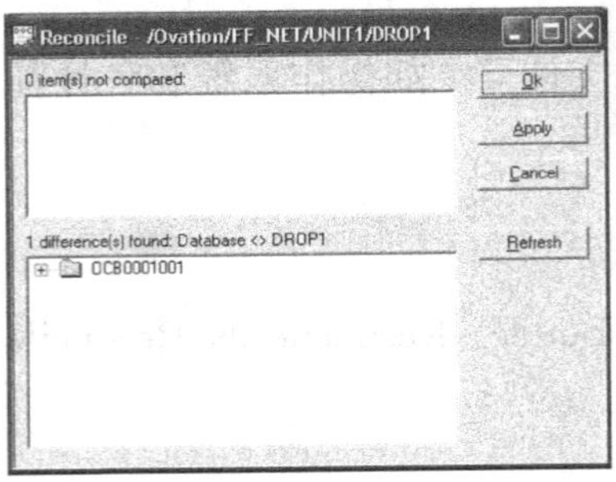

图 2-36　Reconcile 窗口

（1）打开 Ovation Developer Studio 组态工具。

（2）选择 Controller，右键，选择 Reconcile，在系统进行比较后，出现 Reconcile 窗口，如图 2-36 所示。

（3）在 Reconcile 窗口中，选择需要上传的点。如果不选择，则不上传数据。

（4）单击 OK，上传。

（5）导出控制回路的逻辑文件。

使用 Control Option... 的 Reconcile 功能，更新 Control Builder 文件。在 Reconcile operation 窗口中，选择需要上传的回路，选择 Next，直至完成操作，如图 2-37 所示。

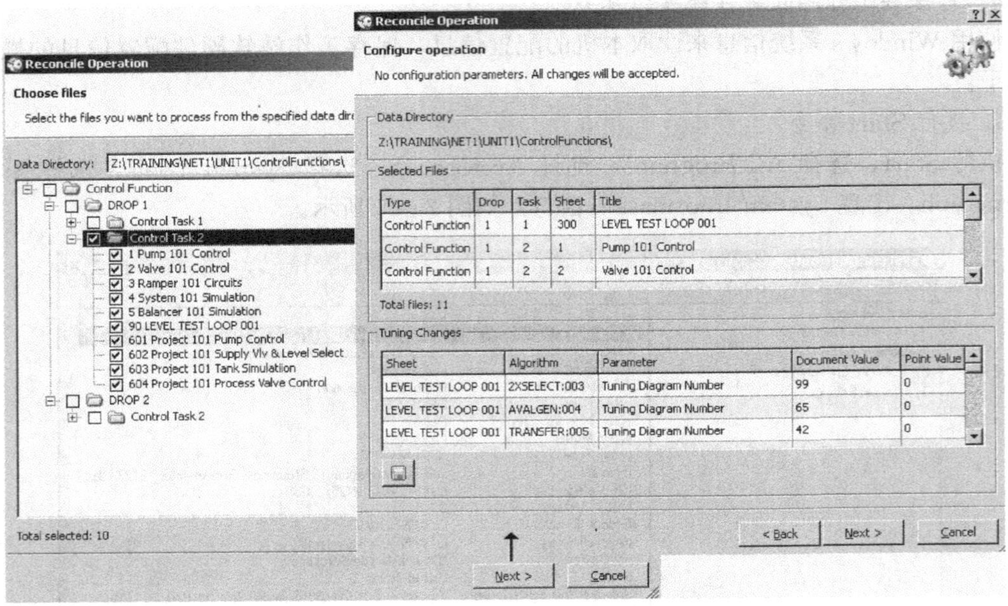

图 2-37　Reconcile operation 窗口及其操作

4. 导出部分数据库

部分数据库的导出结果只是一个文本文件，而数据库的结构并未导出。导出部分数据库的步骤如下：

（1）打开 DOS 命令窗口，执行 start 和 Run 命令。

（2）输入 OvPtExport-u ptadmin/ptadmin@ptdb-o＜exportlocation＞，＜exportlocation＞为导出的文件名。

5. 导出完整数据库

完整数据库的导出结果是一个完整的数据库的结构。

（1）打开 DOS 命令窗口，执行 start 和 Run 命令。

（2）输入 exp USERID＝'sys/wdpf as sysdba' FILE＝＜exportlocation＞ FULL＝Y COMPRESS＝N LOG＝＜loglocation＞。

6. 保存系统级文件

拷贝 c：\Ovptsvr 目录下的所有文件，系统级文件只存于数据库服务器中。

7. 保存 Windows 的 Hosts 文件

拷贝 c：\Windows\system32\driver\etc 目录下的所有文件，被保存文件主要用于 Ovation 系统与 Ovation 站、交换机和网络等之间的通信。

8. 保存 Windows 的 Fonts 文件

拷贝 c：\Windows\fonts 目录下的所有文件。

9. 保存 AutoCAD license 文件

拷贝 c：\Program Files\Autodesk License Manager\License\文件夹，此文件夹仅适用于 Ovation3.1 以前的版本。

10. 保存 .cfg OPC client mapper 文件

拷贝 OPC 站上的 c：\Ovation\OPCClientMap\文件夹。

11. 保存 RLC Link 文件

12. 备份域控制器

域控制器的备份文件用于恢复系统的安全设置。

（1）在域控制器中，选择 Start，选择 Programs，选择 Accessories，选择 System Tools，选择 Backup，出现向导窗口。

（2）选择 Advance Mode。

（3）在 Welcome Tab 中，选择 Backup Wizard（Advance）。

（4）选择 Next。

（5）选择 only backup the System State data，备份内容如下：

1）COM/COM＋Class Registration database。

2）System Boot Files。

3）Certificate Services Database。

4）Registry。

5）Cluster Database Information。

（6）填写备份文件名，选择保存路径。

（7）选择 Next。

（8）选择 Finish，开始备份。

⌛ 【任务准备】 ◎

一、引导问题

（1）Reconcile 功能。

（2）系统备份的条件。

（3）系统备份前的准备工作。

二、制订任务方案

在正确问答引导问题后，根据行业（企业）规程和项目化教学过程的基本要求，制订任务方案表。

【任务实施】

根据项目化教学过程的基本要求，完成任务的计划、准备、实施和结束等工作。在教师的指导下，实施本任务，具体内容如下：

（1）按照本任务的描述和项目化教学的要求，先执行部分备份数据库，后执行部分备份数据库的恢复。

（2）分组讨论，完成自评和互评。

（3）提交任务实施计划表、任务实施表和检验评估表。

【任务评估】

检查任务的完成情况，收集任务方案表和任务实施表，完成检验评估表。

【知识拓展】

一、数据库的恢复

数据库恢复应注意的事项如下：

（1）在数据库恢复前，应关闭所有工作站的所有组态工具。

（2）将服务器从网络上离线进行恢复。

（3）检查备份是否完好，检查备份副本是否存在。

（4）确保操作员站以 Administrator 身份已登录，否则不能卸载 Ovation。

（5）在重装 Ovation 时，语言为 English。

（6）逐站进行恢复。

（7）在恢复后，检查各站的权限是否正常。

（一）完全数据库的恢复

1. 恢复文件系统数据

恢复文件系统数据的步骤如下：

（1）拷贝 c：\Ovptsvr 目录下的所有文件。

（2）拷贝 c：\Windows\system32\drivers\etc 目录下的所有文件。

（3）共享 OvptSvr 目录，共享名 OVDATAMYM，Permission 为 FULL。

（4）将特殊字体拷回字体库。

2. 恢复 Oracle 数据库

恢复 Oracle 数据库的步骤如下：

（1）在 C 盘中，创建一个 BACKUP 目录，将备份的文件拷贝到此目录下。

（2）打开 DOS 命令窗口，执行 start、Run 和 cmd 命令，进入 BACKUP 目录：cd\BACKUP。

（3）执行命令：do _ ptadmin _ import. bat XXXX。其中的 XXXX 代表数据库文件名。

（4）Download 所有站，确保组态信息的一致性。

（5）Clear/Load 全部站，确保运行数据与控制回路的一致性。

（二）部分备份数据库的恢复

1. 恢复 Oracle 数据库数据

恢复 Oracle 数据库数据的步骤如下：

（1）在 C 盘中，创建一个 BACKUP 目录，将备份的数据库文件拷贝至 BACKUP 目录。

（2）打开 DOS 命令窗口，执行 start，Run，cmd 命令，进入 BACKUP 目录：cd\BACKUP。

（3）执行命令：OvPtImport-u ptadmin/ptadmin@ptdb-f 备份数据库文件名。

-f：在清空原有数据库后，加入新数据库。

-n：新插入的点加入数据库。

空：新的加入覆盖旧的，不清空。

-s［系统名］：指定系统名并将数据库全导入。

（4）重新启动服务器。

（5）Download 服务器。

（6）Load 服务器。

2. 恢复文件系统数据

（1）恢复 Control Builder 宏文件。将备份的 ControlMacros 文件夹下的 .svg 宏文件拷回当前所在的 ControlMacros 文件夹：

OvptSvr\＜system name＞\ControlMacros

（2）恢复图符。将备份的 Symbols 文件夹下的 .svg 宏文件拷回当前所在的 Symbols 文件夹。

（3）编译恢复的宏。在 OvptSvr\＜system name＞\ControlMacros 目录下，打开某个文件夹，展开 Tools 菜单，选择 Operation，选择 Compile，选择所需的宏进行编译。

（4）恢复控制回路文件。

1）访问 Ovation Developer Studio，选择 Controller，右键，选择 Control Options，选择 Import Control Sheets，选择 Sheets 表格，选择 Insert Sheet 按钮，选择回路存放地址。

2）逐个输入。

3）选择 Import 按钮。

4）恢复流程图文件。

访问 Ovation Developer Studio，选择数据库名，选择 Graphics，右键，选择 Import，选择几种图形文件的备份目的地址，选择 Import 按钮。

3. 恢复 Ovation 域控制器

恢复 Ovation 域控制器的步骤如下：

（1）启动 Windows Server 2008 域控制器，在启动的过程中，选择 F8，出现 Windows Advance options 菜单。

（2）选择 Directory Services Restore Mode。

（3）以域管理员身份登录。

（4）选择 Start，选择 All Programs，选择 Accessories，选择 System Tools，选择 Backup，出现 Wizard 窗口，选择 Advance Mode。

（5）选择 Restore Wizard（Advance）。

（6）选择 Next。

（7）使用 Browse，浏览域控制器的备份文件。

（8）选择 Next。

（9）选择 Finish，开始恢复的内容如下：

1）COM/COM＋Class Registration database。

2）System Boot Files。

3）Certificate Services Database。

4）Registry。

5）Cluster Database Information。

在 DCS 维护工作中，经常执行数据库备份，很少执行数据库恢复。上述数据库恢复的内容可能由于使用的版本不同而存在差异，仅供参考。

二、Oracle 数据库系统的功能

美国 Oracle（甲骨文）公司的 Oracle 数据库系统是以分布式数据库为核心的一组软件产品，也是目前最流行的 Clint/Server 或 B/S 体系结构的数据库之一。下面介绍 Oracle 数据库系统的特点。

1. 完整的数据管理功能

（1）数据的大量性。

（2）数据的保存的持久性。

（3）数据的共享性。

（4）数据的可靠性。

2. 完备关系的产品

（1）保证访问的准则。

（2）数据物理性和逻辑性独立准则。

（3）视图更新准则。视图生成表中的数据变化与相应视图中的数据同时变化。

（4）信息准则。关系数据库管理系统的所有信息都应在表中的值上反映。

任务四　系统诊断与维护

【教学目标】

1. 知识目标

（1）了解电源故障处理的方法。

（2）了解检查各分支硬件的方法。

（3）熟悉 DCS 常见的抗干扰措施。

（4）了解 DCS 缺陷工作管理制度。

（5）掌握系统诊断与维护内容及其方法。

（6）了解 Ovation 系统的安全性和生成条件。

（7）熟悉控制器和 I/O 接口模块的各指示灯含义。

（8）掌握 Ovation 控制器机柜的清洁和维护的内容。

（9）掌握主控制器和功能模件的检修及其质量要求。

2. 能力目标

（1）能修改 I/O 卡件。

（2）能分析系统状态显示图。

（3）能说明 DCS 软硬件抗干扰技术的内容。

（4）会实施 Ovation 控制器故障的预防措施。

（5）会访问 System Information 窗口和 Controller Diagnostics 窗口。

（6）能说明 Ovation 系统电源、接地、控制器和 I/O 卡件的连接要求。

3. 素质目标

（1）养成安全生产的意识。

（2）养成严谨务实的工作作风。

（3）养成团队协作的工作方式。

（4）养成严格执行国家、行业及企业技术标准的工作习惯。

【任务描述】

虽然 DCS 采取了各种先进的可靠性技术、抗干扰技术和安装技术，但是由于各种原因，如干扰、软硬件设备故障、通信流量剧增、甚至人为误操作等，会造成系统死机或其他故障。

系统诊断及其维护也是热工控制技术人员的日常工作，涉及自动化仪表技术、自动控制理论、通信技术、安装技术、维护技术、可靠性技术、抗干扰技术和电子技术等综合技术的应用。

通过本任务的实施，使学生认识 DCS 常见故障的原因及其维护方法，了解国家、行业（企业）的相关规定。本任务的主要内容如下：

（1）修改一个 I/O 卡件。

（2）分析系统状态显示图。

（3）访问 System Information 窗口和 Controller Diagnostics 窗口。

（4）绘制 Ovation 教学系统控制器机柜各设备布置图，并用中文标注。

（5）根据系统生成的条件，检查 Ovation 教学系统的电源、接地、控制器和分支等状况。

（6）访问系统状态显示图，选择一个报警站点，分析其故障原因，并采用系统建议的措施。

（7）完成【任务准备】、【任务实施】和【任务评估】的内容。

【知识导航】

一、常用的抗干扰技术

干扰是指有用信号以外的、造成控制系统不能正常工作的噪声或其他破坏因素。干扰是客观存在的，其来源是多方面的。对于控制系统来说，干扰既可能来自外部，也可能来自系统内部。

内部干扰与系统结构和制造工艺等有关；外部干扰与系统结构无关，由系统所处的环境因素决定。内部干扰，主要由分布电容和分布电感等分布参数所引起的耦合感应，如电磁场辐射感应、长线传输的波反射，元器件的噪声，多点接地的电位差和寄生振荡等干扰；外部干扰，主要是空间电磁场的影响，包括输电磁场、无线电波、雷电、火花放电、弧光放电和辉光放电等。

干扰的传播途径主要有静电耦合、磁场耦合和公共阻抗耦合等。静电耦合是电场通过电容耦合途径，窜入其他线路的。磁场耦合又称电磁感应耦合，是由于分布电磁感应而产生的耦合，如由于装置构成的环路或连接线的电感引起的耦合。公共阻抗干扰是指电路各部分公共导线阻抗、地阻抗和电源内阻压降相互耦合形成的干扰，这是机电一体化系统普遍存在的一种干扰。

在电路中，干扰信号通常以串模干扰和共模干扰的形式与有用信号一同传输。

（一）常见的硬件抗干扰技术

抗干扰技术总原则是抑制和消除干扰源、切断干扰对系统的耦合通道和降低系统对干扰信号的敏感性等。抗干扰措施主要可以分为硬件和软件两类，另外还有多种其他提高系统抗干扰能力的措施。

硬件抗干扰技术主要包括屏蔽、隔离、滤波和接地等。

1. 屏蔽

屏蔽是指利用导电或导磁材料制成的盒状或壳状屏蔽体，将干扰源或干扰对象包围起来，从而割断或削弱干扰场的空间耦合通路，阻止其电磁能量的传输。按需屏蔽的干扰场的性质不同，可分为电场屏蔽、磁场屏蔽和电磁场屏蔽。

屏蔽技术在各种领域得到了广泛的应用，如为防止信号在传输过程中受到电磁干扰，在同轴电缆中设置了屏蔽层；在变压器绕组线包的外面包一层铜皮作为漏磁短路环。变压器的屏蔽如图 2-38 所示。

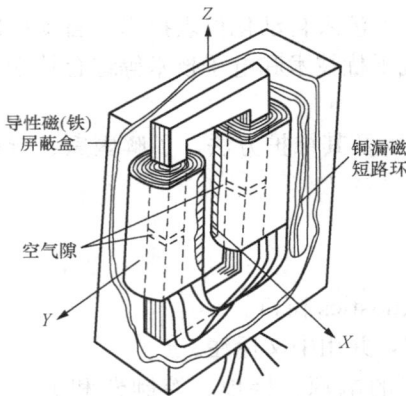

图 2-38　变压器的屏蔽

2. 隔离

常用的隔离技术有光电隔离、变压器隔离和继电器隔离等。

（1）光电隔离。光电隔离是以光作为媒介，在隔离设备的两端之间传输信号，所用的器件是光电耦合器。由于光电耦合器在传输信息时，不是将其输入和输出的电信号进行直接耦合，而是借助于光作为媒介物进行耦合，因此光电隔离具有较强的隔离和抗干扰能力。常用的光电耦合电路如图 2-39 所示。

（2）变压器隔离。对于交流信号的传输，一般采用变压器隔离的方法，隔离干扰信号。变压器隔离的常用设备是隔离变压器，隔离变压器可以阻断交流信号中的直流干扰，抑制低频干扰信号的强度，变压器耦合隔离电路如图 2-40 所示。

隔离变压器把各种模拟负载与数字信号源隔离开来，也就是把模拟地和数字地断开。传输信号通过变压器获得通路，而共模干扰由于形成不了回路，因而被抑制。

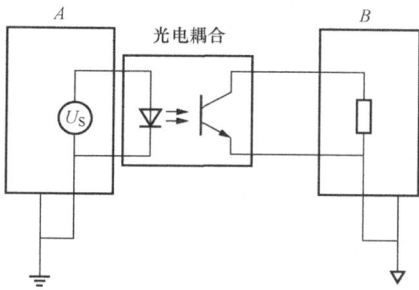

图 2-39　光电耦合电路　　　　　　　　图 2-40　变压器隔离电路

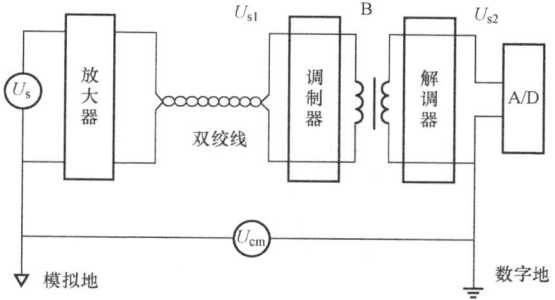

（3）继电器隔离。继电器线圈与触点之间仅有机械上的联系，没有直接的电的联系。利用继电器线圈接收电信号，通过继电器触点状态的变化，接通或断开相应的电路，实现了强电和弱电的隔离，如图 2-41 所示。

3. 滤波

滤波是抑制干扰传导的一种重要方法。由于干扰源发出的电磁干扰的频谱，往往比要接收的信号的频谱宽得多，因此当接收器接收有用信号时，也会接收到干扰信号。滤波可通过软件和硬件实现，这里介绍的是硬件滤波的常用方法。

接点抖动抑制电路，对抑制各类接点和开关在闭合或断开瞬间，因接点抖动所引起的干扰，是十分有效的，如图 2-42（a）所示。

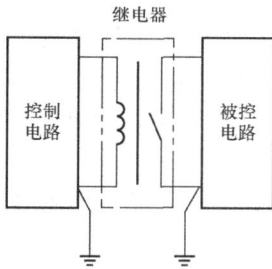

图 2-41　继电器隔离　　　　　　　　图 2-42　干扰滤波电路

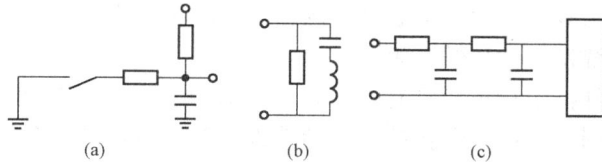

交流信号抑制电路，主要用于抑制电感性负载在切断电源瞬间所产生的反电动势。这种阻容吸收电路，可以将电感线圈的磁场释放出来的能量，转化为电容器电场的能量储存起来，以降低能量的消散速度，如图 2-42（b）所示。

输入信号的 RC 滤波电路既可作为直流电源的输入滤波器，也可作为 AI 信号的 RC 滤波器，如图 2-42（c）所示。

4. 接地

正确合理的接地是保证计算机控制系统安全可靠和网络通信畅通的重要前提。正确的接地既能抑制外地外来干扰，又能减少设备对外界的干扰影响；错误的接地反而会引入干扰，甚至会导致计算机控制系统无法正常工作。计算机控制系统设备的接地可分为数字地、模拟地、安全地和系统地四种，如图 2-43 所示。

在低频时，并联一点接地方式是很适用的。因为各电路的地电位，只与本电路的地电流和地线阻抗有关，所以不会因地电流而引起各电路间的耦合。并联一点接地方式如图 2-44

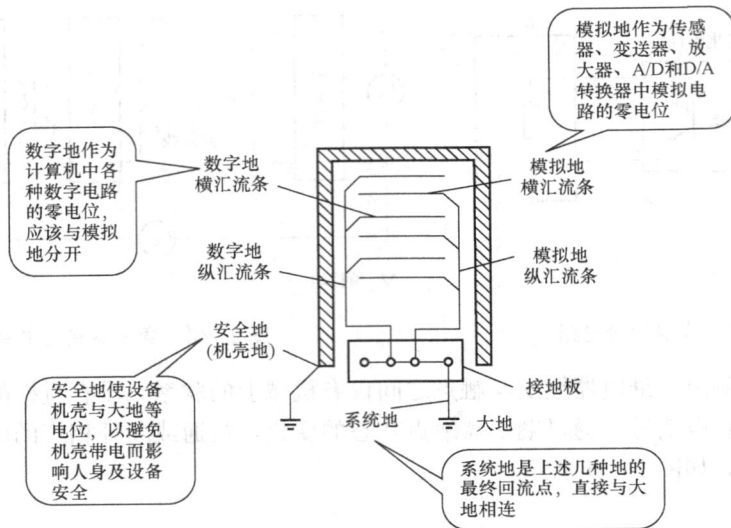

图 2-43 数字地、模拟地、安全地和系统地

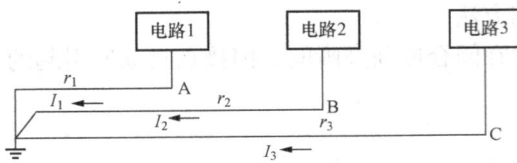

图 2-44 并联一点接地

所示。

（二）软件抗干扰技术

在工业现场环境的干扰下，工控软件可能受到破坏，程序无法正常执行，导致工业控制系统的失控，如由于干扰导致主频晶振频率的偏离和不稳定，从而导致定时器/计数器的中断频率变化，引起计数的错误和时钟异常；I/O 接口状态受到干扰，造成控制状态混乱，系统发生"死锁"等。

软件抗干扰技术具有性价比高、设计灵活、可靠性强和容易实现等优点越来越受到重视。常用的软件抗干扰技术包括软件滤波、软件"陷阱"、软件"看门狗"（WATCHDOG）和故障自诊断等。

二、Ovation 系统的安全性和生成条件

Ovation 系统的安全性包括外部安全性和内部安全性。外部安全性是指保护 Ovation 系统不受任何外部影响，防止对 Ovation 系统的操作和功能可能产生的破坏。这些影响可能包括因特网、企业内部网或与系统相连的任何外部设备。内部安全性是指确保 Ovation 系统不受任何内部影响，防止对 Ovation 系统的操作和功能可能产生的破坏。这些影响可能包括使用未授权的 Ovation 功能和电厂远程区域未保护的工作站等。

（一）构建安全系统的主要措施

在 Ovation 系统中，域中的所有用户和计算机安全性主要由 Ovation Security Manager 应用程序定义和管理。构建安全系统的主要措施如下：

（1）分配角色及其功能。

（2）制订一个详细的系统安全性计划。

（3）多个管理员持续保证系统的安全性。

（4）使用病毒检测软件，防止软件病毒破坏系统。

（5）远程和本地控制台的设计要确保远程控制台安全性。

（6）只有指定的用户（管理员）才可以在系统上安装软件。

（7）备份程序和过程。即使系统遭到破坏，也能恢复系统数据。

（8）定义冗余域控制器，确保动态登录，而不是基于安全数据高速缓存的登录。

（9）使用经 Emerson 测试的 Microsoft 安全补丁，确保 Windows 操作系统的安全性。

（10）采用标准的防火墙配置每个 Ovation 系统，防止意外数据从外界进入控制系统。

（二）系统生成的条件

（1）各控制器（站）的数据总线连接完毕，接线正确，复核无误。

（2）Ovation 系统各机柜就位并固定良好；机柜与底座之间绝缘良好；网络数据总线和交换机等检修测试完毕；接地线安装完毕且验收合格。

（3）各控制器、操作员站、历史站、性能计算站和打印机等硬件设备安装就位完毕，接线正确，电缆绝缘良好。

1．系统接地检查

（1）系统的机柜必须与混凝土地和建筑物金属体浮空，严格检测机柜与其他物体的电阻，应符合绝缘的条件，接地电阻通常应小于 1Ω。

（2）组群接地应形成接地簇，接地簇的机柜地和电源地应只有一个接地点。

（3）汇流排接地线箱应连接到接地簇中，接地柜的接地线应连接在机柜主板下部的接地螺栓上。

（4）为避免一个机柜接地线的故障影响到同簇其他机柜的接地质量，一个接地簇到机柜的接线最好采用星形连接方式，不采用串联方式连接。

（5）用手摇动每个机柜主板下面的接地线，确认接地线已经拧紧。

（6）在接入大地的接地汇流排附近，不存在其他的接地系统。

2．系统电源检查

（1）确认所有机柜后面电源输入左侧为同一类型电源，右侧为同一类型电源。一般情况下，为有助于规范维护工作，左侧为 UPS 电源，右侧为保安电源。如果输入电源左右侧混乱，当电源出现故障处理时，极易造成危险，甚至引发较大事故。

（2）确保电源系统的输入电源极性无误，电源板上标注明确。

（3）三线制供电的零线应浮空，禁止接到电源板上，否则 DCS 侧的电源容易产生两端接地，后果严重。

（4）检查电源模块相连的插头是否牢固；检查电源分配盘的三排插头连接是否正确。第一排插头连接正面的控制器，第二排插头连接到 I/O 分支上，第三排插头为扩展柜供电。

（5）分别使用一侧电源供电，确认同一侧电源能否独立提供主/辅 24V 电压。

3．控制器检查

（1）检查控制器卡件是否插接牢靠。

（2）检查控制器电源风扇是否正常。

4．分支检查

（1）检查各分支的 BASE 板有无松动。

（2）检查每个分支的终端器是否固定。

（3）检查所有的 BASE 连接正确和牢靠。

（4）检查卡件与继电器柜所有连接电缆是否可靠连接。

（5）在上电后，检查每个分支 BASE 的 24V 辅电是否正常。

（6）检查连接控制器与卡件的通信电缆，确认固定螺丝安装到位。

三、故障诊断流程

在系统发生故障时，调用故障检查流程图、故障诊断表和自诊断窗口等是快速诊断和判明 DCS 的故障部位及其原因的常用方法。DCS 自检内容包括监控节点、网络、I/O 站和卡件等设备状态的自检。

为减少 DCS 故障率，要认真学习《防止电力生产重大事故的二十五项重点要求》、DL/T 744—2001《火力发电厂 DCS 运行检修导则》、DL 5000—2000《火力发电厂设计技术规程》和《火力发电厂安全性评价（第二版）》等有关行业规程规定的要求，加强 DCS 的运行维护和管理，提高系统的安全性和可靠性。

1. DCS 检修注意事项

（1）在检修前，联系工艺人员作好事故处理方案，准备充足的备品备件，做好组态数据和系统的备份，并戴防静电手套或把手上的静电放掉。

（2）在检修时，根据发生故障的环境和现象，利用 DCS 故障诊断的经验来确定故障的位置和原因，并按照详细的检修步骤进行操作，还要避免用错卡件或电缆。

（3）选择专业公司进行检修服务。

DCS 故障诊断流程如图 2-45 所示。

2. DCS 局部死机的故障原因及其表现形式

除了应用软件设计不完善和不可靠外，DCS 局部死机主要原因还与通信网络堵塞严重程度相关，表现形式包括操作员站、工程师站或服务器的死机、DPU 脱网和无法初始化、冗余控制器（服务器）自动/手动切换不成功和数据通信中断等。DCS 局部死机的主要原因如下：

（1）操作员站和工程师站安装的 Windows 操作系统的漏洞导致 Windows 操作系统与 DCS 应用软件的运行发生冲突，特别是按下几个特殊键时，容易死机。

（2）在 DCS 长时间运行的情况下，由于维护人员的不断更替，反复更改控制器的组态，只增不减应用软件组态等，导致有些组态实际并未与实际的 I/O 点真正相连。在某个 DPU 读取其所有的数据时，也读取了大量无效的数据。

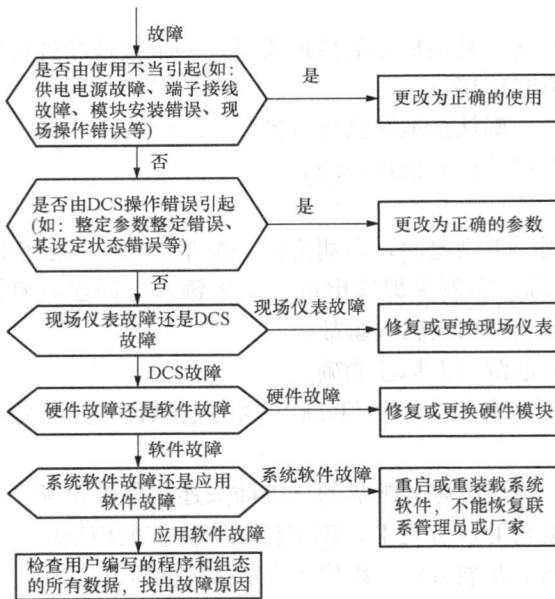

图 2-45　DCS 故障诊断流程

（3）软件升级的硬件驱动程序不匹配，引发 DCS 网络通信堵塞。

（4）在 MIS 或 SIS 读取 DCS 的实时数据时，动态数据服务器工作不正常，致使网络堵塞。

（5）其他。如 DCS 运行外部环境温度超高、供电电源波动大和切换时间过长等。

四、系统状态的诊断

网络故障诊断及其处理流程图如图 2-46 所示。

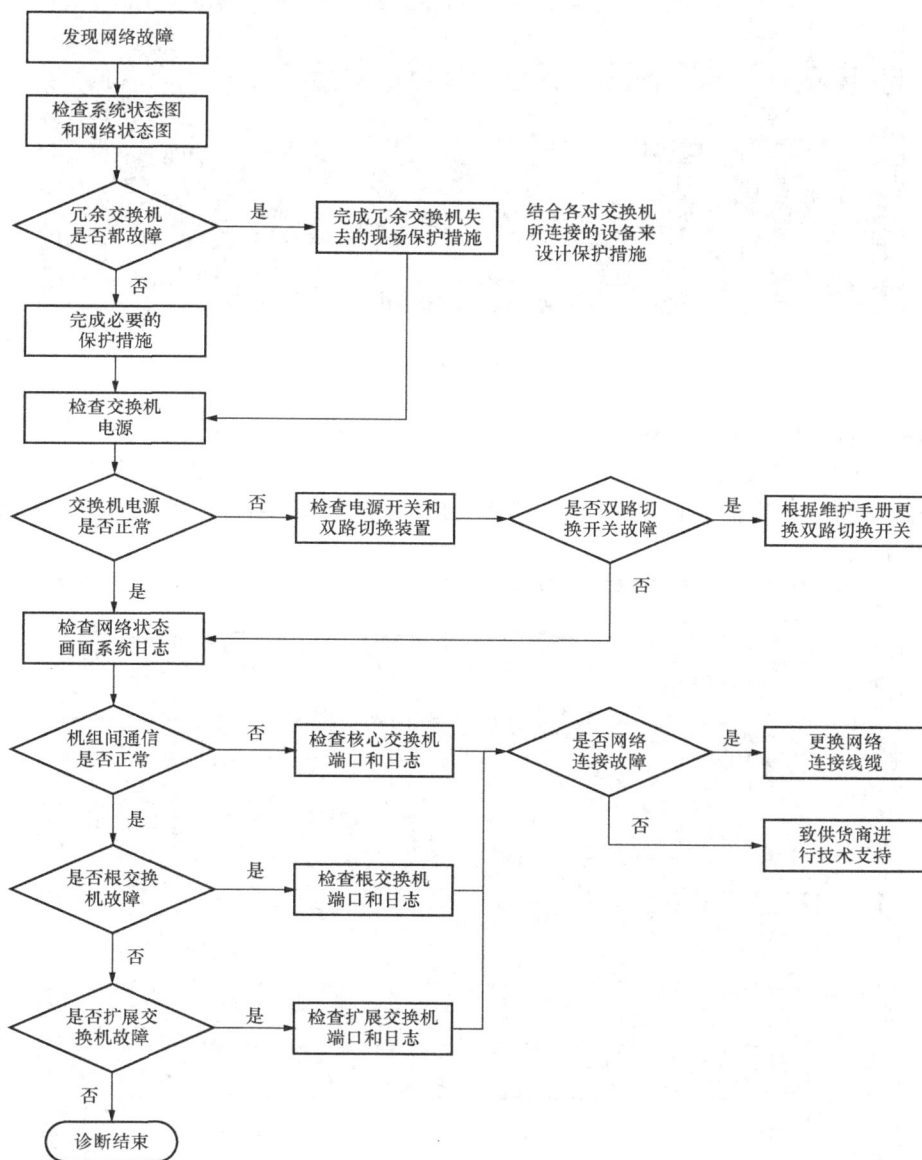

图 2-46 网络故障诊断与处理流程图

某电厂 DCS 的自检画面如图 2-47 所示。

当 Ovation 系统出现故障时，系统各部件上的指示灯、音响报警系统和系统状态图等多种方式立即告知操作员。在系统诊断的过程中，状态图以不同颜色直观地显示了数据高速公路及其站点的工作状态。状态图分为系统状态和站点细节图等两种。

图 2-47　某电厂 DCS 的自检画面

　　访问系统状态显示图的步骤是双击工程师站桌面上的 Graphics 图标，在弹出的 Graph-ics 窗体中，单击打开文件夹，双击 1800. diag 文件，出现系统状态图。这里的 1800. diag 文件是整个网络的系统状态图的名称，不同系统的的网络状态图名称可以不同。系统状态显示如图 2-48 所示。

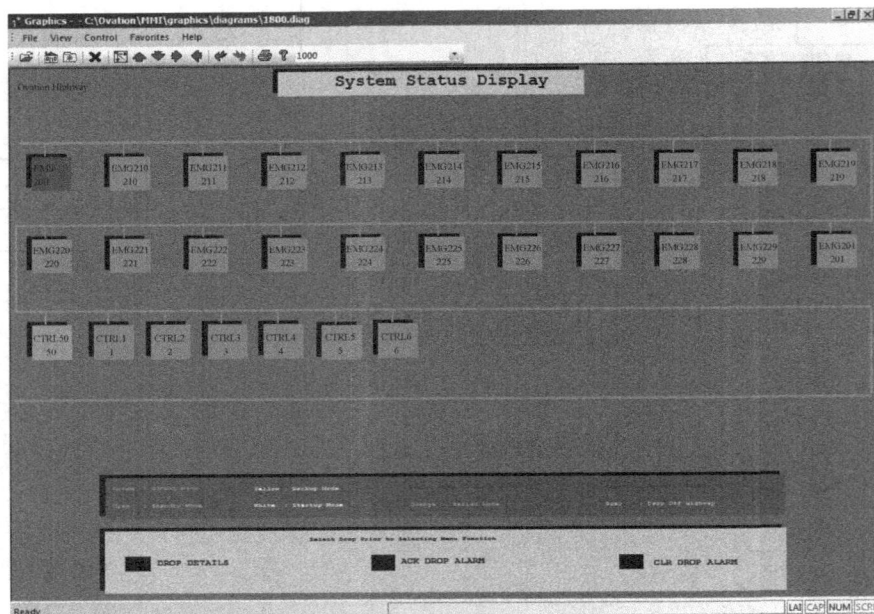

图 2-48　系统状态显示

　　在系统状态显示图中，数据高速公路由水平和垂直线表示，这些线连接到表示站点的方框。每个站点显示的颜色标明了其工作状态，如灰色表示站点未连接到网络上或站未启动，绿色表示站点处在正常工作状态，红色表示站点处在报警或出错状态，黄色表示站点处在备用工作状态，白色表示站点处在启动工作状态，橙色表示站点处在故障工作状态等。

系统状态显示图有 DROP DETAILS、ACK DROP 和 CLR DROP ALARM 三个功能按钮。如果选择 ACK DROP 按钮，则确认站点报警；如果选择 CLR DROP ALARM 按钮，则指定站点的报警就被清除；如果选择某报警站，并选择 DROP DETAILS 按钮，则显示该站点细节图。站点细节图显示了一个特定站点的报警、站点故障和高速公路等详细的信息。

在站点状态图和站点细节图上，DU 记录的记录字段故障代码信息如下：

（1）故障代码，Fault Code＝FC，在控制站细节图中，以十六进制方式显示；

（2）故障号，Fault ID＝FK，在控制站细节图中，以十六进制方式显示；

（3）故障参数 1，Fault Parameter 1＝FS，在控制站细节图中，以十六进制方式显示；

（4）故障参数 2，Fault Parameter 2＝FO，在控制站细节图中，以十六进制方式显示；

（5）故障参数 3、4 和 5，在 Solaris 平台的通用消息窗口和 Windows 平台的错误日志查看器里，以十六进制方式显示。

在按时间顺序排列的参考页中，列出了故障代码。每个故障代码表编排了可用的故障 IDs，以及用户响应每个错误的说明和建议。故障处理的基本步骤是首先查看故障前的包括故障代码、故障 ID、故障参数和其他说明等操作记录，接着参考故障代码和故障 ID 的"Suggested User Response（建议的用户响应）"栏，最后采取建议的操作。

在站点细节窗口中，Drop Details Display、DROP ALARM INFORMATION、NETWORK INTERFACE INFORMATION 和 DROP FAULT DETAILS 等栏目详细描述了站点的报警细节。如果需要从站点细节窗口返回系统状态显示窗口，则在 DROP FUNCTIONS MENU 中，单击 SYSTEM STATUS 按钮。

在 Emerson 网站中，下载一个基于 Windows 的免费的 Ovation Fault Information Tool 软件，各种故障代码的具体含义可以被查询，每一个故障条目都包含故障总体消息、建议的操作和故障的具体描述等三部分。Ovation Fault Information Tool 窗口如图 2-49 所示。

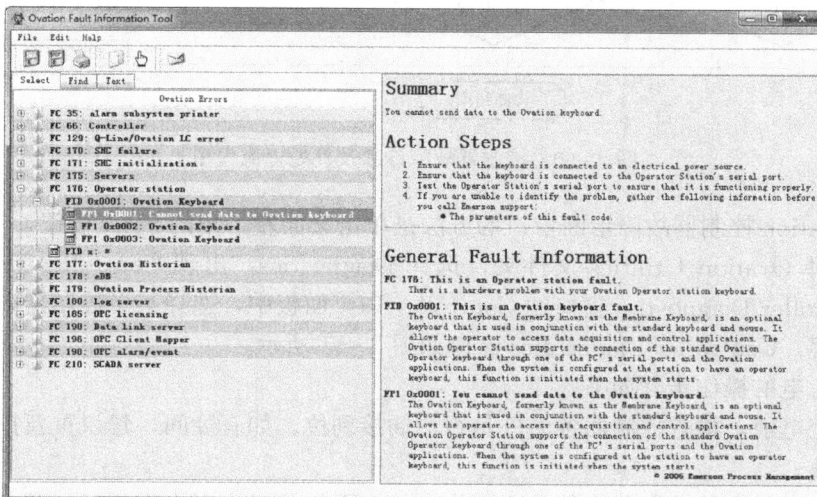

图 2-49　Ovation Fault Information Tool 窗口

五、控制器的诊断和维护

控制器故障诊断及其处理流程图如图 2-50 所示。

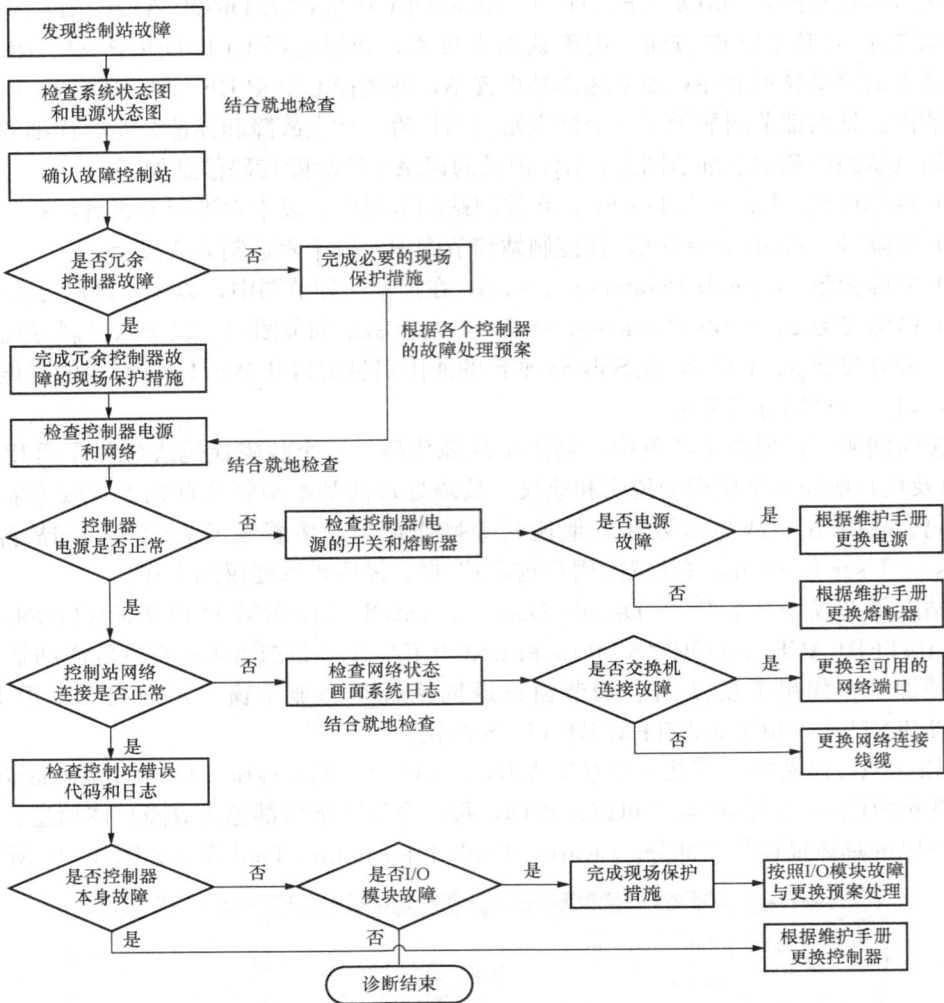

图 2-50 控制器故障诊断及其处理流程图

访问 Ovation 控制器故障诊断窗口的方法是单击桌面左下角的 Start 按钮，选择 Ovation 文件夹，选择 Ovation Utilities 文件夹，选择 Diagnostics，出现 Controller Diagnostics 窗口。在 Controller Diagnostics 窗口的 Controller List 面板中，选择某个控制器，出现该控制器的详细内容。Controller Diagnostics 窗口如图 2-51 所示。

控制器上电的操作步骤如下：

（1）在上电前，检查控制器各卡件是否均插接到位，如有疑问，建议重新拔插。检查网线是否插到位。

（2）检查已插入的控制器卡件是否因为卡槽上下间距过小而出现弧度，弯曲变形会造成接触不良。

（3）调整控制器电源插卡和 PCRL（PCRR）卡的安装位置，确认控制器箱开关门不会引起开、关控制器。

（4）在上电后，检查控制器是否运行正常，控制器风扇是否正常工作。

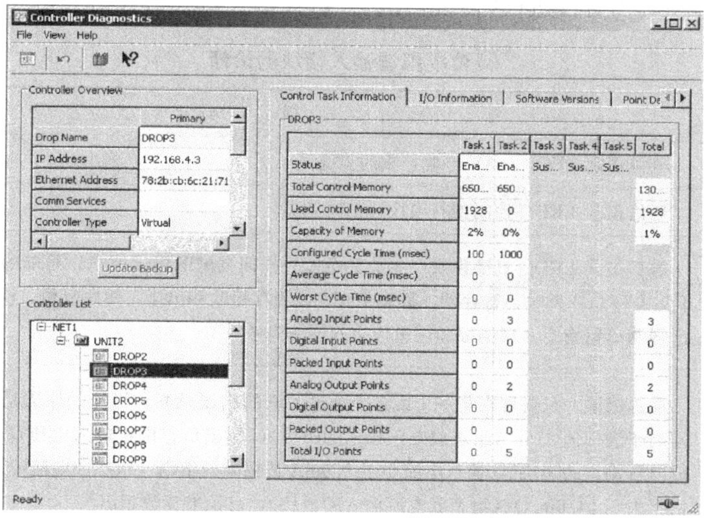

图 2 - 51 Controller Diagnostics 窗口

六、I/O 模块的诊断和维护

Ovation I/O 接口模块上的指示灯以常亮、闪烁或不亮等形式显示模块所处状态，其中电源指示灯为红色，其他指示灯为绿色。I/O 接口模块指示灯的意义见表 2 - 12。

表 2 - 12　　　　　　　　　　I/O 接口模块指示灯的意义

标签	含义	长亮	不亮	闪烁
P（Power）	电源	控制器上电	控制器关闭	N/A
Cm（Comm.）	通讯	通讯挂起	没有来自于处理器模块的信息被接收	正在接收处理器模块来的信息
Ct（Control）	主控	控制器为主控制器	控制器正在重启或作 clear drop	控制器为副控制器
A（Alive）	运行	控制器正在运行	运行超时	N/A
E（Error）	错误	启动时的自诊断	正在运行应用程序，无错误	错误状态
O1	L1～L8 端口（PCRL1）	各支线通信正常（同时 E 灯不亮）	各支线未组态（E 灯不亮）	部分或所有支线通信故障（E 灯不亮）
O2	L9～L16 端口（PCRL2）	各支线通信正常（同时 E 灯不亮）	各支线未组态（E 灯不亮）	部分或所有支线通信故障（E 灯不亮）
R3	R3 端口	各支线通信正常（同时 E 灯不亮）	各支线未组态（E 灯不亮）	部分或所有支线通信故障（E 灯不亮）
R4	R4 端口	各支线通信正常（同时 E 灯不亮）	各支线未组态（E 灯不亮）	部分或所有支线通信故障（E 灯不亮）
Q5	Q5 端口	各支线通信正常（同时 E 灯不亮）	各支线未组态（E 灯不亮）	部分或所有支线通信故障（E 灯不亮）

14 位模拟量输入模块的诊断见表 2 - 13。

表 2 - 13   **14 位模拟量输入模块的诊断**

LED	描 述
P（绿色）	电源正常 LED。＋5V 电源正常时就亮
C（绿色）	通信正常 LED。控制器与模块通信时就亮
I（红色）	内部错误 LED。只要模块产生除失电以外任何类型的错误就亮。可能的原因是模块正在初始化，I/O 总线超时，寄存器、静态 RAM 或闪存检验和出错，模块复位，模块未校准，控制器发出强制出错指令，现场板和逻辑板之间通信失败
CH1-CH8（红色）	通道错误。只要存在与一个或多个通道关联的错误就亮。可能的原因是超出正范围：输入电压高于满标值 21％（组态成电压输入的模块），超出负范围：输入电压低于满标值 21％（组态成电压输入的模块），输入电流小于 2.5mA 或保险丝熔断（组态成电流输入的模块），超出满标值（大于 24.6mA）（组态成电流输入的模块），自校准读数超出

1. 检查各分支硬件的方法

检查各分支硬件的方法如下：

（1）用力往外拔每一个 BASE，确认均已被紧固在 DIN 上。

（2）通过晃动和拔插，检查每一个 ROP，确认均已被固定在 DIN 上。仔细观察 ROP 下端和分支 BASE 的连接处，确认连接到位，未被硬卡在某一错误位置，也无左右错位。

（3）推紧继电器输出卡上的每一个继电器。

（4）推紧每一个分支末端的终端器。

（5）检查连接控制器和卡件的黑色通讯电缆，确认电缆每一个端子的两颗固定螺丝已被紧固。

（6）如果远程通信（MAU）卡作为分支的终端，确认连接 PCRR 卡和 MAU 卡的串口电缆已连接并紧固。

（7）在上电后，检查每个分支 BASE 的 24V 辅助电压。如果无电压，则检查位于 ROP 上的两个黑色辅助 24V 输入和输出的保险丝是否已被熔断。

2. 更换或添加模块硬件的基本要求

更换或添加模块硬件的基本要求如下：

（1）确保更换模块正是用于 I/O 电子模块和个性模块的更换模块。

（2）将模块从上到下放在机柜的左侧，从下到上放在机柜的右侧。

（3）如果继电器输出模块与标准 I/O 模块混合放在同一分支上，则始终在分支的奇数模块位置开始放置标准 I/O 模块（位置 1/2、3/4、5/6 或 7/8）。继电器输出模块可以放置在奇数或偶数位置，如继电器输出模块可以从 1、2、3、4、5、6、7 或 8 插槽开始。

（4）确保配置的所有模块有适当的辅助电压。

（5）在左侧端子、右侧端子、MAU 主基板模块（右侧或左侧）和 RRP 传输板（仅限右侧）等设备中，必须使用一个设备来端接每个 I/O 分支。

更换 I/O 模块操作卡见表 2 - 14。

表 2 - 14　　　　　　　　　　　　更换 I/O 模块操作卡

故障现象	操作处理步骤	注意事项和安全措施	涉及设备及连锁保护
1. 操作报警画面出现 I/O 模块或者通道报警。 2. 相关数据点质量变坏或者超时	1. 确认故障 I/O 模件所连接的现场信号，做好风险预控。 2. 如果是 DI 或者 AI 模件，则对相应的信号强制退出扫描。 3. 如果是 DO 信号，则根据现场输出值选择短接或挑开处理。 4. 如果是 AO 信号，则将相应的控制设备切换到就地控制方式。 5. 通过解锁电子模块上的蓝色内角锁，卸下电子模块，然后卸下个性模块，从而卸下旧模块。 6. 在底板上安装新的特性模块，然后安装电子模块，并使用电子模块上的蓝色内角锁将两个模块固定到底座上。 7. 评估输入和输出的当前状态以及当前"实际值"的影响，以便安全移除跳线或强制点值。 8. 取消保护措施，恢复到正常状态	1. 在热插拔 Ovation I/O 模块前，必须详细了解控制过程、控制逻辑、现场设备信号、控制电源故障模式和 Ovation I/O 模块设置，以及任何其他相关的控制硬件设置。 2. 如果确定热插拔某模块是可行的，则确保保持强制点值和/或现场电源跳线的适当设置，以便在执行模块热插拔步骤期间保持系统处于安全状态。 3. 确保按照工厂安全程序正确记录强制点值和跳线	I/O 模块所连接的设备

3. 修改 I/O 卡件

在目录树中，修改 I/O 卡件的方法是右键单击被修改的 I/O 卡件名称，在弹出的菜单中，选择 Open。在所选 I/O 卡件的对话框中，利用各个列表选项卡，完成修改。删除 I/O 卡件的方法是右键单击被修改的 I/O 卡件名称，在弹出的菜单中，选择 Delete，Ovation Developer Studio 对话框中，点击 Yes 按钮，重新选择 I/O 卡件。

更换 I/O 卡件硬件的步骤如下：

（1）戴上静电环，打开控制器门。

（2）关闭控制器电源，拔出故障 I/O 接口卡。

（3）插上新的 I/O 接口卡。

（4）重新上电。

七、电源故障的处理

当同时要更换主电源和辅助电源的部件时，应先更换辅助电源。在取下主电源设备之前，应确保辅助电源设备已联机。更换冗余电源的主要步骤如下：

（1）通过将左上角的电源开关切换到 OFF 位置，切断电源。

（2）通过挤压电源连接器每侧的两个锁定卡舌，从电源底部取下电源线，然后向下拉，从插座中取出连接器。

（3）使用中号槽头螺丝刀或六角头管钳，松开电源底部的电源锁定机件，轻轻向上抬起电源，将电源从电源固定架中取出，将替换电源安装在电源固定架上，然后紧固电源锁定机件。

（4）将电源电缆连接到电源之前，确保电源开关置于 OFF 位置。

（5）将电源电缆连接器向上按入电源的插座，重新连接好电源线。

（6）确保连接器每侧的电缆连接器锁定卡舌，防止电缆连接器从插座中滑落。

（7）在所有连接牢靠后，将电源左上角的电源开关切换到 ON 位置，重新通电，完成电源更换过程。

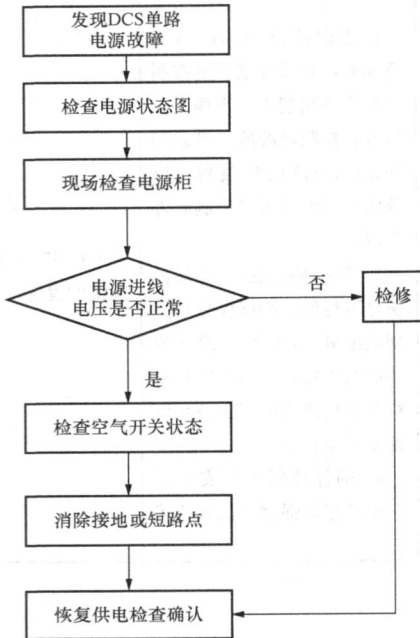

图 2 - 52　DCS 单路电源失去的
检查流程图

DCS 单路电源失去的检查流程图如图 2 - 52 所示。

八、交换机的常见故障及其处理

下面介绍交换机常见故障及其处理方法。

1. 电源故障

故障现象是在开启交换机后，交换机的风扇不转动，电源指示灯也不亮，交换机没有任何反应，电源插头和电源线无故障。

故障主要原因是电源的线路老化、电源遭到雷击或供电电压不稳定等。

故障排除方法是更换一个电源。

2. 电路板故障

故障现象是局域网内有些计算机时好时坏，经过一段时间后，相关的一组计算机都不能访问服务器，而连接这组计算机的交换机的所有连接指示灯都在不规则地乱闪，测试发现不是网卡或者布线的问题。

故障主要原因是交换机的主电路板和供电电路板有故障，电路板有受损的元器件。

故障排除方法是返厂维修。

3. 端口故障

故障现象是整个网络运作正常，而个别计算机不能正常通信。

故障主要原因是交换机某些端口没有插好或脏污，导致局部端口不能连网，或者使用错误造成了某个端口的损坏。

故障排除方法是插好和清洁交换机端口，并按规范操作。

4. 背板故障

故障现象是外部供电环境正常，而交换机的各个内部模块都不能正常工作。

故障主要原因是交换机的电路板受潮短路，或者是元器件因高温或雷击等而受损，造成电路板故障。

故障排除方法是返厂维修，并改善交换机的工作环境。

5. 配置不当

故障现象是将某工作站连接到交换机端口后，无法 PING（packet internet groper）通局域网内其他计算机，而桌面上"本地连接"图标仍然显示网络连通。PING 是 DOS 命令，一般用于检测网络通与不通，也称为时延，其值越大，速度就越慢。

故障主要原因是交换机配置不当。

故障排除方法是重新正确配置交换机。

6. 病毒攻击

故障现象是发现可疑流量，即单个主机发出超出正常数量的连接请求。

故障主要原因是病毒攻击，如蠕虫爆发或网络滥用等。

故障排除方法是杀毒和恢复系统等。

7. 系统数据错误

故障现象是交换机出现满载、丢包和错包等情况，甚至整个局域网无法通信。

故障主要原因是设计存在某些漏洞，在一定的条件下，这些漏洞引发了系统数据错误。

故障排除方法是联系交换机厂家。

更换交换机操作卡见表 2-15。

表 2-15 　　　　　　　　　　　　更 换 交 换 机 操 作 卡

故障现象	操作处理步骤	注意事项和安全措施	涉及设备及连锁保护
1. 系统状态图出现网络设备报警。 2. 网络状态图出现网络设备和网络端口报警	1. 拔下故障交换机的线缆，并进行标记。 2. 为新交换机装入内核文件和配置文件，必须保证内核版本和配置文件内容与故障交换机完全一致。 3. 安装交换机，并根据标记将网络线缆插入原先的位置。 4. 上电启动。在新交换机上标注内核文件和配置文件的版本	1. 网络交换机的每个端口都有具体定义，不要随便更换网络线缆的端口。 2. 新的网络交换机都需要保持和被换下的交换机配置文件相同。 3. 不允许直接更换未经配置的交换机	交换机所连接的设备

九、通信网络的维护

网络故障分层诊断技术的主要内容如下：①诊断物理层。物理层故障的主要表现为设备的连接方式出错，电缆连接有误，物理层设备的配置和操作有误等。②诊断数据链路层。查找和排除数据链路层的故障需要查看路由器的配置，并检查连接端口的共享同一数据链路层的封装情况等。③诊断网络层。排除网络层故障的基本方法是沿着从源到目标的路径，查看路由器路由表，同时检查路由器接口的 IP 地址。如果路由表无路由，则应检查是否已经输入适当的静态路由、默认路由或动态路由等，接着人为配置一些丢失的路由，或者排除一些动态路由选择过程的故障等。

（一）通信网络检修和网络接口设备检查

下面介绍 DL/T 774—2004《在火力发电厂热工自动化系统检修运行维护规程》中，有关网络接口设备检查和通信网络检修的内容。

1. 网络接口设备的检查

（1）在检查前，应先关闭设备电源，做好各连接电缆和光缆的标记，然后拆开各电缆和光缆连接，并及时包扎好拆开的光缆连接头，以免受污染。

（2）内、外清扫并检修交换机、集线器、耦合器、转发器和光端机等网络设备，紧固其接线；已检修的设备外观应清洁，无尘和无污渍。内部电路板上各元件应无异常，各连接线和电缆的连接应正确和牢固；各接插头完好无损，接触良好；测试风扇和设备的绝缘，应符合要求。

（3）仔细检查各光缆接头、RJ45 接口和 BNC 接口等，应无断裂、断线、破碎和变形，连接应正常可靠。

（4）装好外壳，上电检查，应无异音和异味；风扇转向正确；自检无出错；指示灯指示正常。

在检修过程中，一定要做好通信网络系统的检查、诊断和性能试验工作，确保不因通信网络问题而产生 DCS 故障。

2. 通信网络的检修

（1）系统退出运行。

（2）更换故障电缆和光缆；已检修的通信电缆应无破损和断线，光缆布线应无弯折；电缆和光缆应绑扎整齐、固定良好。

（3）检查通信电缆金属保护套管（现场安装部分应使用金属保护套管）的接地，应良好。

（4）测量绝缘电阻和终端匹配器阻抗，应符合规定要求。

（5）紧固所有连接接头、连接头固定螺丝、RJ45、AUI 和 BNC 等连接器；紧固各接插件和端子接线；在检修后，用手轻拉各连接接头、接插件和端子连线，应牢固无松动。

（6）在通电后，检查模件指示灯状态或通过系统诊断功能，确认通信模件状态和通信总线系统正常，无异常报警。冗余总线应处于冗余工作状态，通电后的交换机、集线器、耦合器、转发器和总线模件等指示灯均应显示正常。

（7）利用系统诊断工具（功能）或制造厂提供的其他方法，查看每个控制子系统，所有 I/O 通道及其通信指示均应正常。

（二）通信网络的常见故障判定及其处理

通信网络类的主要故障是节点总线、就地总线、地址标识和通信卡件等故障。

1. 节点总线故障判定及其处理

节点总线的通信介质一般为同轴电缆。节点总线故障预防措施是制定同轴电缆检查和更换管理制度，并切实执行，这样可有效防止总线接触不良或开路。

通讯电缆的故障包括终端接头故障和电缆本体故障，处理步骤如下：

（1）测试电缆，检查电缆是否正常。

（2）采用专用工具拧紧接头或专用清洗液除锈。

（3）清误码率数值为 0，观察误码率数值是否增加。如果误码率数值不增加，则说明恢复正常；如果误码率数值仍增加，则检查周围是否存在强干扰源。

2. 地址标志的错误判定及其处理

就地组件或总线接口的地址标识错误会造成通信网络的紊乱，必须防止人为误动和误改而产生各组件的地址标识错误。

在系统停运时，实施少量组件的修改工作，同时向网络发布组态情况，防止不可预料的后果。

3. 通信卡件的故障判定及其处理

通信卡件包括操作站通讯卡和控制站通信卡。通信卡件的故障判定及其处理的步骤如下：

（1）关闭通信卡所在设备的电源。

（2）检查通信卡的参数设置状况。如果参数设置错误，则更改；如果参数设置无误，则测试软件测试通信状态，更换有故障的通信卡，并正确设置其参数。

4.就地总线故障及其处理

就地总线或现场总线的传输介质一般采用双绞线。双绞线的工作环境恶劣，故障率高，容易被误动，总线本身的各种原因也会造成通信故障。防止就地总线故障的有效方法如下：

（1）妥善处理就地总线与就地设备的连接点，总线分支应安装在不易碰触的地方。在拆装设备时，不得影响总线的正常运行。

（2）双路冗余配置总线，提高通信的可靠性。

网络和控制器的通信负荷率高也是网络异常的主要原因，防止这类事故的发生的主要措施如下：

1）加强DCS网络的日常维护，如利用停机时间，逐个复位DPU和人/机接口。一般每隔半年应复位一次DPU和人/机接口，以消除计算机长期运行的累计误差。

2）定期检查DPU、人/机接口站主机和卡件等设备的工作环境和通风状况，避免散热不良和通风不畅。

3）在DCS其他系统侧的网关上，加装MIS和SIS等系统的病毒防火墙，并及时更新病毒库和操作系统的补丁，提高系统的安全性。

4）定期检查系统的风扇设备，确保风扇能长期可靠地运行。

5）利用网络测试仪，定期测试DCS主系统及其所有相关系统的通信负荷率。

6）在DPU冗余切换、通信总线冗余切换、机组出现异常工况和高负荷运行时，保证有负荷扰动的网络负荷率不超过行业规定。

当通信网络出现故障时，首先检查网络适配器的工作状态，其次检查传输介质和通信接头。如果网络采用同轴电缆介质，则整个网络阻抗为75Ω。如果同轴电缆阻抗达不到要求，则应检查T形头（BNC接头）和终端电阻；如果网络采用双绞线介质，则应检查网络交换机、RJ-45接头和I/O总线的连接状况。

5.利用DCS自检画面处理故障

（三）通信网络冗余切换试验

（1）在任意节点上，人为切断每条通信总线，系统不得出错或出现死机情况。切、投通信总线上的任意节点，或者模拟通信总线故障，总线通信应正常工作。

（2）检查总线和总线冗余。总线电缆应无破损和断线，端子接线应正确和牢固，插件接插牢固和接触良好；总线终端应接线牢固且电阻值正常。在通电后，HUB和总线模件指示灯正常。

（3）利用诊断系统或总线模件工作指示灯，检查总线系统，应正常，无异常报警；检查冗余总线，应处于冗余工作状态。

（4）切断主运行总线模件的电源，或者拔出主运行总线的插头，并模拟其他条件试验冗余总线的切换，一条总线应自动切换至另一条运行，且指示灯显示正常；检查系统数据，不得丢失，通信不得中断，系统工作应正常，I&C报警正确。同样进行一次反向切换试验，系统状况应相同。

十、Ovation 控制器机柜的清洁和维护

Ovation 控制器机柜的清洁和维护的注意事项如下：

（1）定期检查机柜的腐蚀和有形损坏等情况。

（2）定期检查机柜及其保险丝、接地电缆和控制器冷却风扇等，根据需要，清洁门空气过滤器、机柜地板、I/O 模块和控制器室等组件。

（3）定期检查通风机柜中的空气过滤器，确保最佳通风。

（4）机柜可用清水湿布定期清洁，禁止使用清洁剂，并确保不将水撒到或溅到设备上。

十一、DCS 的维护

DCS 的维护可分为日常维护、预防维护性和故障维护。系统无故障的维护属于日常维护和预防性维护。预防性维护是对无故障的系统进行有计划的定期维护，以便及时掌握系统运行状态，消除系统故障隐患，保证系统长期可靠地运行。

1. DCS 日常维护

DCS 日常维护的主要内容如下：

（1）完善 DCS 管理制度。

（2）确保空调设备稳定运行，保证室温变化小于 $\pm 5℃/h$，避免温度和湿度的急剧变化导致系统设备结露。

（3）尽量消除电磁场对系统的干扰，禁止移动正在工作的操作站和显示器等，避免拉动或碰伤设备的电缆等。

（4）合理隔离现场和控制室，注意防尘，定时清扫，保持清洁，防止粉尘对设备的运行和散热产生不良影响。

（5）严禁使用非正版软件，严禁安装与系统无关的软件。

（6）备份控制子目录文件，记录各控制回路的 PID 参数和调节器正反作用等系统数据。

（7）检查控制主机、显示器、鼠标和键盘等硬件是否完好，检查实时监控工作是否正常。

（8）查看故障诊断画面有无故障提示。

（9）在系统上电前，检查通信接头是否与机柜等导电体接触。

2. 预防性维护

有计划地实施预防性维护，可以保证系统及其设备在良好的环境中稳定可靠地运行；及时检测和更换元器件，有助于消除隐患。

3. 故障维护

系统故障的被动性维护包括专业性维护和用户一般性维护。专业性维护通常是指厂家维护工程师的维护。用户一般性维护要求维护人员对系统维护技术难度和可操作性有一定的认识，能及时制订可行的故障维护方案，并能熟练使用维护工具。

⌛ 【任务准备】 ◎

一、引导问题

（1）系统硬件诊断的内容。

（2）系统软件诊断的内容。

（3）通信网络的维护的内容和方法。

（4）Ovation 控制器故障的预防措施。

（5）访问 System Information 窗口的方法。

（6）访问 Controller Diagnostics 窗口的方法。

二、制订任务方案

在正确问答引导问题后，根据行业（企业）规程和项目化教学过程的基本要求，制订任务方案表。

【任务实施】

根据项目化教学过程的基本要求，完成任务的计划、准备、实施和结束等工作。在教师的指导下，实施本任务，具体内容如下：

（1）按照本任务的描述和项目化教学的要求，执行本任务。

（2）分组讨论，完成自评和互评。

（3）提交任务实施计划表、任务实施表和检验评估表。

【任务评估】

检查任务的完成情况，收集任务方案表和任务实施表，完成检验评估表。

【知识拓展】

一、主控制器和功能模件的检修及其质量要求

在检修主控制器和各功能模件时，应按照有关步骤和制造厂家的有关规定，停电检查主控制器及其后备电池，检查模件及其掉电保护开关和跳线。在停电清扫模件前，应详细记录模件、插槽编号、各种跳线、开关设置和跨接器的位置。在检修过程中，严禁随意触动高速公路接头，以防断线。检修主控制器和各功能模件的其他内容如下：

（1）检查模件外观，应清洁无灰、无污渍、无明显损伤和烧焦痕迹。如果主控制器配有冷却风扇，则应检查和清扫冷却风扇。模件的各部件应安装牢固，插件无锈蚀、插针、金手指无弯曲和断裂现象，跳线和插针等应设置正确和接插可靠；熔丝应完好，型号和容量应准确无误；所有模件标识应正确清晰。

（2）在清扫模件时，工作人员必须带上防静电接地环，并尽可能不触及电路部分。使用空气枪吹扫放在防静电板上的模件。在吹扫模件后，带上防静电接地环，使用专用的清洗剂，清洗防尘滤网、机柜和模件的电路板插接器，吹扫残留污物的部件。

（3）在回装前，仔细核对模件编号和设置开关。在模件回装时，工作人员必须带防静电接地环，对照模件上的机柜和插槽编号，将模件逐一回装到相应槽位中，就位必须准确无误和可靠。

（4）在模件就位后，仔细检查模件的各连接电缆，应接插到位和牢固。

（5）在模件通电前，再次核对模件熔丝的数量、型号和规格。在模件通电后，各指示灯应指示正常。

二、通信网络故障的预防措施

1. 网络通信线

网络通信线的阻抗匹配要求很高。在敷设和使用过程中，必须采取切实有效的防护措施，避免不当使用。

2. 网络通信接头

如果通信接头接触不良，则要重做接头；如果通信线破损，则应及时更换。

3. 网络电缆线

在走线槽中敷设网络电缆，绑扎固定不在走线槽中的网络电缆。

4. 跨机柜站组的连接网络电缆

跨机柜站组的网络电缆应使用软管护套。

5. DCS 安装环境

DCS 运行状况与 DCS 的安装和工作环境有很大的关系。DCS 设备必须始终保持清洁，并处于温度和湿度适宜的环境中。DCS 的环境磁场强度应限制在计算机系统规范所允许的最小磁场强度以下。在某电厂二期工程 1 号机组的试运过程中，曾发生过在电子设备间使用对讲机，造成信号抖动的情况。

三、DCS 缺陷工作管理制度

某电厂制订 DCS 缺陷工作管理制度的主要内容如下：

（1）为了规范日常缺陷管理工作，创造良好的工作环境，有利于设备的安全稳定运行，提高管理 DCS 的水平，必须严格按照 DCS 缺陷工作管理的工作流程，开展工作。DCS 缺陷工作管理的工作流程如图 2-53 所示。

（2）在每天早会前，由 DCS 作业部门检查检修管理系统，登录缺陷情况，现场检查和询问运行值有无相关缺陷，查阅运行记录，汇总缺陷情况。

（3）针对每条缺陷，DCS 作业部门负责人安排缺陷处理工作负责人，由工作负责人讲解该缺陷的处理步骤和安全措施的实施，技术员讲解技术要点；由 DCS 作业部门负责人提出安全注意事项和签发缺陷处理工作票，并指派缺陷处理的监护人与缺陷处理工作负责人共同处理缺陷；在处理完缺陷后，必须将缺陷进行分类、汇总和归档；必须每月进行一次缺陷处理总结。

（4）制度要求：

1）除紧急情况外，处理缺陷必须有监护人。

2）按照 DCS 缺陷工作管理的工作流程处理随机的缺陷。

3）当天缺陷当天完成。

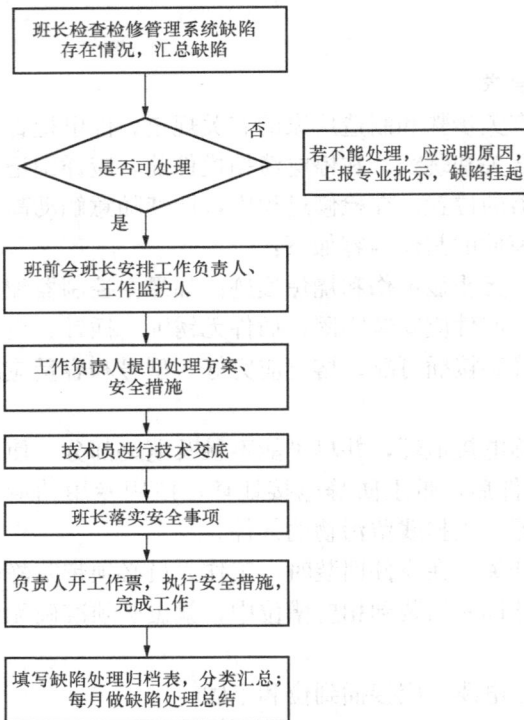

图 2-53 DCS 缺陷工作管理的工作流程

四、DO 卡故障处理

（1）制订事故预想及其处理方案。

（2）办理故障处理工作票。

（3）检查卡件所有的已经"使能"点，停止经确认能够停止的设备运行。在继电器侧，采取针对不能停止运行的设备的安全措施。

（4）在实施安全措施后，强制卡件的所有点为当前值。

（5）尽量不要带电更换 DO 卡件。

（6）在插拔过程中，防止因为卡件到继电器的预制电缆接头的接地或短路，导致卡件熔丝或卡件损坏。

（7）在不能停电的情况下，先拔下 DO 卡件的保险，再进行更换操作。

（8）在预制电缆的连接符合要求后，重装卡件熔丝。

任务五 工作站维护

【教学目标】

1. 知识目标

（1）了解 DCS 备件管理。

（2）掌握常用的故障判断方法。

（3）熟悉 DCS 常见故障的原因。

（4）掌握工作站的检修及其质量要求。

（5）掌握历史站软硬件组成及其功能。

（6）掌握 DCS 故障情况下的一般安全要求。

（7）掌握各个工作站的软硬件的组成、作用和特点。

（8）熟悉点在各个工作站的收发、存储和处理的流程。

2. 能力目标

（1）能维护历史站。

（2）能使用 History Manager。

（3）能使用 Report Manager。

（4）能使用常用的硬件维护工具。

（5）能使用 Historian Configuration Tool。

3. 素质目标

（1）养成安全生产的意识。

（2）养成严谨务实的工作作风。

（3）养成团队协作的工作方式。

（4）养成严格执行国家、行业及企业技术标准的工作习惯。

【任务描述】

热工控制技术人员的日常工作包括维护工作站。通过本任务的执行，使学生熟悉工作站故障的原因、诊断流程和维护方法，熟悉国家、行业（企业）对 DCS 维护的相关规定。本任务的主要内容如下：

（1）生成一个新报表。

（2）修改一个历史站的性能。

（3）检查工作站的软硬件设置。

（4）使用常用的硬件维护工具。

（5）使用多种方法查看历史数据。

（6）使用 History Manager，并抄写少量的信息。

（7）使用 Ovation Error Log 工具，并抄写三条记录。

（8）在新建一个历史站后，更改该历史站的显示顺序。

（9）访问 Historian Configuration Tool 窗口，实现菜单对话框的显示、隐藏、移动和最小化等操作。

（10）完成【任务准备】、【任务实施】和【任务评估】的内容。

【知识导航】

Ovation 系统由冗余网、数据交换站、操作员站、工程师站、历史站和控制器等构成。根据使用功能不同，工作站分为数据库服务器、工程服务器、操作员站、历史报表站和其他功能站。

操作员站硬件由显示器、主机、专用工业键盘、鼠标和打印机等组成。在操作员站功能的基础上，工程师站增加了组态、维护和管理等工具。

一、工作站的检修及其质量要求

1. 一般检查和质量要求

（1）打开机壳，检查线路板的外观，应无明显损伤和烧焦痕迹；检查线路板的各元器件，应无脱焊；检查内部各连接或连接电缆，应无断线；检查各部件设备、板卡和连接件，应安装牢固，安装螺钉齐全。

（2）清扫机壳内外部件和冷却风扇，要求清洁、无灰尘和无污渍，冷却风扇转动灵活。

（3）复装机箱外壳，检查设备电源电压等级，应设定正确。

（4）在重启后，设备应无异音和异味等；检查冷却风扇的工作状况，应正常；检查设备自检过程，应正常；检查 CRT、键盘和鼠标，应能正常使用。

2. 附属设备的检修及其质量要求

（1）CRT 或大屏幕显示器。

1）关闭 CRT 或大屏幕显示器电源，断开电源连接线；使用专用的电子清洗液清洁 CRT 或大屏幕显示屏；外观检查 CRT 或大屏幕显示器，应清洁、无灰尘和无污渍。

2）拆开 CRT 后盖，注意不要触及高压包，以防触电。检查内部电路板上各元件，应无脱焊；检查各部件和电缆连线，应正确和牢固，并再次紧固所有部件；外观检查信号电缆，应无短路和破损短裂等现象；检查风扇和设备绝缘，应符合要求。

3）在检修装复后，上电检查 CRT 或大屏幕显示器，应画面清晰，无闪烁、抖动和不正常色调，亮度、对比度、色温、聚焦和定位等按钮功能应正常；仔细调整大屏幕显示器，使整个画面的亮度和色彩满足工作要求；检查冷却风扇运转，应正常。

（2）打印机。

1）关闭打印机电源，拔下电源插头。

2）按照打印机用户手册说明要求，拆开打印机，清除灰尘和污渍，检查打印机外观，处理故障。

3）在复装送电和试验正常后，待工作站检修结束，送电测试。

（3）键盘、轨迹球和鼠标。

1）拔下键盘、轨迹球和鼠标插头，按用户手册进行拆卸，检查触点、滚轴和插针，清除灰尘和污渍；检查内部各连线，应连接正确和牢固，无断线和破损现象。

2）在复装后，待工作站检修结束，送电测试。

（4）硬拷贝机。

1）关闭彩色拷贝机电源，清洁拷贝机及其送纸通道；检查彩色拷贝机外观，应清洁，无灰尘和污渍，电路板的各元件应无脱焊和断线现象，内部各连线应无松动和无断线现象，并再次紧固。

2）上油润滑硬拷贝机的机械转动部分。

3）复装硬拷贝机；检查各设备；上电总体测试硬拷贝机，拷贝一份彩色画面，色彩应正常。

3．工作站的复装、调试和投运

在检修工作站的主机、CRT 或大屏幕显示器、打印机、键盘和鼠标等结束后，按照原始记录和检修前的标记进行复装。在接线无误的条件下，送电检查各设备功能，处理故障，待 DCS 检修结束后，在线测试。

工作站、数据通信、操作界面、参数变化、各功能操作和应答等的自检显示应正常，如果有问题，则应及时处理。正常应答包括正常的 DPU 组态、报表、趋势、追忆、一览、报警、SOE、网络操作、MIS 通信、时钟校对、图形组态和 Windows 操作等。

重新设置密码，投入运行。

二、常用的故障判断方法

DCS 自诊断程序能周期诊断挂网络上的各回路和功能模块，并在 CRT 上显示故障发生的位置。根据在 CRT 上显示的故障代码或故障提示，维护人员应检查机柜内插卡或模块上的一系列发光二极管的显示状态，查询不正常状态的故障内容，逐步检查分析插卡或模块外部的故障。下面介绍常用的故障判断方法。

1．直接判断法

根据故障现象、范围、特点和故障发生的记录，直接分析判断故障的产生原因及其部位。

2．外部检查法

外部检查可判断一些有明显外部特征的故障部位。通过人为摇动和敲击，也可发现有的故障，如插头松动、断线、碰线、短路、元件发热烧坏、虚焊和脱焊等。

3．替换对比法

可用同样的备件、插卡和模块替换怀疑的故障部件。在替换前，应先排除一些危害性故障，如电源异常和负载短路等引起元件损坏的故障等，避免替换的插件或模块继续损坏。

4. 分段查找法

如果无法判明故障范围和原因，则可对故障相关的部件和线路进行分段，逐段进行分析、检查、测试和替换。

5. 隔离法

与分段查找法相配合的隔离法是将某些部位或线路暂时断开，观察故障现象变化情况，逐步缩小怀疑对象，查出故障部位，然后进行处理或更换。快速诊断和处理故障的方法是利用厂家提供的故障检查流程图和故障诊断表来发现故障。

在实际工作中，经常遭遇死机、黑屏和通信等故障。死机故障产生的原因是多方面的，有的是因为操作不当，更多的原因是由于模块或插件故障所引起的，主要的原因是通信线路、网卡和网络接线器等故障导致主机和通信故障。

在故障处理实际过程中，不仅要结合实际情况分析和处理千变万化的设备故障，而且要借助专家故障诊断系统和DCS厂家的技术支持，还可利用现代网络技术进行远程诊断和处理故障。

在DCS维护的日常工作中，除了掌握相应的故障判断和处理方法外，更应该加强系统的日常维护，防范系统故障的发生，同时采取相应的管理措施来保证系统的安全可靠，如加强管理DCS的环境和操作，完善屏蔽和防静电措施，确保控制室的防雷措施万无一失，保证接地系统的安全和可靠等。

部分操作员站失去监控的处理流程如图2-54所示。

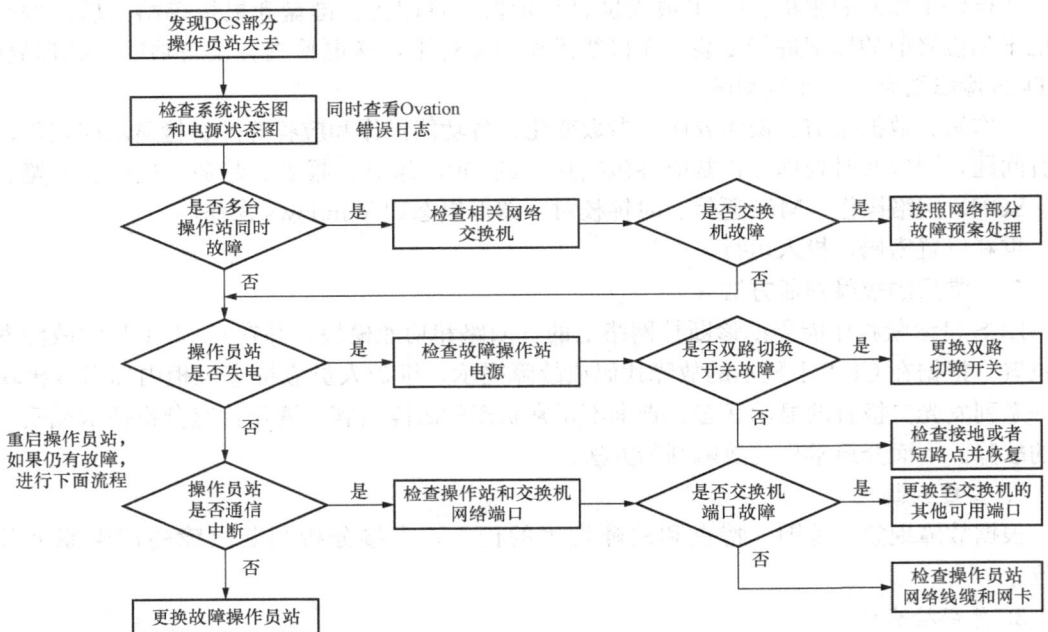

图 2-54　部分操作员站失去监控的处理流程

三、历史站概述

(一) 历史站功能

历史站采集用户定义的死区之外发生的数据的变更、实时测点值、实时测点状态、试验数据、高速数据、报警信息、操作员操作信息、SOE 事件信息和报表文件等历史数据。历史站的主要功能如下：

（1）响应检索请求。

（2）联机存储和脱机归档。

（3）扫描和存储所有的过程数据，组织实时过程数据和信息，并提供给操作员站、工程师站和系统维护人员。除此之外，长期历史采集、存储 I/O 数据和检索请求的数据，使测点信息在线保持几个月，并提供趋势数据。

（4）采集、处理和归档历史数据点。

（5）处理点值。

（6）处理点属性。

（7）采集报警历史数据。记录设备行程或设备启动等事件，采集和存储来自操作员站/工程师站的报警。在工程师站/操作员站上，显示、打印或保存已采集的报警至文件。

（8）收集操作员事件。识别或标记操作员事件历史记录，并按年代顺序存储。

（9）收集事件顺序（SOE）数据。控制器配置的 SOE 模块将控制器采集 SOE 数据转换成 SOE 历史，按时间顺序分类列表，并搜寻列表后首发事件。在操作员/工程师站上，SOE 报告可被筛选和查阅。

（10）收集 ASCII 系统消息。

（11）编辑和注解采集的历史数据。

（12）存储实验室历史数据。

历史站部分术语见表 2 - 16。

表 2 - 16　　　　　　　　　　　历 史 站 部 分 术 语

术语	说　　明
Absolute Time	以数字月份、天、年和小时、分钟、秒指定的日期和时间
Alias	数据库中过程点的别名
API	应用程序编程接口
BIOS	基本输入/输出系统
DBMS	数据库管理系统
Dead band	关于点被采集前其过程量需要发生的最小改变量的配置
UTC	协调世界时，高度精确的原子时标准
GUI	图形用户界面
Lab Data	从外部应用程序进入系统的历史点数据，非 Ovation 网络（由用户提供此类信息的时戳）
Migrated Data	从先前的历史站文件格式转换为 Ovation Process Historian 历史文件格式的历史数据
NSECS	纳秒
NTFS NT	NT 文件系统：用于 Windows 操作系统的高级文件系统
ODBC	开放式数据库连通性
OLAP	联机分析处理
OLE	对象链接和嵌入
OS	操作系统

术语	说　　　明
RAID	独立磁盘冗余阵列：在两个或多个硬盘驱动器之间的分布数据的数据存储方法
Relative Time	指定与其他时间相关的日期和时间，如当前时间（使用字母和数字）
Scanner	历史站用于采集处理点数据和消息数据采集的机制
SCSI	小型计算机系统接口：将微型计算机连接到外围设备的 SCS 总线
SQL	结构化查询语言

（二）历史站的结构和硬件平台

历史站存储区分为主存储区、辅助存储区和长期存储区等三种存储区。主存储区存储包括主历史、事件历史、测点历史和长期历史等最新采集的数据，并按所选时间，将数据传至辅助存储器。辅助存储器用于快速检索最新历史信息，保存一个周期的历史文件。历史站自动将辅助存储器的所有数据拷贝至长期存储区，并删除最早的文件，腾出空间来存储其它数据。长期存储器有磁带机和光盘机等。下面介绍历史站的结构和硬件平台。

1. 客户/服务器结构

（1）服务器。历史站服务器的中央历史数据库服务器（CHDS）周期性地采集和存储来自 Ovation 历史站数据文件中的摘要数据，并访问长期存储数据和关系型数据库组织的计算。SQL 和 ODBC 接口用于 CHDS 数据的访问、历史站与 MIS 报表之间的缓冲和厂级管理信息系统的收发。总之，历史站服务器接收、处理和存储来自网络的实时数据，并应答所有对收集数据的访问。

（2）客户。操作员/工程师站上的客户界面显示历史站服务器收集到的数据，打印或按预定格式存储报表。

2. 硬件平台/冗余

冗余的历史站系统包括两套独立且完全相同的计算机硬件，硬件平台是一个以 Unix 为操作系统的 Sun Ultra。每套历史站硬件包括一对与 Ovation 网络相连的冗余连接、一个专用的处理器、硬盘、光读写机和周边设备。

当一对冗余历史站中的一个离线时，其伙伴历史站仍将继续正常收集和存储数据。当离线的历史站重新回归在线时，系统会自动重复执行在离线时间内错过的所有数据回复，并复制伙伴历史站的数据，以保证两个历史站包含同样的一套数据。

在伙伴历史站重新引导，重新启动，或者子系统和周边设备重新启动等情况下，回复功能都将自动启动。在冗余历史站同时运行时，对历史数据的任何要求都会被历史站按最小的负载额进行处理，即冗余历史站将多个请求进行分离处理，以保证每个请求得到平等的和最多时间的应答。在回复请求的执行过程中，如果一个历史站突然离线，路径将会自动更新到伙伴历史站上，请求的数据也被伙伴历史站中的数据重新覆盖，以保证检索数据的完整性。

（三）历史站软件包

基本历史站软件包配备了单个历史站应用软件模件的核心软件，主要历史记录软件包包括报警历史记录软件包、操作员事件记录软件包、文件历史记录软件包和长期历史记录软件包等。

（1）报警历史记录软件包。报警历史记录软件包接收由其他站点的报警，并将报警状态转换为文本，以便于今后的分析。模拟量和数字量的报警存储内容包括报警时间、点的数值、点的状态和报警优先级。

（2）操作员事件记录软件包。操作员事件记录软件包按照时序创建一个系统操作的行为记录，即操作员的任何行为都将被清楚的标明、打上时间标签并按照时序存储。操作员的行为包括手/自动转换、升/降命令、开/关命令、设定点变化、报警限位变化、点的扫描状态变化或人工键入的数值。

（3）文件历史记录软件包。文件历史记录软件包存储、归档班组日志和记录报表，并以数据文件的形式，存储、归档由操作员站用户界面发出的操作员班组日志和生成由记录服务站输出的报表。

（4）长期历史记录软件包。长期历史记录软件包长期存储关键的在线数据。

Ovation Process Historian 包括多个用户界面和其他组件。历史站组件及其用途见表 2-17。

表 2-17 历史站组件及其用途

组 件	用 途
Historian Server	实现采集、存储、归档和检索，以及 Historian License Manager
Scanner（s）	监控点和采集数据，包括属性、报警、操作员事件和 SOE
工程工具（包括 Historian Configuration Tool 和 History Edit 工具）	帮助配置历史站服务器、磁盘、归档、数据采集器、采集组和点，也帮助编辑和注解历史数据
Report Manager	计划和生成自定义报表，以显示历史数据
Status Explorer	基于 Web 的用户界面，检查系统配置和运行状况
Client Interface	使用 OLE DB 编写的程序，并检索数据
Client Desktop Tools	使用 SQL、趋势、浏览器和 Excel 加载项查询，并检索信息

（四）Ovation（LOG）记录服务器

LOG 服务器具有打印机管理报表定义和报表生成功能。在历史站上运行的基本 LOG 服务器软件包是一个运行和监视其他 LOG 服务软件包。

在通常情况下，工程师站上运行的报表建立器用于定义 LOG 报表的报表格式、数据格式和报告触发器格式等。

在操作员/工程师站上，报表生成器由操作员的请求、某一事件或定时器启动。报表生成器用于提交报表请求，查阅报表状态或取消一个报表。一个报表由建立器定义的原形及其有关的系统数据构成，生成的报表可由打印机打印或历史站存档。打印管理器接受 Ovation 站的打印请求。

四、历史站维护

维护历史站的方法很多，除了访问 Ovation Process Historian 文件夹、Trend 图标、Error Log 窗口和 Historical Review 窗口等外，还可使用 Historian Configuration Tool、History Manager、Historian Diagnostics 和 Ovation 故障信息等工具查看和管理历史数据，处理历史站故障。

Ovation Process Historian 文件夹包含管理和维护历史站的主要内容。打开 Ovation Process Historian 文件夹的方法是单击桌面左下角的 Start 按钮，选择 Programs 文件夹，选择 Ovation Process Historian 文件夹，单击 History Manager 选项。

History Manager 用于查看和管理存储的历史数据和磁盘空间，History Manager 的具体功能如下：

（1）查看各种时段的信息。

（2）查看可移动存储设备的消息。

（3）加载、卸载、锁定和解锁历史数据。

（4）使用存储图示，实现每个历史记录类型的状态和存储消耗情况的可视化。

打开 History Manager 窗口的方法是双击桌面上的 Ovation Process Historian 文件夹，双击 History Manager 列表，出现 History Manager 窗口，如图 2-55 所示。

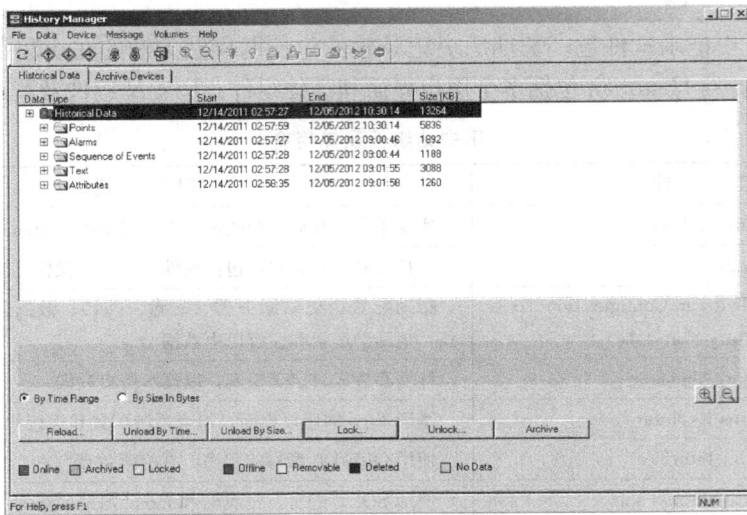

图 2-55　History Manager 窗口

在 History Manager 窗口中，File 菜单用于刷新正在查看的数据或退出，Data 菜单主要用于按时间重新加载、按时间或大小卸载、锁定、解锁、放大、缩小和归档数据等，Device 菜单用于启用、禁用、锁定、解锁、弹出或格式化可移动存储器设备，Message 菜单可确认或取消已突出显示的消息。

在菜单栏下，从左至右有屏幕刷新、重载历史数据、按时间卸载数据、按大小卸载数据、锁定历史数据、解锁历史数据和归档数据等多个图标按钮。

在图标按钮栏下，Historical Data 选项卡用于选择显示存储的历史数据和各种时间范围的状态，Archive Devices 选项卡用于显示归档设备及其状态等相关信息。

在按时间或大小的两个点选按钮下，Reload...、Unload By Time...、Unload By Size...、Lock...、Unlock... 和 Archive 六个文字按钮的功能，分别与重载历史数据、按时间卸载数据、按大小卸载数据、锁定历史数据、解锁历史数据和归档数据六个图标按钮的功能相同。

在六个文字按钮下，七个不同的颜色图标分别表示数据的在线、归档、锁定、离线、移动盘、删除和无数据等状态。

（一）插入新历史站

在 Windows 系统中，插入新历史站的方法如下：

（1）访问 Ovation Developer Studio。

（2）使用系统树，导航至 Ovation Process Historians 文件夹。

（3）单击第二个 Ovation Process Historians 文件夹，右键，弹出对话框，单击 Insert New…，出现 New Ovation Process Historian Servers 窗口。

（4）在 New Ovation Process Historian Servers 窗口中，使用 Ovation Process Historian Number 的倒三角形下拉菜单，选择数值 1～5 中的某个数值，该数值的大小决定了历史站在"趋势"和"浏览器"下拉菜单中的显示顺序。

（5）使用 Primary Ovation Process Historian 和 Partner Ovation Process Historian 倒三角形下拉菜单，选择配对的主历史站和备用历史站。

（6）单击 Apply 按钮。系统自动检测能否配对，如果不能配对，则显示提示，这时就应重新配对。如果配对成功，系统自动完成配对操作，在 Ovation Developer Studio 窗口左下部显示历史站的位置，出现一个新历史站。单击选择某个历史站，双击，在弹出历史站对话框中，查看或修改配对历史站的属性和值。

系统树的导航、新历史站的设置及其增加后的显示，如图 2-56 所示。

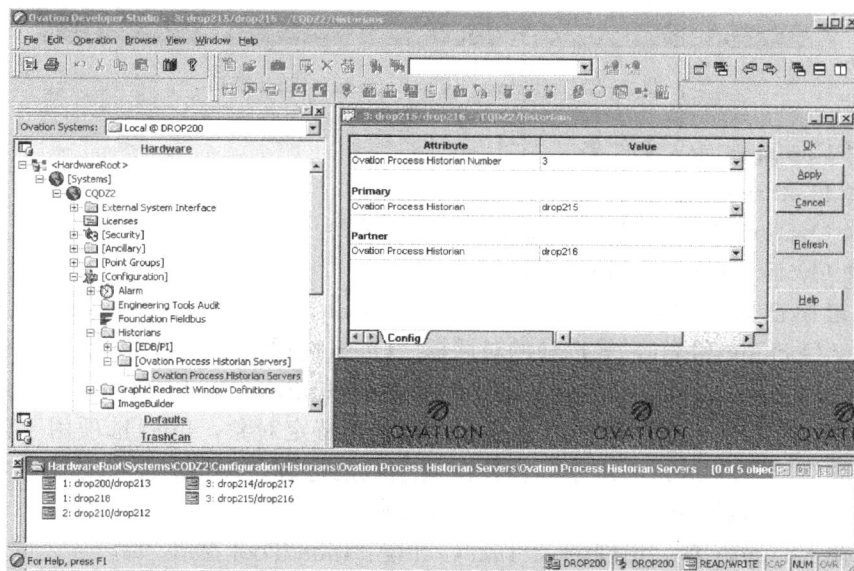

图 2-56　系统树的导航、新历史站的设置及其增加后的显示

（二）使用 Historian Configuration Tool

1. 访问 Historian Configuration Tool

Historian Configuration Tool 采用了 Ribbon 工具栏界面来管理历史站、数据采集器、采集组、点和存储选项等。在鼠标右键单击新历史站后，选择 Engineer 项，出现 Historian Configuration Tool 窗口，如图 2-57 所示。

如果不想利用新历史站来启动 Historian Configuration Tool 窗口，则访问基于 Windows 的系统的 Historian Configuration Tool 的步骤如下：

（1）访问 Ovation Developer Studio。

（2）使用系统树，导航至 Ovation Process Historians 文件夹：

1）选择 System 图标。

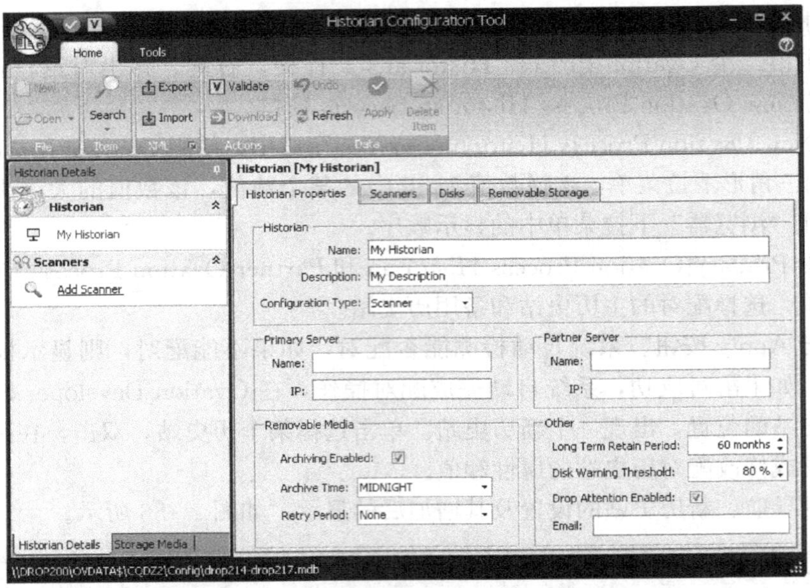

图 2-57 Historian Configuration Tool 窗口

2）选择 Configuration 文件夹。

3）选择 Historians 文件夹。

4）选择 Ovation Process Historian Servers 文件夹。

5）选择 Ovation Process Historian Servers。

（3）右键单击要配置的历史站，弹出包含 Open、Engineer、Delete、Search、Find、Load、Allow Docking 和 Hide 等选项的对话框。Open 选项用于查看主历史站和备用历史站的常规信息，Engineer 选项用于启动 Historian Configuration Tool，Delete 选项用于从系统结构中删除项目，Search 选项用于启动搜索向导查找特定对象，Find 选项用于查找数据库或工作站上的对象，Load 选项用于运行使配置生效的进程，Allow 选项用于将当前窗口置于一个固定位置，Docking Hide 选项用于关闭当前窗口。

（4）选择 Engineer 项，出现 Historian Configuration Tool 窗口。

2. 使用 Historian Configuration Tool

在 Historian Configuration Tool 窗口中，单击左上角扳手图标，弹出一个对话框，该对话框的内容包括显示最近使用的文件、创建新的空白数据库、打开现有数据库、生效数据、下载组态到历史站和退出。

左上角带勾圆形按钮用于将更改保存到数据库，带 V 方形按钮用于生效数据。

在 Home 菜单中，File、Item、XML、Actions 和 Data 五个对话框，分别用于新建/打开文件、选项搜索、导入/导出、数据生效/下载、撤销/刷新/应用/删除数据的操作，其中的 File、Item 和 XML 等三个对话框还有附加的其他选项。XML 对话框启动器是显示在 XML 对话框右下角的小按钮。可扩展标记语言（Extensible Markup Language，XML）是一种允许用户对自己的标记语言进行定义的源语言，用于标记数据和定义数据类型。

在 Tools 菜单中，View Points 选项用于显示所选数据采集器的可用点。Details 选项用于显示有关所有数据采集器的可用点数据库的详细信息，包括数据采集器名称、数据库名称、上次更新数据库的时间及其数据的来源。Refresh Points 选项用于强制刷新所选数据采集器的可用点数据库。Backup 选项用于设置备份参数、即时备份、备时间间隔和备份副本数等。

在对话框下的历史站细节面板中，单击 Historian Details 按钮，单击某项目的向下/向上双尖括号切换符，实现该项目内容的展开和关闭。右键单击某项目，弹出相应的对话框。鼠标移至 Add Scanner 超链接，单击，出现确认对话框。鼠标移至 My Historian 超链接，单击，在历史站细节左侧的 Historian〔My Historian〕面板中，显示有关历史站、移动盘和其他等情况，并允许修改。Historian〔My Historian〕卡片视图的 Historian Properties、Scanner、Disks 和 Removable Storage 选项卡分别用于查看或修改历史站的性能、采集器、盘和移动移动存储设备等具体性操作。单击 Storage Media 按钮，实现存储设备的管理性操作。

移动菜单对话框的操作是右键单击菜单或菜单的对话框，单击弹出的三个选项中的某项，实现菜单对话框的显示、隐藏、移动和最小化等操作。在自定义快速访问菜单对话框的过程中，如果鼠标右键单击要添加到快速访问工具栏的命令，单击 Add to Quick Access Toolbar，则实现添加命令。如果鼠标右键单击要删除工具栏的命令，单击 Remove from Quick Access Toolbar，则实现删除命令。

3. 导入和导出

在 Home 菜单的 XML 选项中，如果使用 Import 功能，启动导入选项，则可选择性地导入需要的项目，导入文件可以是 XML 文件或其他文件。如果使用 Export 功能，选择导出的 XML 文件中的样式表，则可将信息导入 XML，并在 Internet 浏览器窗口中显示有关的信息。

（三）使用 Report Manager

1. 访问 Report Manager

Report Manager 用于配置定时报表、触发报表、按需报表、报表格式、计划报表和跟踪报表的生成状态等。当登录工作站时，Report Manager 将会自动启动并最小化到系统托盘中，双击最小化的 Report Manager 图标，出现 Report Manager 窗口。

手动启动 Report Manager 的方法是单击桌面左下角的 Start，选择 Programs 文件夹，选择 Ovation Process Historian 文件夹，单击 Report Manager，Report Manager 被打开并最小化到系统托盘中。Report Manager 窗口，如图 2-58 所示。

在 Report Manager 窗口菜单中，从左到右，快捷按钮依次为显示/隐藏左侧菜单栏、配置 Report Manager、取消、挂起、生成报表、刷新数据库、查找字符串、停止计划报表、开始计划报表、停止生成报表、开始

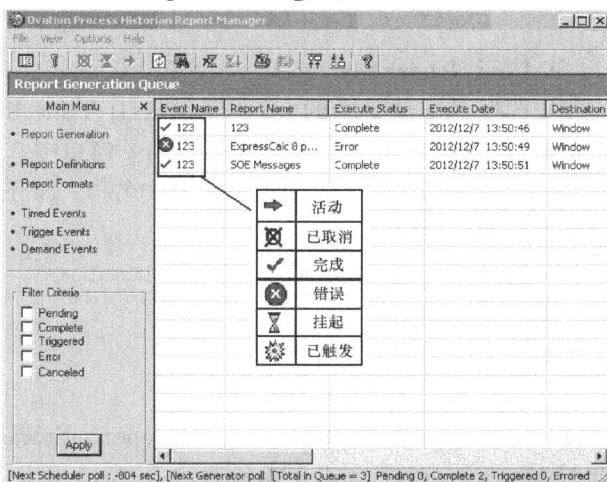

图 2-58　Report Generation Queue 屏幕

生成报表、导出数据、导入数据和获取有关 Report Manager 的信息。

Report Generation Queue 列显示每个报表的事件名称、报表名称、执行状态、执行日期、报表输出目的地、目的地信息、报表文件名称、报表文件路径、创建日期、开始日期、结束日期和历史站服务器等信息。

2. 配置 Report Manager

在使用 Report Manager 前，必须配置 Report Manager，操作步骤如下：

（1）访问 Report Manager。

（2）选择 File 菜单，选择 Configure Report Manager 选项，出现包括 General、SOE、Triggers 和 Advanced 等四个选项卡的 Configuration 对话框。Configuration 对话框四个选项卡的描述，如附录七所示。

（3）在每个选项卡中进行更改，单击 OK，确认更改。

3. 配置 Report Formats

设置 Report Formats 的步骤如下：

（1）在 Main Menu 面板中，单击 Report Formats 选项，右侧出现报表格式化的信息面板。

（2）鼠标移入报表格式化的信息面板内，右键，选择 New Report Formats，弹出 Select Report Files 对话框。

（3）在 Select Report Files 对话框中，选择 MsgReports 文件夹或 PtReports 文件夹，双击所选的文件夹，选择需要的报表文件。

（4）单击 OK，在报表格式化的信息面板内，出现增加的报表格式。

在 Report Formats 界面中，Report Manage 窗口菜单下的＋或×快捷按钮用于快速新建或删除报表格式。

4. 配置 Report Manager 中的工作班次

在默认情况下，Report Manager 支持三个班次，每个班次时间长度为 8h，这些班次时间可以更改，还可以完全禁用班次跟踪。如果按班次生成定时事件，则可使用 Shift Configuration Dialog 计算下一个事件到期日期时间。配置 Report Manager 中的工作班次的步骤如下：

（1）访问 Report Manager。

（2）选择 File 菜单中的 Configure Shift Time Intervals 选项，出现 Shift Configuration Dialog 窗口。在 Shift Configuration Dialog 窗口中，RefShiftID 字段用于设置参考班次的 ID 编号 1~3。ShiftName 字段用于设置班次名称。ShiftEnd 字段用于设置班次结束的时间。＊字段用于添加新班次。

（3）选择 Close，保存更改。

5. 配置报表存储

配置报表存储的步骤如下：

（1）访问 Report Manager。

（2）选择 File 菜单中的 Configure Reports Storage 选项，出现 Reports Storage Management 窗口。Reports Storage Management 窗口用于生成多个分别命名的报表输出文件，并管理这些报表输出文件占用的磁盘空间。

（3）在 Reports Storage Management 窗口中，根据实际需要，选择文件位置，选择使用日期和时间或按序列号来命名报表输出文件，选择空间管理设置，限制要添加到目录的文件数。

（4）单击 OK，保存更改。

6. 生成一个新报表

生成一个新的报表的步骤如下：

（1）访问 Report Manager。

（2）在 Main Menu 面板中，单击 Demand Events 选项。

（3）在 Report Manager 窗口中，选择 Options 菜单，单击 New Event…，弹出 Add Demand Event 对话框。

（4）在 Add Demand Event 对话框中，新事件名输入 ABC，选择 Enable Event 选项为 Enable，单击 OK，在 Demand Events 右侧面板中，出现一个增加的名为 ABC 的事件。

（5）单击 ABC 事件，单击下方的 Edit Reports List 按钮，在弹出的 Reports List 对话框中，单击 Add All 按钮，单击 OK。

（6）再次单击 ABC 事件，右键，在弹出的对话框中，单击 Generate Events 选项，在弹出的选择开始/结束时间的对话框中，单击 OK，完成新建 ABC 事件的操作。

（7）在 Main Menu 面板中，单击 Report Generation 选项，查看报表中 ABC 事件的报表详细内容。

五、排除历史站故障

监控和排除历史站故障的工具包括 Historian Diagnostics 工具、Ovation Error Log 文件对话框、Scanner Statistics 窗口和 Ovation 故障信息工具等。

1. 使用 Historian Diagnostics 工具

打开 Historian Diagnostics 工具的常用方法是双击工作站桌面的底部工具托盘中的双眼望远镜图标，或者单击桌面左下角 Start 按钮，选择 Programs 文件夹，选择 Ovation Process Historian 文件夹，选择 Historian Diagnostics 工具，双击工作站桌面的底部工具托盘中的两个双眼望远镜图标的任意一个，出现 Historian Diagnostics 工具，如图 2-59 所示。

在 Historian Diagnostics 窗口中，Processes、Services、Scanner Details 和 Archive Devices 等四个选项卡分别显示进程、服务、采集器和归档设备的状况。其中的 Scanner Details选项卡显示哪个数据采集器处于 Active 状态，哪个数据采集器处于 Backup 状态，还显示数据采集器连接到的 Historian Server。

在底部工具托盘中，双眼望远镜图标通常为绿色，这表示历史站过程正在正常运

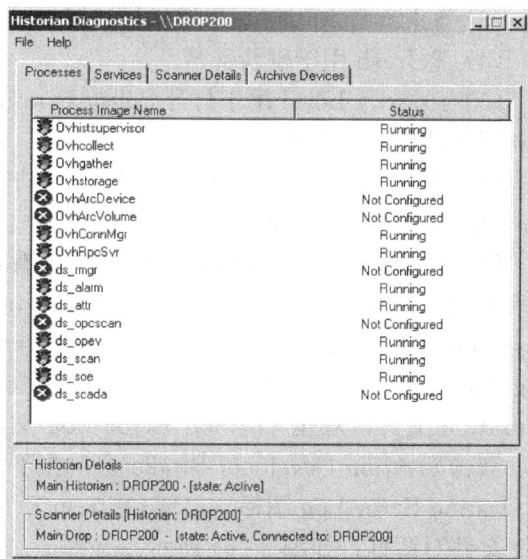

图 2-59 Historian Diagnostics 工具

行。如果历史站软件出现问题，则该双眼望远镜图标会变为红色。

2. 使用 Ovation Error Log 工具

以最多五列信息的形式，Error Log 窗口显示 Ovation 系统生成的各种错误、警告和通知消息。打开 Ovation Error Log 窗口的方法是单击桌面上的 Error Log 图标，或者单击桌面左下角的 Start 按钮，选择 Ovation 文件夹，单击 Error Log 图标，出现 Ovation Error Log 窗口，如图 2 - 60 所示。

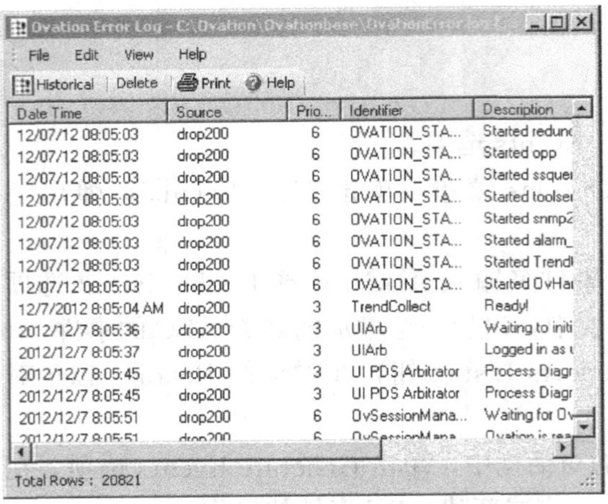

图 2 - 60　Ovation Error Log 窗口

在 Error Log 窗口中，Historical 按钮用于 Live（活动错误日志文件）/Historical（较早的错误日志消息）两种不同显示模式的切换，Delete 按钮用于从错误日志中删除所选错误消息。首次显示的错误消息将按从最早到最新的时间顺序显示，底部的 Total Rows 字段显示实时报告的总数（行）。

错误日志消息的 Source 列显示首次记录错误日志的工作站。如果在已配置为 Logging Host 的工作站上出现此消息，则此列中将列出发送该消息的工作站。错误日志消息的 Priority Level 列显示了与错误日志消息对应的八种不同的优先级级别。级别 0～7 分别表示紧急情况严重错误、报警消息、重要情况、错误、警告、正常但重要的情况、通知消息和调试消息，其中 0 级别最高，7 级别最低。

在 Error Log 窗口中，View 下拉菜单的选项及其功能描述如下：

（1）Toolbar 显示或隐藏工具栏。

（2）Status Bar 指示完成搜索的剩余时间。

（3）Select Columns 用于定义描述错误日志记录的列。

（4）Refresh 用于刷新屏幕。

（5）Priority Level 用于打开 Select Priority Level 对话框，该对话框可为显示的消息选择新的最低优先级级别。

（6）Auto Refresh 用于打开/关闭刷新功能的切换。在默认情况下，当应用程序记录某个消息时，显示将自动刷新。

Ovation Error Log 文件对话框用于查看配置为 Logging Host 工作站的信息。在 Ovation Developer Studio 窗口中，打开 Ovation Error Log 文件对话框的方法是单击系统树中的 Configuration 工具，双击 Ovation Error Log 文件夹，双击 Ovation Developer Studio 窗口左下角的 Ovation Error Log 图标，出现 Ovation Error Log 文件对话框，如图 2 - 61 所示。

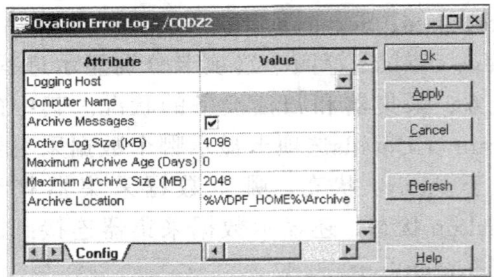

图 2 - 61　Ovation Error Log 文件对话框

3. 使用 Ovation 故障信息工具

完整的故障代码字串会显示在错误日志当中。查看系统生成的故障代码，请访问 Ovation 故障信息工具，地址为 https://www.Ovationusers.com/FIT/index.asp。

【任务准备】

一、引导问题

（1）生成一个新报表的步骤。

（2）修改一个历史站性能的步骤。

（3）四种方法查看历史数据的实现。

（4）访问 Ovation Error Log 工具的方法。

（5）访问 Historian Configuration Tool 窗口，自定义菜单对话框的操作。

（6）设置一个历史站的备份参数、即时备份、备时间间隔和备份副本数。

（7）记录一个数据采集器名称、数据库名称、上次更新数据库的时间以及该数据的来源的操作。

二、制订任务方案

在正确问答引导问题后，根据行业（企业）规程和项目化教学过程的基本要求，制订任务方案表。

【任务实施】

根据项目化教学过程的基本要求，完成任务的计划、准备、实施和结束等工作。在教师的指导下，实施本任务，具体内容如下：

（1）按照本任务的描述和项目化教学的要求，执行本任务。

（2）分组讨论，完成自评和互评。

（3）提交任务实施计划表、任务实施表和检验评估表。

【任务评估】

检查任务的完成情况，收集任务方案表和任务实施表，完成检验评估表。

【知识拓展】

一、DCS 故障情况下的一般安全要求

在 DL/T 1083—2008《火力发电厂分散控制系统技术条件》中，有关 DCS 故障情况下的一般安全要求如下所述。

1. 硬件故障安全要求

（1）局部电源故障。模件单通道电源故障的影响范围不应超过其所在的模件；模件的电源故障不应引起系统电源故障；人/机接口单个计算机或终端电源故障不应影响其他计算机或终端，也不应引起系统电源故障。

（2）局部硬件故障。在主控侧发生故障时，冗余配置的模件或部件备用侧应能及时接替控制，不应对系统产生扰动；单一通道和部件硬件故障不应引起其所在子系统的故障；主控通信网络或 I/O 通信网络上任何节点故障，不应引起其他节点故障，也不应引起该故障节点所在网络的故障。

（3）当 DCS 上位级硬件或系统故障时，下位级硬件或系统应具有保护系统安全的能力。当主控通信网络故障时，DPU 应能够在安全模式下运行，保证所控制的工艺系统安全；当控制处理器或 I/O 通信网络发生故障时，I/O 模件应能够按照预先设定的安全模式，控制外部设备，保证工艺系统的安全运行。

2. 软件故障安全要求

（1）当冗余配置的控制器或模件的主控侧软件发生故障或死机时，备用侧应能够检测并及时接替控制功能，不应对系统产生扰动。

（2）在 DCS 运行过程中，在线修改和下载软件的操作不应对原有软件的运行产生扰动，导致软件故障和死机等。这不包含修改、下载软件本身的缺陷和控制逻辑本身对系统的扰动。

3. 故障工况下系统设计的安全要求

（1）DCS 的设计应保证任何单一设备和部件的故障不会导致整个系统故障。应设计合理的冗余设计方案，选配满足故障安全要求的设备和部件。

（2）DPU 的配置方案应既满足负荷率的要求，又满足控制功能分散的要求。应对机组 DCS 的某一 DPU 故障是否会导致机组跳闸进行安全性评估。

（3）系统设计应保证在 DCS 故障时，不会使保护功能和后备手动操作失效。

二、DCS 常见故障及分析

1. 通信网络故障

通信网络故障的位置多在接点总线和就地总线处，地址标识错误也会造成通信网络故障。

2. 节点总线故障

节点总线的传输介质一般为同轴电缆。节点总线干线的任一处中断都会导致该总线上所有站及其子设备出现通信故障。

防止节点总线故障的基本方法是采用双路冗余配置节点总线，并且采取措施，防止总线接触不良或开路。节点总线最好布置在模件的后面，这样在处理通信模件故障时，不会避免误碰总线，造成断路。必须制订同轴电缆检查和更换管理制度，确保接触电阻符合要求。

3. 就地总线故障

就地总线或现场总线的连接设备多为一次元件或控制设备，工作环境恶劣和人为误动是就地总线故障的主要原因。防止就地总线故障的有效方法是采用双路冗余配置总线，总线分支应安装在不易碰触的地方，妥善处理就地总线与就地设备的连接点。在拆装设备时，不得影响总线的正常运行。

4. 地址标志的错误

就地组件或总线接口的地址标识错误必然造成通信网络的紊乱，必须防止人为误动和误改各组件的地址标识。在系统停止运行时，开展系统的增加或减少组件的扩展工作，并向网络发布组态信息，以免引起不可预料的后果，尤其是采用令牌式通信方式的系统。

5. 硬件故障

根据各硬件的功能不同,DCS 故障可分为人/机接口故障和过程通道故障。

(1) 人/机接口故障常见的有球标操作失灵、控制操作失效、操作员站死机、薄膜键盘功能不正常和打印机不工作等。

球标操作失灵是其内部机械装置已老化或被污染,使触点不能可靠通断,或者电缆插接松动。处理球标操作失灵的方法是更换球标。

控制操作失效的原因主要有球标故障、过程通道硬件故障、操作员站软件缺陷、设备负荷过重或打开的过程窗口过多等。在确认过程通道功能正常后,应检查操作员站,必要时进行重启,初始化操作员站。

操作员站死机原因包括硬盘故障、卡件故障、冷却风扇故障、软件缺陷和负荷过大等。确定故障的方法是首先检查主机本身的温升情况,其次用替代法检查硬盘和主机卡件等。

大多数操作员站的薄膜键盘主要功能是快速调取过程图形,便于操作员迅速监控过程参数。当薄膜键盘组态错误、键盘接触不良、信号电缆松动或主机启动时,误动键盘会造成启动不完整和功能不正常,应针对不同的情况进行相应的处理。

打印机不工作的原因主要有配置错误、屏蔽失效和硬件故障等。应重新检查打印机的硬件及其设置,以便查找故障,妥善处理。

(2) 过程通道故障。过程通道故障的主要原因是卡件故障或就地总线故障。卡件故障的主要原因有外部信号接地或强电信号窜入卡件,或者元器件老化或损坏,应及时查明故障原因和更换卡件。过程通道故障的主要原因是一次元件故障或控制设备故障,一般不能直接被操作员发现,只有当参数异常或报警时,才会被发现。一旦出现过程通道故障,就会造成过程控制或监控功能的不正常,应及时处理故障的过程通道。

控制处理机(过程处理机)故障一般会立即产生报警。现在控制处理机基本上全是采用 1∶1 冗余配置,其中一个发生故障不会引起严重后果,但应立即处理故障的控制处理机。在处理过程中,严禁误动正常的控制处理机,否则可能产生严重的后果。

6. 人为故障

在修改控制逻辑、下装软件、重启设备或强制设备时,最易发生误操作保护信号的事件。在电厂的各种事故中,人为误操作发生的故障占有很大比例。必须加强管理和规范操作,全面防止人为故障的发生。

7. 电源故障

电源故障的主要表现形式如下:

(1) 备用电源不能自投、保险配置不合理和电源内部故障等造成电源中断。

(2) 稳压电源波动引起保护误动和接插头接触不良,导致稳压电源无输出。

(3) 系统整个机柜只有一路保险,或者一路电源外接负载很大。

(4) 控制电源未接且无冗余备用。

8. SOE 故障

SOE 结论有助于分析和判断事故。当系统产生故障时,有的 SOE 无记录或记录时间与实际情况不符,表现为 SOE 结论中的时序与历史曲线中的时序有偏差,有时甚至时序颠倒,这会延误事故分析过程,有时甚至误导事故分析方向。

SOE 故障产生的原因主要是问题系统硬件和软件设计考虑不周,应完善 SOE 的设计。

9. 干扰故障

系统的干扰信号可能来自系统本身，也可能来自外部环境。干扰造成的故障的事例很多。未达标的系统接地电阻或接地方式可能降低网络通信效率或增加误码，轻则造成系统的部分功能不正常，重则导致网络瘫痪；大功率的无线电通信设备，如工作的手机和对讲机等，也极易造成干扰，危及系统运行；电源质量也会影响系统运行。在保证系统电源电压稳定的同时，也要保证能够实现当一路电源故障时，无扰切换至另一路电源。

必须加强管理，消除干扰源，切断干扰传播途径，采取多种有效措施，增强系统内外的抗干扰能力。

三、DCS 备件管理

DCS 的备件管理应遵循 DL/T 774—2004《火力发电厂 DCS 运行检修导则》的要求。

1. 存放要求

（1）各种模件必须用防静电袋包装后存放，或根据制造厂的要求存放。

（2）模件存储室的温度和湿度应满足制造厂的要求。

（3）在存取模件时，应采取防静电措施，禁止任何时候用手触摸电路板，并应办理登记和进/出库手续。

2. 定期检查

应每半年检查本专业保存的各种少量常用备件。检查内容如下：

（1）备件应表面清洁，印刷板插件应无油渍；在轻微敲击后，应无异常。

（2）软件装卸试验正常，通信口和手操站工作正常。

（3）各种模拟量、开关量输入和输出通道工作正常。

（4）装入测试软件，正常工作不少于 48h。

（5）切换试验冗余模件。

（6）在检查后，应填写检查记录，并贴上合格标志。

3. 使用前检查

在模件投入运行前，必须检查各通信口、I/O 功能和控制算法功能；在工程师站上，检查模件状态；检查模件内装入组态是否正确。

4. 投用时设定

在投用时，应核对模件地址和其他开关设定，在监护人确认后，方可插入正确的模位，并填写记录卡。

任务六　操作权限管理

🏷 【教学目标】 ───────◎

1. 知识目标

（1）熟悉设置权限的内容。

（2）熟悉 Ovation 点安全组。

（3）了解 DCS 管理和维护制度。

2. 能力目标

（1）能新建用户。

（2）能设置组策略。

（3）能新建用户账户。

（4）能增加新用户至域管理器。

3. 素 质 目 标

（1）养成安全生产的意识。

（2）养成严谨务实的工作作风。

（3）养成团队协作的工作方式。

（4）养成严格执行国家、行业及企业技术标准的工作习惯。

【任务描述】

Windows XP 操作系统具有开放性，如果不设置有关人员的权限，则被修改的内部参数很容易导致系统出现故障。在基于 Windows XP 操作系统的 Ovation 系统中，适用于权限设置的 Ovation Security 工具替代了修改注册表的操作。

通过本任务的执行，使学生熟悉权限管理的内容及其操作。本任务的具体内容如下：

（1）新建一个角色，定义本地登录时操作员站的操作权限，并要求 User Properties 窗口能显示新角色的内容。

（2）完成【任务准备】、【任务实施】和【任务评估】的内容。

【知识导航】

在设置权限前，必须完成相关的准备工作。设置权限的操作包括新建用户、设置组策略、新建用户账户和增加新用户至域管理器等。

一、新建用户

1. 新建 Ovation 点安全组

（1）访问 Ovation Developer Studio 窗口，使用 Hardware 系统树，双击展开［Security］文件夹，单击 Ovation Security，双击工作板窗口中的 Ovation Security Manager，出现 Ovation Security Manager 窗口。

（2）在 Pick a task 面板中，选择 Manage Points Security Groups，左键点击右上边的省略号，选择编辑点安全组，如图 2-62 所示。

（3）在点安全组编辑窗口中，增加新的点安全组及其描述，如图 2-63 所示。

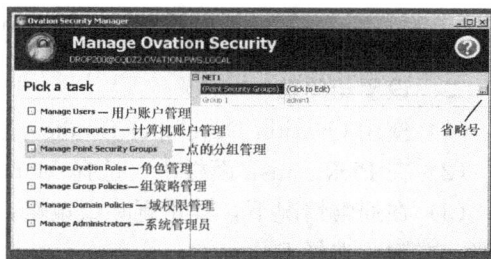

图 2-62 选择编辑点安全组

如果要删除点安全组，则在打开的点安全组窗口中，选择 Delete，单击 OK。

2. 新建一个角色

（1）利用 Ovation Developer Studio，访问 Ovation Security Manager 窗口。

（2）在 Pick a task 面板中，选择 Manage Ovation Roles。

（3）选择需要删除的 Ovation 角色，右键，选择 Delete。增加新 Ovation 角色的方法是

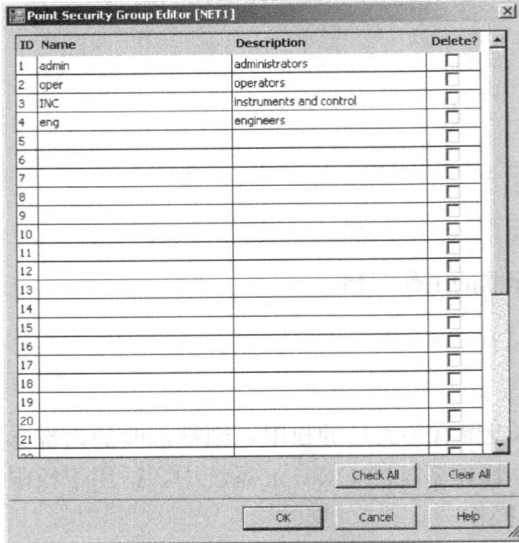

图 2-63   点安全组编辑窗口

使用右键，选择 New，出现 New Role 对话框。Ovation Roles 的选择和右键功能，如图 2-64 所示。

（4）在 New Role 对话框中，输入新角色名、角色描述及其相关网络。

（5）单击 OK。

（6）定义新角色的性能。在 Ovation Security Manager 窗口中，选择新角色，选择 Properties 图标，出现新角色的 Role Properties 窗口。在新角色的 Role Properties 窗口中，选择 Roles 列表字段，选择 Engineering 选项，定义新角色本地登录或远程登录时工程师站的操作权限。选择 Operator 选项，定义本地登录或远程登录时操作员站的操作权限。选择 Point Security Groups 列表字段，配置新角色可访问的点安全组。

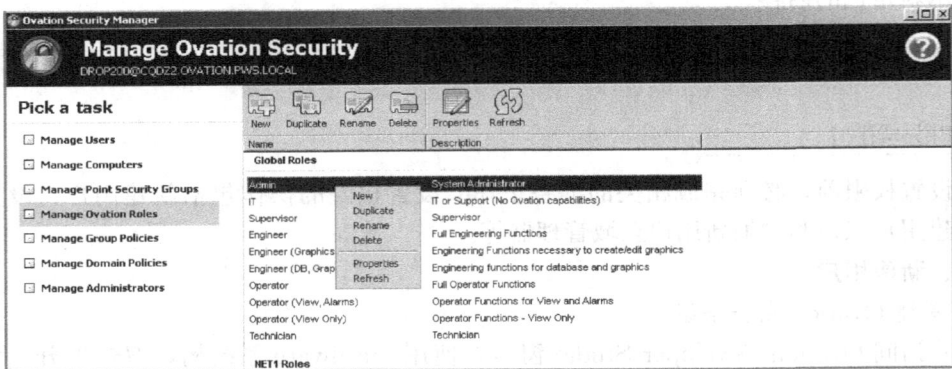

图 2-64   Ovation Roles 的选择和右键功能

二、设置组策略

（1）使用 Ovation Developer Studio，访问 Ovation Security Manager 窗口。

（2）在 Pick a task 面板中，选择 Manage Group Policies。

（3）在通常情况下，禁止删除组策略。如果确实需要删除组策略，则选择需要删除的组策略，右键，选择 Delete。

（4）新建组策略。右键，选型 New，输入新建的组名、描述及其类型。如果新的组策略与默认的相似，不推荐修改默认的组策略；建议选择默认组策略，右键，选择 Duplicate，键入新的组名及描述，则该新组策略复制了默认的组策略，在此基础上进行修改。

三、新建用户账户

（1）使用 Ovation Developer Studio，访问 Ovation Security Manager 窗口。

（2）在 Pick a task 面板中，选择 Manage Users。

（3）在 Ovation Security Manager 窗口中，选择 New 图标或右键选择 New，填写用户信息及其登录名，设置登录密码，授权用户组策略，单击 OK，如图 2-65 所示。

图 2-65　New User 窗口及其操作

（4）重新打开新建的用户账户，双击或右键选择 Properties 进行编辑，在 Roles 栏，授权用户 Ovation 角色，即决定用户拥有的 Ovation 功能。User Properties 窗口的 Ovation 角色内容如图 2-66 所示。

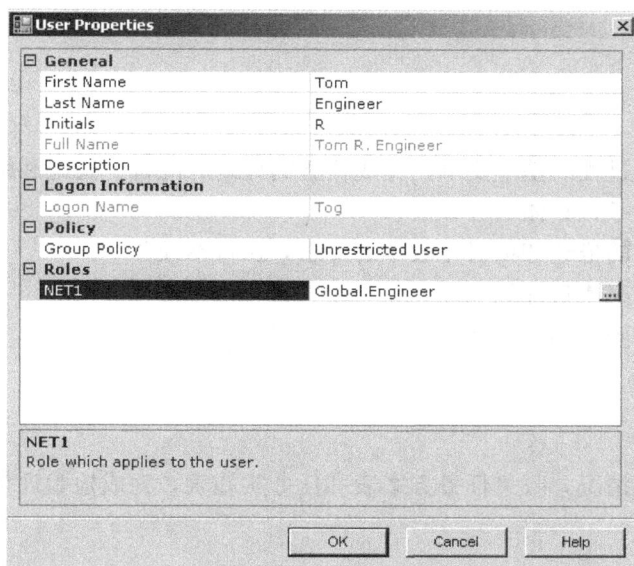

图 2-66　User Properties 窗口的 Ovation 角色内容

四、增加新用户至域管理器

（1）利用 Ovation Developer Studio，访问 Ovation Security Manager 窗口。

（2）在 Pick a task 面板中，选择 Manage Administrators。

（3）选择 Add User 图标，出现 Select Users 窗口，查看用户的全名及其描述。

（4）如果需要重设用户密码，则在 Pick a task 面板中，选择 Manage Users，选择相应的用户账户，选择 Reset Password 图标，重设用户密码。

（5）如果需要删除某用户账户，则在 Pick a task 面板中，选择 Manage Users，选择该用户账户，选择 Delete 图标，永久删除该用户账户的安全设置。如果只是临时删除某些用户账户，则选择这些用户账户，选择 Disable 图标，屏蔽这些用户账户。只要选择 Enable 图标，就能重新激活被屏蔽的账户。

【任务准备】

一、引导问题

（1）新建用户的步骤。

（2）设置组策略的步骤。

（3）新建用户账户的步骤。

（4）设置权限的操作的步骤。

（5）Ovation 点安全组的含义。

（6）增加新用户至域管理器的步骤。

二、制订任务方案

在正确问答引导问题后，根据行业（企业）规程和项目化教学过程的基本要求，制订任务方案表。

【任务实施】

根据项目化教学过程的基本要求，完成任务的计划、准备、实施和结束等工作。在教师的指导下，实施本任务，具体内容如下：

（1）按照本任务的描述和项目化教学的要求，执行本任务。

（2）分组讨论，完成自评和互评。

（3）提交任务实施计划表、任务实施表和检验评估表。

【任务评估】

检查任务的完成情况，收集任务方案表和任务实施表，完成检验评估表。

【知识拓展】

为了保证 DCS 长期处于良好的运行状态，某电厂制订了下面几条 DCS 管理和维护制度。

1. 工程师站的管理

(1) 严禁将其他系统的程序带入本系统。如需使用外来程序，则应经过严格的检查和测试，且要求测试人员非常熟悉机器性能和操作系统。

(2) 在系统运行期间，严禁在工程师站上操作现场设备。

2. 人员的权限和职责

(1) 系统工程师全面负责 DCS 软件、硬件和系统环境管理工作，并负责系统的安全性。

(2) 系统工程师设置 DCS 所有用户口令，一线生产副主任妥善保存二级口令授权，系统管理员指定各班组使用的口令。

(3) 系统管理员负责工作站的软件、数据库备份和重装，并负责控制处理机包括卡件、处理器、数据库的备份和下装等工作。

3. 资料管理

DCS 所有的备份资料由 DCS 室统一管理。

4. 定期巡检

定期检查控制站、操作站、键盘、鼠标、网卡和主机等系统相关设备的安全状态；定期检查系统的稳定运行环境。

5. 设备的维护和管理

(1) 在检修过程中，涉及测点、逻辑和过程图的修改，以及保护和连锁信号的解投等工作，由工作单位提出申请，生产技术部签发方案和相关措施，经主管生产副总签字认可，交 DCS 室确认，方可允许系统维护人员进入工程师站环境。在工作完成后，由系统维护人员进行功能试验，生产部门主管签字验收。

(2) 在每次维护工作完成后，应关闭所调出的有关窗口，并将环境切到操作员环境。

(3) 在停机期间，应尽量完成涉及修改系统配置和程序组态的工作。

(4) 在各控制室运行的操作站上，禁止将操作系统环境和组态窗口显示出来。

6. 其他

(1) 在端子柜内就能处理的长时间解除的信号，不必通过软件强制实现。

(2) 在 DCS 工作时，为避免其他系统的程序和数据文件携带的计算机病毒乘机进入 DCS，不能随意将 DCS 与外界系统接通。

【课后任务】

1. 什么是 ODBC 技术？
2. 说明 4AWG 的含义。
3. 解释 PCI/ISA 总线接口。
4. 说明 Ovation 数据库的特点。
5. 说明 DCS 的系统巡检和维护的内容。
6. 说明 Ovation Developer Studio 的主要功能。
7. 标注说明 Ovation 系统控制器主控柜结构，如图 2-67 所示。
8. 标注说明 Ovation 系统 I/O 基座结构，如图 2-68 所示。

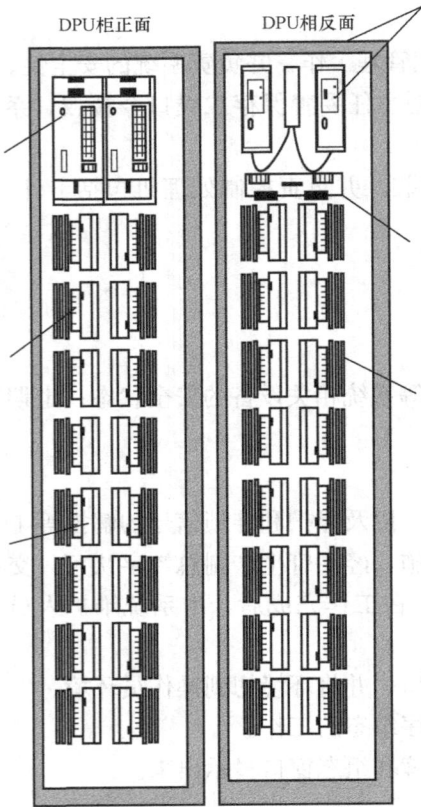

图 2-67　标注说明控制器
主控柜结构

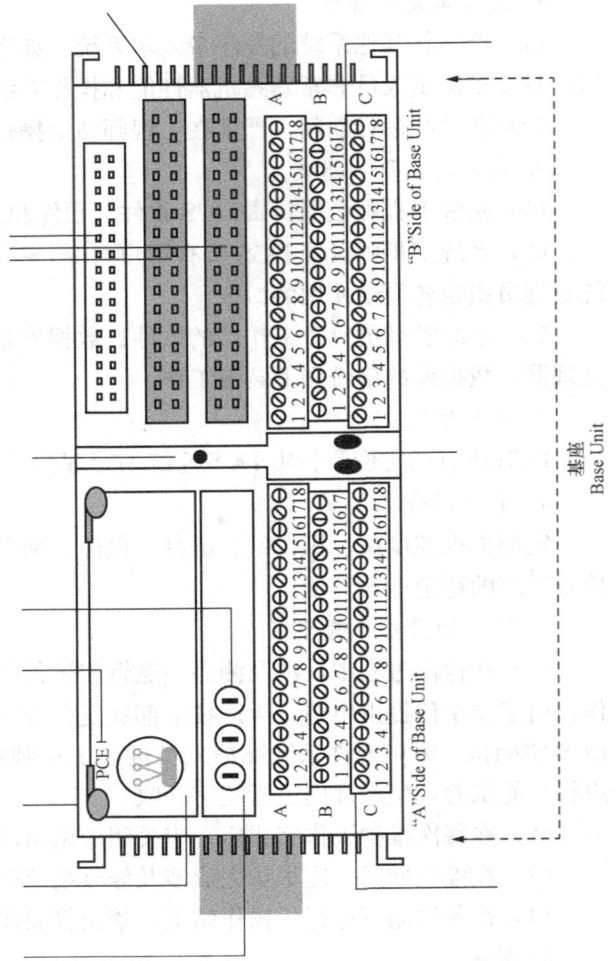

图 2-68　标注说明 I/O 基座结构

9. 下载一个 Ovation Fault Information Tool，提交两个故障代码及其处理建议，并翻译成中文。

10. 查阅 DL/T 774—2004《火力发电厂热工自动化系统检修运行维护规程》文件，提交有关人/机接口维护的技术报告。

项目三　控制回路组态与调试

【项目描述】

组态、调试和维护 DCS 控制回路是热工控制技术人员的基本工作能力。

控制功能组态的内容是建立控制站的输入模块、输出模块、运算模块、连续控制模块、逻辑控制模块、顺序控制模块和程序模块，并将这些模块组成控制回路，满足生产工艺和安全生产的要求。建立功能模块的依据如下：

（1）利用控制站配置的 I/O 模块，建立输入模块和输出模块；

（2）根据生产过程控制要求，建立运算模块、控制模块和程序模块。

通过执行本项目单容水箱水位控制系统的组态、调试和维护等任务，增强学生组态和调试 DCS 控制回路的能力。

【教学目标】

（1）掌握点的创建过程。

（2）会分析控制回路图。

（3）能备份和恢复控制回路。

（4）能组态、调试和维护控制回路。

（5）能上传数据和更新 Control Builder 文件。

（6）能实现控制回路的跟踪和抗积分饱和功能。

【教学环境】

（1）教学场地：理实一体化教室。

（2）教学设备和材料：一套完整的 DCS 实际设备、每人一个工程师站、一个移动硬盘、部分备件、用于维护 DCS 的一套常用硬件维护工具。

（3）教学参考资料。

1）DL/T 1083—2008《火力发电厂分散控制系统技术条件》。

2）上海爱默生过程控制系统有限公司. Ovation 硬件培训手册. 2010.

3）沈丛奇. 艾默生 Ovation 系统（火力发电厂分数控制系统典型故障应急处理预案）. 北京：中国电力出版社，2012.

4）静铁岩. 热工控制系统运行维护手册（Ovation 控制系统）. 北京：中国电力出版社，2008.

任务一 控制回路组态

【教学目标】

1. 知识目标

（1）点的命名规则。

（2）掌握点的组态方法。

（3）理解系统数据运行结构。

（4）掌握建立控制回路的方法。

（5）熟悉常用控制算法的功能。

（6）熟悉 Control Builder 组态工具的功能。

2. 能力目标

（1）能创建控制回路。

（2）会分析控制系统的工艺流程。

（3）能熟练使用 Control Builder 组态工具。

（4）能结合控制要求，绘制控制系统的原理方框图和 SAMA 图。

3. 素质目标

（1）养成安全生产的意识。

（2）养成严谨务实的工作作风。

（3）养成团队协作的工作方式。

（4）养成严格执行国家、行业及企业技术标准的工作习惯。

【任务描述】

在工业过程控制中，单容水箱应用非常广泛。

通过本任务的执行，使学生熟悉控制回路的组态内容和操作过程，增强 DCS 组态能力。本任务的具体内容如下：

（1）利用给水泵和给水调节阀，使一个单容水箱的水位稳定。单容水箱的工艺流程如图 3-1 所示。

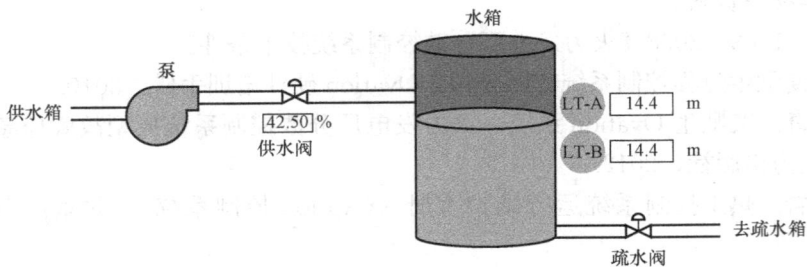

图 3-1 单容水箱的工艺流程

控制要求如下：

1）在正常情况下，当给水泵处于开启状态时，利用控制给水调节阀开度来保证水箱水位稳定，给水调节阀具有手动/自动切换控制的功能。

2）采用双变送器测量水位信号。当被测的两个水位均正常时，采用二取均值算法。当两个水位信号偏差增大时，控制回路强制切手动 MRE（Manual Reject）；当水位过高时，调节阀优先增 PRA（Priority Raise）；当水位过低时，调节阀优先减 PLW（Priority Lower）。

3）给水泵具有手动/自动切换的功能。当给水泵处于自动状态并且水位高时，延时 5s，关闭给水泵；当给水泵处于自动状态并且水位低时，启动给水泵。

4）给水泵具备禁止操作的功能，以满足特殊情况的需要。

（2）完成【任务准备】、【任务实施】和【任务评估】的内容。

【知识导航】

在 Ovation 系统中，所有点均由三个参数定义。

（1）点名称。如果使用 Windows 系统，则点名称最多包含 24 个字符。如果使用 Solaris 系统，则点名称最多包含 16 个字符。

（2）子网络（单位）名称。该参数最多包含 6 个字符。

（3）网络名称。该参数最多包含 8 个字符。

点名的格式为 "name. unit@network"，其中的 . 和@为点名称的保留字符。

点的信息包括收集信息、请求信息、决策信息和向操作员报告的信息等。各个站中使用点记录通过 Ovation 高速公路与其他站通信。

点记录分成动态数据、静态数据、闪存数据和人/机接口数据四个部分。点记录的动态数据通过原始站在高速公路上定时广播，原始站和接收站都将这些数据存储在本站的内存中。静态数据通过原始站存储在本站的内存中，并根据需要对接收站进行广播，收到的这些静态数据随后通过接收站存储在本站的内存中。闪存数据永久存储在原始站的非本站的内存（磁盘或闪存）中，定时复制到接收站的高速缓存中。人/机接口数据存储在每个 Ovation 工作站的分布式数据库中。

不同点类型有不同的选项卡和字段的对话框，点质量说明了点所处的状态。点频率是每秒指在 Ovation 网络上广播点的次数，被定义的点根据与其对应的频率进行扫描。快速（F）点每 0.1s 扫描一次，慢速（S）点每 1s 扫描一次，定期（A）点根据人们定义的频率进行扫描。操作员站显示的部分术语见附录八。

按照收集信息的对象不同，可以将点分为十一大类，见表 3-1。

表 3-1 　　　　　　　　　　　　　十 一 大 类 点

英文	中文含义	功　　能
DU	站点	在每个 Ovation 站中自动配置。广播此记录旨在向系统发出警告，特定站中可能发生任何故障，并显示站的当前状态
RN	节点点	设定和监视 PCRL、PCRR、PCRQ 和远程 I/O 节点

续表

英文	中文含义	功　　能
RM	模件点	设定和监视 Ovation I/O 模块点的状态
LA	模拟量点	在整个系统内传递 32 位浮点型实数。除了传递基本值信息外，每个长模拟量点记录类型都是默认值，具有所有报警 I/O 功能
DA	豪华模拟量点	具备 LA 的特性，并有模式设置功能，可用于定义工厂的当前状态或模式
LD	数字量点	在整个系统内传递离散数据。离散数据实际上是逻辑量，如 ON/OFF，TRUE/FALSE
DD	豪华数字量点	具备 LD 的特性，并有模式设置功能，可用于定义工厂的当前状态或模式
LP	打包点	可以将至多 16 个离散数据（逻辑）状态打包成一个点记录。可为 I/O 扫描分别配置该打包点的每一位，也可以为寄存器范围内的地址配置打包点。可以通过指定唯一的 I/O 地址配置所有 16 位（只需要一个打包点即可读取卡上的 16 个通道）。不能使用相同的打包点读取不同卡上的通道，即每个卡需要一个打包点
DP	豪华打包点	具备 LP 的特性，并有模式设置功能，可用于定义工厂的当前状态或模式
LC	算法点	存储系统中每个算法的调节或数据组态，每个算法的信息各不相同
PD	打包数字量点	打包数字点过程点记录旨在传递 Ovation 站的离散数据，而不传递任何其他信息，如报警状态或 I/O 信息。打包数字点记录包含 32 个单独的数字量或两组 16 位寄存器值（模拟量点），打包数字点经常用于传递特殊函数中和文本算法中包含的信息

　　生产过程的控制由控制回路实现，控制回路与现场设备之间存在必然的联系。控制回路与现场设备之间的物理连接由控制器、I/O 卡件和信号电缆等设备建立的过程通道实现，控制回路与现场设备之间的逻辑联系由模件点、模拟量点和数字量点建立。

一、点的组态示例

　　这里给出创建或添加点到数据库的一个示例，仅说明创建或添加点到系统的步骤，不涉及字段输入的具体内容。

　　(1) 打开 Ovation Developer Studio 组态工具。

　　(2) 使用系统树，导航至 Points 文件夹：选择 Systems，选择 Networks，选择 Units，选择 Drops，选择 Points。

　　(3) 右键单击所需 Points 文件夹，选择模拟量点。

　　(4) 选择 Insert New…，出现 New Analog Points Wizard 向导对话框，如图 3-2 所示。

　　(5) 在 Value 字段中，输入点名称，并选择广播频率。广播频率的选择包括 S-Slow (1s)、F-Fast (0.1s) 和 A-Aperiodic（根据需要）。

　　(6) 单击 Finish，出现 New Analog Point 对话框，如图 3-3 所示。

　　(7) 使用点选项卡列表（见表 3-2），并利用点类型与选项卡之间的对应关系表（见表 3-3），将各个正确值输入到所有的必填字段中。

　　(8) 选择 Apply 或 OK 按钮，将该模拟量点添加到数据库中。

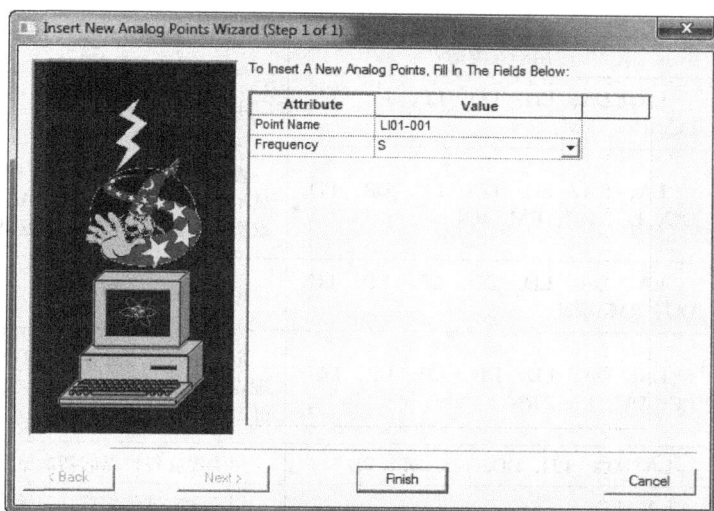

图 3 - 2　New Analog Points Wizard 向导对话框

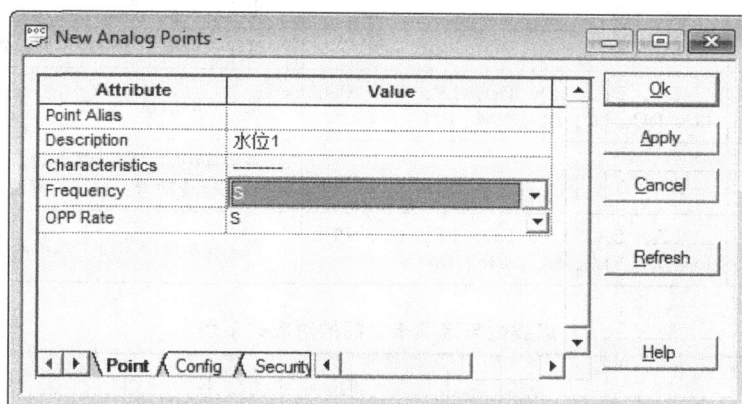

图 3 - 3　Points 对话框

表 3 - 2　　　　　　　　　　　　点 选 项 卡 列 表

选项卡	用于点类型	描　　　述
Alarm	LA、DA、LD、DD、LP、DP、DU、LC、DU、RM、RN	设置各种报警优先级字段
Ancillary	LA、DA、LD、DD、LP、DP、PD、LC、DU、LC、DU、RM、RN	其他关于点的用户定义信息
ASCII Params	LC	表示算法的 ASCII 参数，标签取决于在 Config 选项卡上选择的算法名称
Byte Params	LC	表示算法的字节参数。标签取决于在 Config 选项卡上选择的算法名称

续表

选项卡	用于点类型	描　　述
Config	LA、DA、LD、DD、LP、DP、LC、LC、DU、RM、RN	用于建立各种点配置
Display	LA、DA、LD、DD、LP、DP、PD、DU、LC、DU、RM、RN	表示显示方式（标准、指数或科学计数法）、显示范围、工程单位、"1"和"0"时的描述、点所在的流程图号和控制逻辑图号
Hardware	LA、DA、LD、DD、LP、DP、LC、DU、RM、RN	定义点的I/O硬件配置
eDB	LA、DA、LD、DD、LP、DP、DU、LC、DU、RM、RN	定义是否可通过各种eDB站历史子系统收集处理点，以及收集方式。（仅在系统配置并启用dDB时显示。）
Initial	LA、DA、LD、DD、LP、DP、PD	用于建立各种点的初始值
Instrumentation	LA、DA	用于建立硬件信息，包括传感器限值
Int Params	LC	表示算法的整数参数。标签取决于在Config选项卡上选择的算法名称
Limits	LA、DA	指定点记录的限位值
Plant Mode	DA、DD、DP	可在六种模式下进行不同设置的参数采集
Point	LA、DA、LD、DD、LP、DP、PD、LC、DU、LC、DU、RM、RN	关于点的信息
Real Params	LC	表示算法的关数（浮点数）参数。标签取决于在Config选项卡上选择的算法名称
Security	LA、DA、LD、DD、LP、DP、PD、LC、DU、LC、DU、RM、RN	表示在系统中为每个点定义的安全组

表3-3　　　　　　　　　　点类型与选项卡之间的对应关系表

点类型	POINT	CONFIG	SECURITY	ANCILLARY	EDB	HARDWARE	INITIAL	ALARM	INSTRUMENTATION	LIMITS	DISPLAY	PLANT MODE	BYTE, INT, REAL, & ASCII PARAMS
模拟	×	×	×	×	×	×	×	×	×	×	×		
豪华模拟	×	×	×	×	×	×	×	×	×	×	×	×	
数字	×	×	×	×	×	×	×	×			×		
豪华数字	×	×	×	×	×	×	×	×			×	×	
打包	×	×	×	×	×	×	×				×		
豪华打包	×	×	×	×	×	×	×				×	×	
节点	×	×	×	×							×		
算法	×	×	×	×									×
站点	×								×		×		
模块	×	×	×	×	×				×		×		
打包数字	×		×	×			×						

二、Ovation 算法

算法是定义特定控制策略的数学公式，也是实现控制器控制策略的基础，Ovation 系统常用算法模块，如附录九所示。

下面简要介绍一些常用算法。

1. PID 算法

PID 算法提供 PID 控制器的功能。PID 算法的功能符号，如图 3-4 所示，其中 PV 为过程变量，STPT 为给定值。

PID 算法采用并行 PID 方式，利用完整的跟踪信号进行无扰切换，以用户定义的限值来限制输出值，并在内部处理抗积分饱和。

（1）PID 算法计算公式。PID 算法的计算公式如下：

$$\text{OUT} = (K_P \times \text{Error}) + \frac{1}{\tau_I} \int \text{Error} dt + \left(K_D \frac{d(\text{din})}{dt} \right) e^{\tau_D} \qquad (3-1)$$

式中：K_P 为比例增益（PGAIN）；τ_I 为积分时间（INTG）；τ_D 为微分时间（DRAT）；K_D 为微分增益（DGAIN）；din 可以是偏差、给定值或被控量。

式（3-1）经过拉普拉斯变换（Laplace）后，可得 PID 基本运算功能框图，如图 3-5 所示。

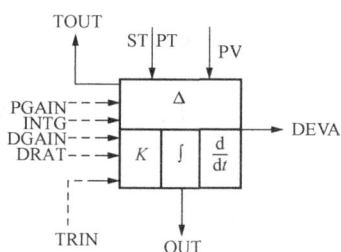

图 3-4　PID 算法功能符号

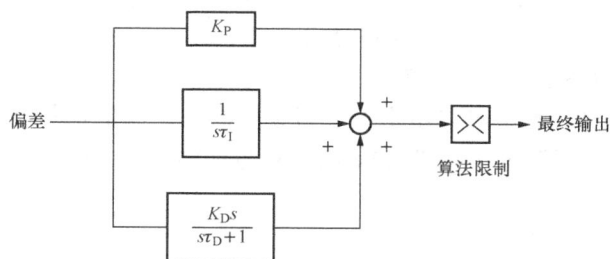

图 3-5　PID 基本运算功能框图

（2）PID 控制器正、反作用。PID 算法允许选择 PID 控制器的正、反作用（ACTN）。PID 控制器正、反作用的偏差定义如下：

1）Error＝SP－PV（反作用，INDIRECT）；

2）Error＝PV－SP（正作用，DIRECT）。

（3）过程变量与给定值的归一化计算。必须使用 PV GAIN 和 PV BIAS，将过程变量输入标准化为 0～100％的值。如果过程变量输入单位不是 0～100％的值，则计算公式如下：

$$(\text{PV} \times \text{PV GAIN}) + \text{PV BIAS} = \text{PV}（\%） \qquad (3-2)$$

$$\text{PV GAIN} = \frac{100}{\text{PV}_{top} - \text{PV}_{bot}} \qquad (3-2a)$$

$$\text{PV BIAS} = -\text{PV GAIN} \times \text{PV}_{bot} \qquad (3-2b)$$

式中：PV_{bot} 为过程变量下限；PV_{top} 为过程变量上限。

必须使用 SP GAIN 和 SP BIAS，将给定值输入标准化为 0～100％的值。如果给定值输入单位不是 0～100％的值，则计算公式如下：

$$(STPT \times STPT\ GAIN) + STPT\ BIAS = STPT\ (\%) \qquad (3-3)$$

$$STPT\ GAIN = \frac{100}{SP_{top} - SP_{bot}} \qquad (3-3a)$$

$$STPT\ BIAS = -STPT\ GAIN \times SP_{bot} \qquad (3-3b)$$

式中：SP_{bot} 为给定值下限；SP_{top} 为过程变量上限。

2. LEADLAG 算法

LEADLAG 算法是非线性超前/滞后函数。输出值是旧输出、旧输入、新输入、增益、超前和滞后时间常数的函数。在稳定状态，OUT＝IN1×GAIN（在限定时除外）。LEADLAG 算法的功能符号如图 3-6 所示。

LEADLAG 算法的计算公式如下：

$$OUT = (K1 \times IN1) + (K2 \times OLDIN1) + (K3 \times OLDOUT) \qquad (3-4)$$

式中，IN1＝输入；

OLDOUT＝前一输出；

OLDIN1＝前一输入；

K1＝GAIN×（H＋2×LEAD）/（H＋2×LAG）；

K2＝GAIN×（H＋2×LEAD）/（H＋2×LAG）；

K3＝（2×LAG－H）/（2×LAG＋H）；

H＝采样时间（回路时间）。

3. SETPOINT 算法

SETPOINT（给定值）算法提供与控制器或操作员站图形的接口，执行手操板的操作功能。SETPOINT 算法的功能符号如图 3-7 所示。

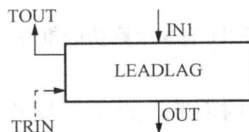

图 3-6　LEADLAG 算法功能符号

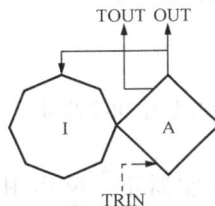

图 3-7　SETPOINT 算法功能符号

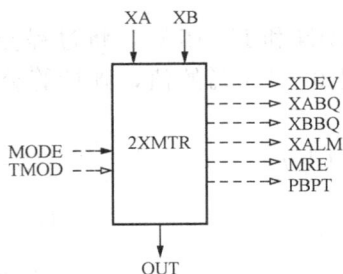

图 3-8　2XSELECT 算法功能符号

SETPOINT 算法能实现与操作员键盘或控制面板中的""，""键连接，也能实现与流程图中应用程序（30号和31号）连接。

4. 2XSELECT 算法

2XSELECT 算法监视两个模拟变送器输入的质量和相互之间的偏差。2XSELECT 算法的功能符号（图符标识为 2XMTR）如图 3-8 所示。

当 TMOD 为"1"时，MODE 值（1～5）决定 OUT 的输出，MODE 值与输出 OUT 之间的关系见表 3-4。

表 3 - 4   **MODE 值与输出 OUT 之间的关系**

MODE 值	所选模式	输　出　值
1	Average	两个变送器输入值的平均值
2	Lower	两个变送器输入值的较低值
3	Higher	两个变送器输入值的较高值
4	TransmitterA	变送器 A 的值
5	TransmitterB	变送器 B 的值

　　当 TMOD 为"0"时，OUT 的功能由操作员键盘控制，而且 CNTL 参数设为"7"（即 0111）。操作员键盘的接口键见表 3 - 5。

表 3 - 5   **操作员键盘的接口键**

功　能　键	用　　　途
P1	Transmitter A 模式请求
P2	Transmitter B 模式请求
P3	切换对手动切换（MRE）输出的控制偏差报警检查的禁止
P4	Average 模式请求
P5	Lower 模式请求
P6	Higher 模式请求

　　5. HIGHMON 算法

　　HIGHMON（高值监视）算法是带有复位死区和固定/可变限制的高信号监视器。在 HIGHMON 算法中，如果输入值（IN1）大于固定的设置点值（HISP），则 OUT 值为 TRUE；当 IN1 小于 HISP 与高值死区（HIDB）之差时，OUT 值为 FALSE；如果 IN1 为无效数值，则 OUT 保持上一次值，且点质量为 BAD。

　　HIGHMON 算法的功能符号，如图 3 - 9 所示。

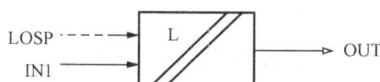

　　6. LOWMON 算法

　　LOWMON（低值监视）算法是带有复位死区和固定/可变限制的低信号监视器。在 LOWMON（低信号监视器、复位死区）算法中，当输入值（IN1）小于固定设置点值（LOSP），则 OUT 值为 TRUE；当 IN1 大于 LOSP 与低值死区的和时，OUT 值为 FALSE；如果 IN1 为无效数值，则 OUT 保持上一次值，且点质量为 BAD。

　　LOWMON 算法的功能符号如图 3 - 10 所示。

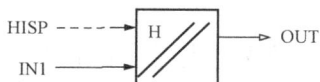

图 3 - 9　HIGHMON 算法功能符号　　　　　图 3 - 10　LOWMON 算法功能符号

　　7. MASTATION 算法（M/A 站）

　　MASTATION 算法提供自动/手动切换功能。MASTATION 算法的功能符号如图 3 - 11 所示。

MASTATION 算法能与操作员键盘或控制面板上的"AUTO","MAN","","" 键连接，还能与流程图中应用程序（32 号和 33 号）连接。

8. MAMODE 算法

MAMODE（M/A 方式控制）算法通常与 MASTATION 算法结合使用。MAMODE 算法的功能符号如图 3-12 所示。

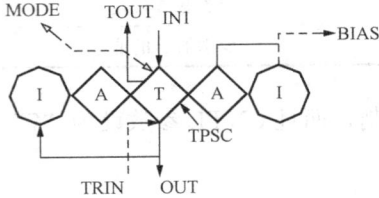

图 3-11 MASTATION 算法功能符号

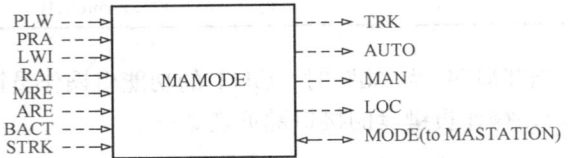

图 3-12 MAMODE 算法功能符号

MAMODE 算法用于将 PLW（超弛关，也称优先减）、PRA（超弛开，也称优先增）、LWI（闭锁减）、RAI（闭锁增）、MRE（切手动）、ARE（切自动）、BACT（偏置起作用）和 STRK（设置跟踪）等命令发送至 MASTATION。如果 BACT 为 TRUE，则 MASTATION 可增/减偏置值；如果偏置为 FALSE，则偏置值缓变为 0，且不允许增/减偏置值。

与算法连接的 MASTATION 跟踪点，反馈 MASTAION 算法的状态信息，如 AUTO（自动）、MAN（手动）、TRK（跟踪）和 LOC（就地）等状态信息。

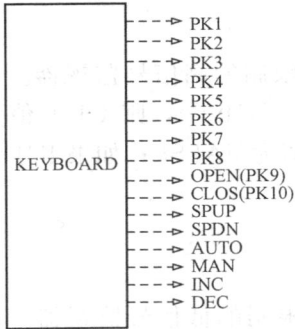

图 3-13 KEYBOARD 算法
功能符号

9. KEYBOARD 算法

以最基本的形式，KEYBOARD（键盘接口）算法将十个控制键连接至控制器，控制键包括启动/打开 OPEN、停止/关闭 CLOSE、自动 AUTO、手动 MAN、上箭头 SPUP、下箭头 SPDN、增按钮 INC 和减按钮 DEC。一旦算法被控制选择命令激活时，就可以使用各个键的输出。

以最基本的形式，KEYBOARD 算法将操作员站的可编程键（PK1～PK10）连接至控制器。一旦算法被控制选择键激活时，就可以使用各个可编程键的输出。当使用 KEYBOARD 算法时，控制键均不能用于激活的控制选择编号。

KEYBOARD 算法的功能符号如图 3-13 所示。

KEYBOARD 算法的各个输出均为数字量，PK1～PK8 分别从功能键 F1～F1 或可编程键 P1～P8 传递。

10. FLIPFLOP 算法

FLIPFLOP（R-S 触发器）算法是一个存储器设备。在复位超弛功能和设置超弛真值表功能中，输出状态（OUT）被定义。FLIPFLOP 算法的功能符号如图 3-14 所示。

触发器的两种可选类型是带设置超弛的触发器和带复位超弛的触发器，并由 TYPE 的值确定。

当 TYPE=1 时，带设置超弛的触发器被选中。带设置超

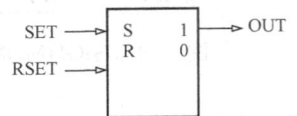

图 3-14 FLIPFLOP 算法
功能符号

弛的触发器真值见表 3-6。

表 3-6 带设置超弛的触发器真值

SET	RESET	OUT	SET	RESET	OUT
0	0	S	1	0	1
0	1	0	1	1	1

当 TYPE=0 时，带复位超弛的触发器被选中。带复位超弛的触发器真值见表 3-7 所示。

表 3-7 带复位超弛的触发器真值

SET	RESET	OUT	SET	RESET	OUT
0	0	S	1	0	1
0	1	0	1	1	0

在表 3-6 和表 3-7 中，S 表示不确定信号。

11. ONDELAY 算法

ONDELAY（前延时）算法可延迟输出设置为 TRUE 的时间。当 ONDELAY 算法已启用并且 IN1 输入为 TRUE 时，计时器 ACTUAL（ACT）将按指定时基（BASE）累计时间，直到它等于计时器 TARGET（TARG）为止。此时，计时器 ACTUAL（ACT）停止累计并保持在 TARGET（TARG）值，OUT 变为 TRUE。

如果启用（ENBL）计时器时，IN1 输入从 TRUE 变为 FALSE，ACTUAL（ACT）将保留当前值。

当 IN 输入恢复为 TRUE 状态时，ACTUAL（ACT）将重新开始累计时间。

可随时将 ENBL 输入设置为 FALSE，从而将 ACTUAL（ACT）重置为 0。这将使 OUT 变为 FALSE。但 IN1 和 ENBL 输入通常连接在一起，使 ONDELAY 充当"标准"计时器。

如果 ACTUAL（ACT）值等于或大于 TARGET（TARG）值，IN1 输入的转换不起作用。

ONDELAY 算法的功能符号如图 3-15 所示，ONDELAY 算法的时序图如图 3-16 所示。

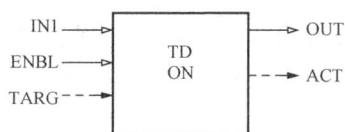

图 3-15 ONDELAY 算法功能符号

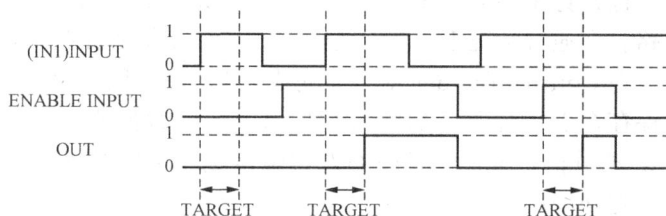

图 3-16 ONDELAY 算法的时序图

12. TRANSFER 算法

TRANSFER（切换）算法执行两路输入之间的切换。TRANSFER 算法的功能符号如

图 3-17 所示。

如果数字量输入 FLAG 为 TRUE，则输出等于 IN2 输入；如果数字量输入 FLAG 为
FALSE，则输出等于 IN1 输入。

如果算法为选定输入生成无效的输出值，则会选择另一个输入；如果另一点的输入无
效，则算法生成有效的输出值。

消除跟踪请求时，算法在跟踪输出和选定输出之间自动执行无扰切换。算法以指定跟踪
缓变率（TRR1 或 TRR2）缓变至选定输入（IN1 或 IN2）。

选择内部跟踪可以在 IN1 和 IN2 之间无扰切换。可以初始化单独的跟踪缓变率，以便
从 IN1 缓变至 IN2 以及从 IN2 缓变至 IN1。

13. FUNCTION 算法

FUNCTION 算法可生成分段线性函数，该函数由 12 元素 X-Y 断点阵列的元素决定。
每个 Y-阵列元素（因变量）均有各自的 X-阵列元素（自变量），以此描述所需的函数。

来自算法的上限标志、下限标志和跟踪信号输出至 TOUT，用于显示并供上行算法使
用。如果输出值无效，则 OUT 质量设置为 BAD。否则，不在跟踪模式时，OUT 质量设置
为输入质量。在跟踪时，其质量设置为跟踪输入变量的质量。

当 FUNCTION 算法进行跟踪时，会强制上行算法跟踪到-FUNCTION 按指示跟踪的-Y
阵列值相关的 X 阵列值。但如果有多个 X-阵列值与指定 Y-阵列值相关，FUNCTION 算法
将强制上行算法跟踪到遇到的第一个 X-阵列值。

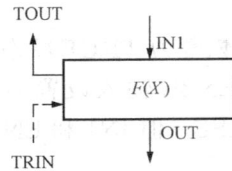

FUNCTION 算法的功能符号如图 3-18 所示。

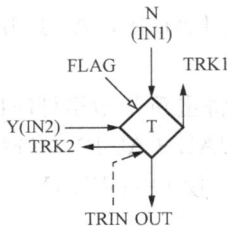

图 3-17　TRANSFER 算法功能符号　　　　图 3-18　FUNCTION 算法功能符号

三、Control Builder 组态工具

Control Builder 是一个图形编辑器，用于创建在 Ovation 控制器中运行的控制逻辑。此
逻辑包含置于功能图中用于指导 Ovation 系统控制策略的算法，功能图也称为控制表或控制
回路。在通常情况下，一个 Ovation 系统完整的控制结构由许多不同的控制图表链接而成。

在 Control Builder 中，当完成控制图的组态操作后，控制图中的各种信息会以点的形
式保存在工程师服务器的数据库（Oracle 数据库）中，在相关的路径上，还会保存 Auto-
CAD 格式的控制图。经过组态编辑生成相关的画面作为操作员站的显示，也用于在线的回
路调整和控制。

组成 Control Builder 应用程序的三个主要区域或窗口如下：

（1）Main Window 窗口。Main Window 窗口用于控制表的可视显示。

（2）Object Browser 窗口。Object Browser 用于显示置于 Main Window 窗口的各个项
目之间的关系。

（3）Property Editor 窗口。Property Editor 用于编辑置于 Main Window 窗口和 Object Browser 中的项目属性。

在加载控制功能后，Control Builder 的外观示例如图 3 - 19 所示。

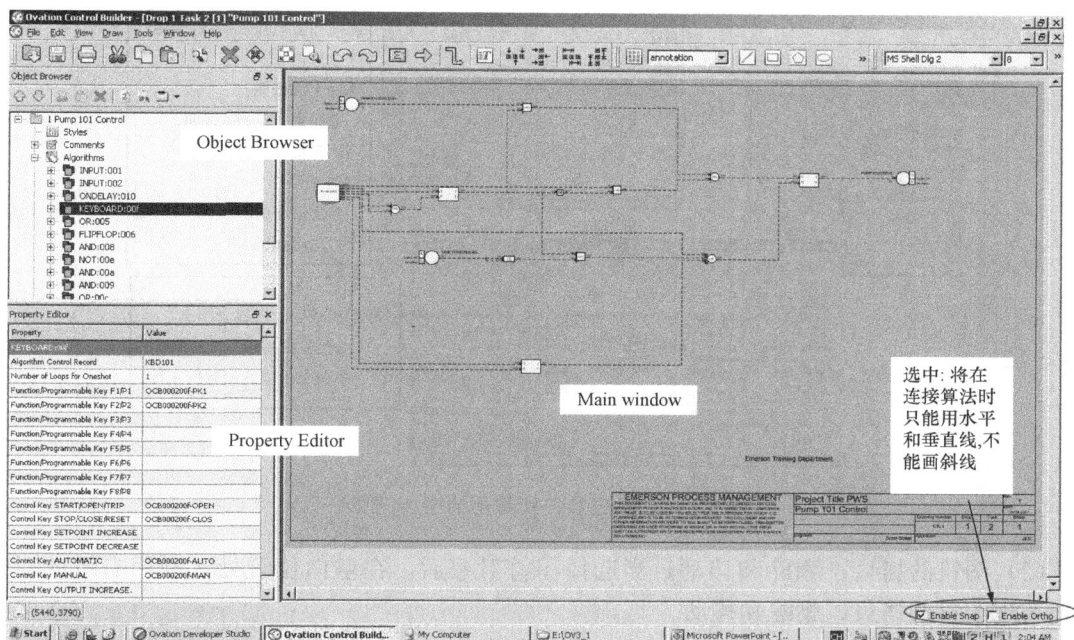

图 3 - 19　Control Builder 的外观示例

1. 图标菜单

Control Builder 的图标菜单包括组态工具、作图工具和文本属性工具条。组态工具主要用于 SAMA 图组态，作图工具主要用于在 SAMA 图上增加注释，文本属性工具条主要用于在 SAMA 图上设置注释中的文本。组态工具、作图工具和文本属性工具条如图 3 - 20 所示。

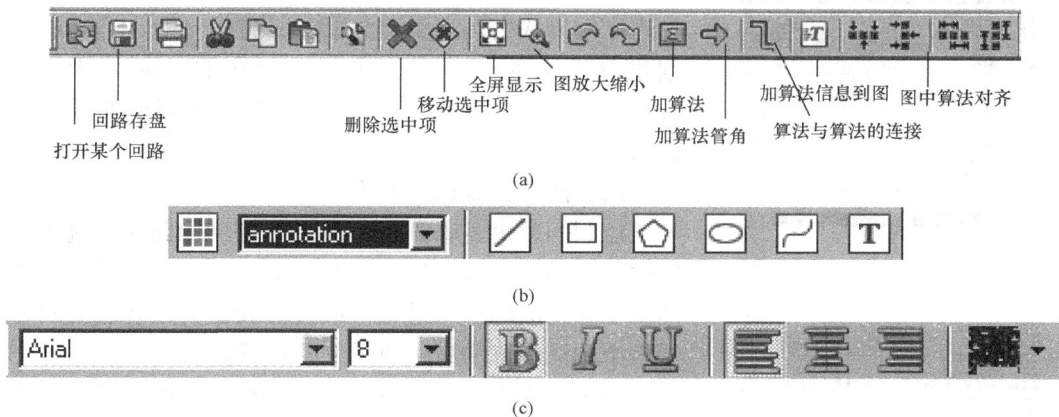

(a)

(b)

(c)

图 3 - 20　组态工具、作图工具和文本属性工具条
(a) 组态工具；(b) 作图工具；(c) 文本属性工具条

2. 右键功能菜单

（1）算法参数和管角的增加/删除。在控制回路中，使用右键对话框，实现增加/删除算法管角和参数的过程。算法参数和管角的增加/删除，如图 3 - 21 所示。

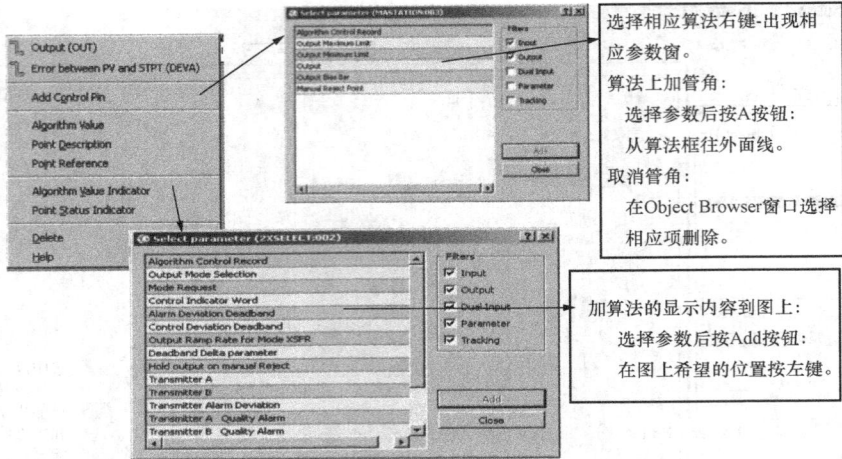

图 3 - 21　算法参数和管角的增加/删除

（2）图符的拷贝、删除和移动。当选择图符对象后，在空白位置处，利用右键的对话框，实现图符的拷贝、删除和移动。

（3）连接线的建立、删除和变向。选择连接线后，在空白位置处，利用右键的对话框，实现连接线的建立、删除和变向。

3. 自定义算法名

与 Graphic Builder 相关的算法，建议自定义算法名。自定义算法名的步骤如下：

（1）选中算法，在 Graphic Builder 的 Property Editor 窗口中，选择 Algorithm Control Record，并填入自定义的算法名，如图 3 - 22 所示。

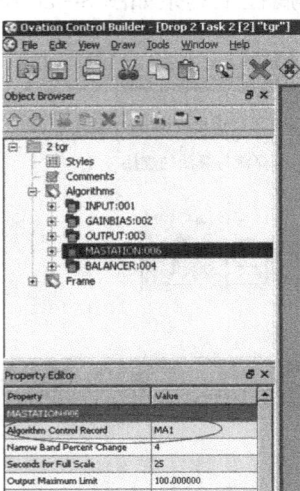

图 3 - 22　自定义算法名

（2）选择 Edit 菜单，选择 Create User Points…，选择自定义的算法名，点类型为 LC，选择 Create Points 按钮，创建自定义的算法名。在回路所在的控制器中，选择 Points，选择 Algorithm Points，查看新创建的自定义算法名。

四、建立控制回路的方法

控制回路由逻辑算法组成。在控制回路中，通过信号串联起来的各种算法形成控制方案。控制方案可表达为由两个步骤组成的简单过程，或者可表达为由包含在许多控制表中的诸多算法所组成的复杂过程。

一个控制器保存多达 1500 个控制回路。控制回路也能以图形文件的形式存在，其文件扩展名为 . svg，如控制逻辑的名称设为 2250. svg。

Ovation 系统数据运行结构如图 3 - 23 所示。

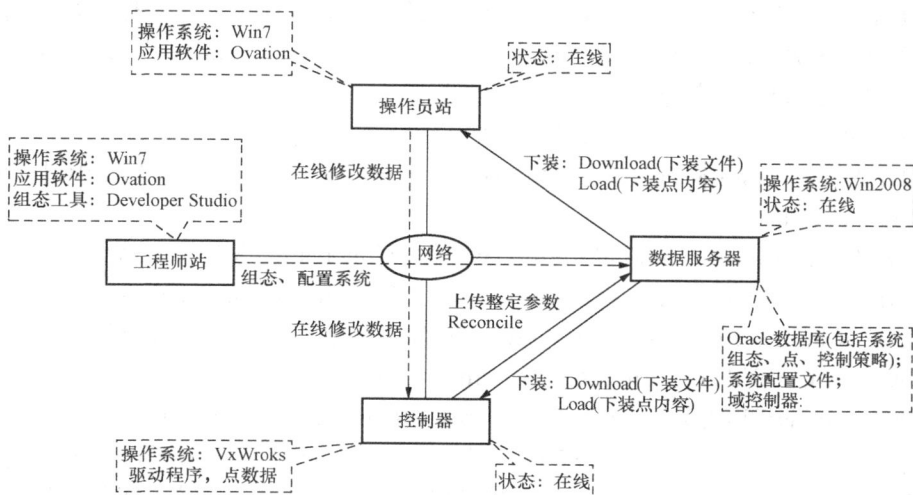

图 3-23　Ovation 系统数据运行结构

（一）新建控制回路的方法

在 Ovation 系统中，新建控制回路的基本方法如下：

（1）打开 Ovation Developer Studio 目录树；

（2）展开控制器目录树；

（3）选择任务区；

（4）右键，选择菜单上的 Insert New…；

（5）填写回路描述和回路号；

（6）在打开的 Control Builder 工具中，组态回路算法；

（7）保存回路；

（8）对控制器下装（Load）控制逻辑，在下装的同时，也将 SAMA 图下装到了操作站。

（二）新建控制回路的示例

（1）打开 Ovation Developer Studio 工具，展开硬件 Hardware 目录树，选择某个控制器，选择相应的控制任务区 Control Task，选择 Control Sheets 文件夹，右键，选择菜单上的 Insert New…，出现 New Control Sheets 对话框，如图 3-24 所示。

（2）在 New Control Sheets 对话框中，定义页名（Sheet Name），页号（Number）。用于系统分区的 Sheet Component 可以不填，单击 OK，控制回路组态工具和定义的回路被打开。

（3）使用控制回路组态工具，实现控制回路的组态。基本操作不仅包括算法的增加、删除和移动，还包含信号线的增加、删除和编辑。

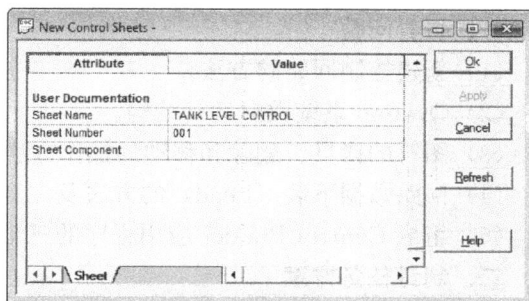

图 3-24　New Control Sheets 对话框

（4）选择 File 菜单，选择 Save，保存控制回路。在通常情况下，选择保存 .svg 文件的位置为 C:\OvPtSvr\＜system name＞\＜network name＞\＜unit name＞\ControlFunctions*.svg，保存数据到 Oracle 数据库的文件路径如下：

Control Sheet（.svg）:（回路文件）

C:\OvptSvr\＜system name＞\＜Network name＞\＜Unit name＞\ControlFunctions\xxxx.svg;xxxx.xml

C:\OvptSvr\＜system name＞\＜On-Line＞\＜Unit name＞\Dropxxx\xxxx.xvg

C:\OvptSvr\＜system name＞\＜On-Line＞\＜Unit name＞\xxxx.svg

On-Line Graphics Files(.svg)CBViewer(操作站上的回路显示文件路径)

C:\Ovation\CrtlBldr\On-Line\＜Unit name＞\xxxx.svg

C:\Ovation\CrtlBldr\On-Line\＜Unit name＞\DropXXX\xxxx.xvg

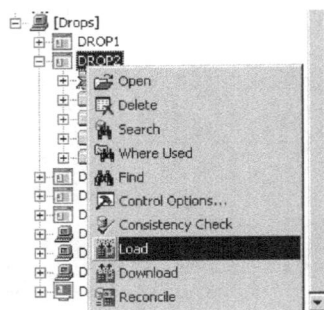

图 3-25 对控制器进行点的
下装操作

（5）打开 Ovation Developer Studio 工具，展开硬件 Hardware 目录树，选择控制器，右键，在弹出的对话框中，选择 Load（对控制器进行点的下装），如图 3-25 所示。

回路数据下装（Load）的注意事项如下：

1）选择控制器，右键，在菜单中选择 Consistency，建议在 Load 之前进行一致性检查，并修改可能产生问题的对象；

2）在对控制器进行 Load 操作之前，选择控制器，右键，在菜单中选择 Reconcile，执行数据库和控制器的比较，只有确认无误后，方可进行 Load 操作；

3）对处于控制状态的控制器进行 Load 操作，并打开系统状态图，确认控制器的主控/备用状态；

4）在确认主控制器工作正常之后，再对备用控制器进行 Load；

5）建议在修改小部分内容后，随即进行 Load 操作，以便分析问题；

6）在生产设备运行过程中，应先确认自己的 Load 的权限，并考虑 Load 后可能的结果，再慎重执行 Load 操作。

【任务准备】

一、引导问题

（1）新建控制回路的方法。

（2）Ovation 系统数据运行结构。

（3）图符的拷贝、删除和移动的操作方法。

（4）回路数据下装（Load）的方法及注意事项。

（5）组成 Control Builder 应用程序的三个主要区域或窗口的作用。

二、制订任务方案

在正确问答引导问题后，根据行业（企业）规程和项目化教学过程的基本要求，制订任务方案表。

【任务实施】 ◎

根据项目化教学过程的基本要求，完成任务的计划、准备、实施和结束等工作。在教师的指导下，实施本任务，具体内容有以下几个。

一、系统配置

1. 建立 Control Task

在 DropX\Configurartion\Controller\Control\Control Tasks 目录下，新建 control task3，刷新周期设为1000ms，如图3-26所示。

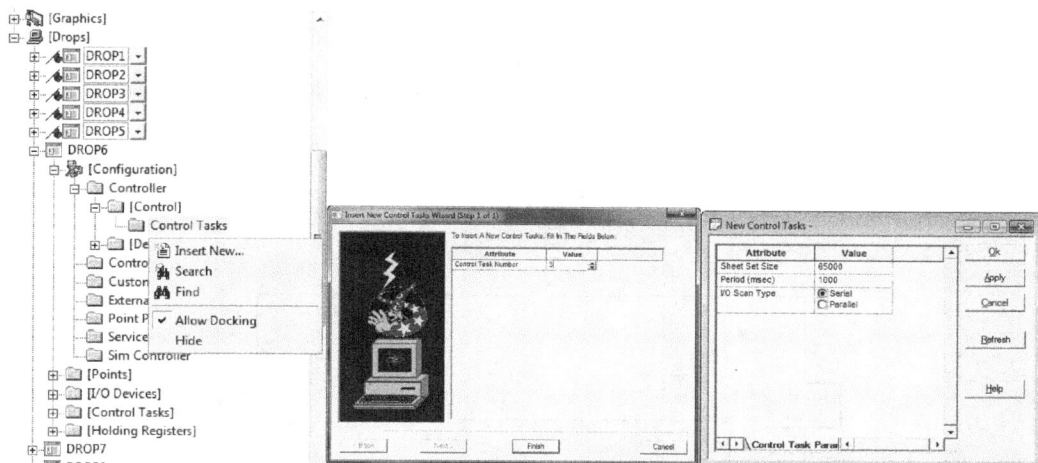

图3-26 建立 ControlTask3

2. 建立 I/O 点

在进行控制回路组态前，需要建立系统的 I/O 点。单容水箱水位控制回路 I/O 点一览表见表3-8。

表3-8 单容水箱水位控制回路 I/O 点一览表

序号	点名	描述	类型	备 注
1	LI01-xxx	水位1	AI	
2	LI02-xxx	水位2	AI	
3	V01-xxx	阀位指令	AO	
4	PASTR-xxx	泵自动启动	DI	xxx—小组编号
5	PASTP-xxx	泵自动停止	DI	
6	PSTR-xxx	启动泵	DO	
7	PSTP-xxx	停止泵	DO	

在 DropX\Points 目錄下，按照所需的 I/O 點類型，依次建立 I/O 點，並設置好相應參數。

二、單容水箱仿真控制模型組態

本任務的被控對象為一個單容水箱，其動態特性與變送器的動態特性極為相似，也可近似為一階慣性環節，並利用 Ovation 系統的超前滯後算法 LEADLAG 仿真實現。單容水箱仿真控制模型組態圖，如圖 3-27 所示。

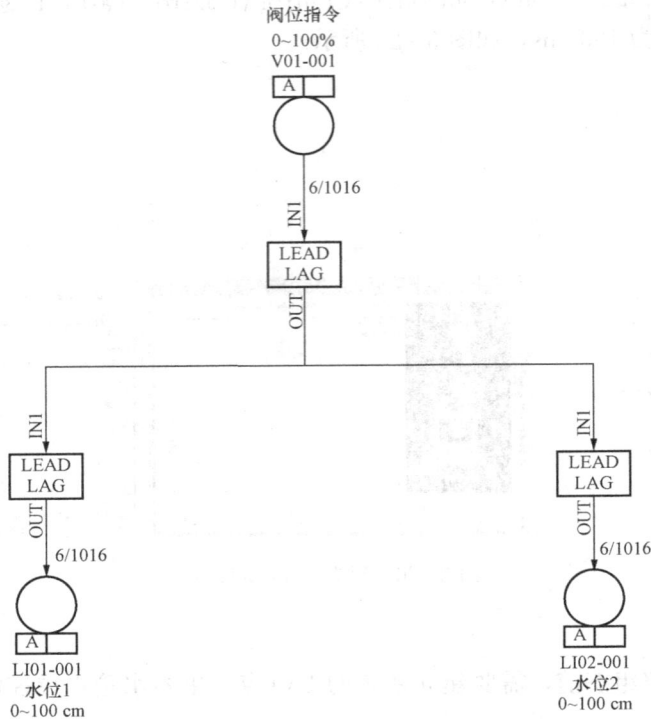

图 3-27　单容水箱仿真控制模型组态图

在圖 3-27 中，單容水箱仿真控制模型 LEADLAG 後連接兩個帶變送器的分支，並分別表示水箱水位的兩個測量信號。為了反映兩個水位變送器動態特性的差異，可將超前滯後算法 LEADLAG 的慣性時間設置為有較小差異的值。

三、PID 控制回路組態

單容水箱水位控制回路採用單回路控制系統，PID 控制回路組態圖如圖 3-28 所示。

雙變送器測量水位信號採用二取一的 2XSELECT 算法。在系統正常工作時，取兩個被測水位信號的均值作為實際水位信號；當兩個水位信號偏差過大時，2XSELECT 算法輸出 MRE 信號到 M/AMODE 算法，並執行控制回路切手動的操作。

2XSELECT 算法輸出的實際水位信號分別送入高值監視算法 HIGHMON 和低值監視算法 LOWMON，以便產生水泵自動停止和自動啟動的開關量信號，或者產生調節閥優先增信號 PRA 和優先減信號 PLW。

2XSELECT 算法輸出的實際水位信號傳至 PID 算法，與給定值算法 SETPOINT 給出的水位定值信號作比較，並經過 PID 運算，輸出給水調節閥的閥位指令。在正常情況下，

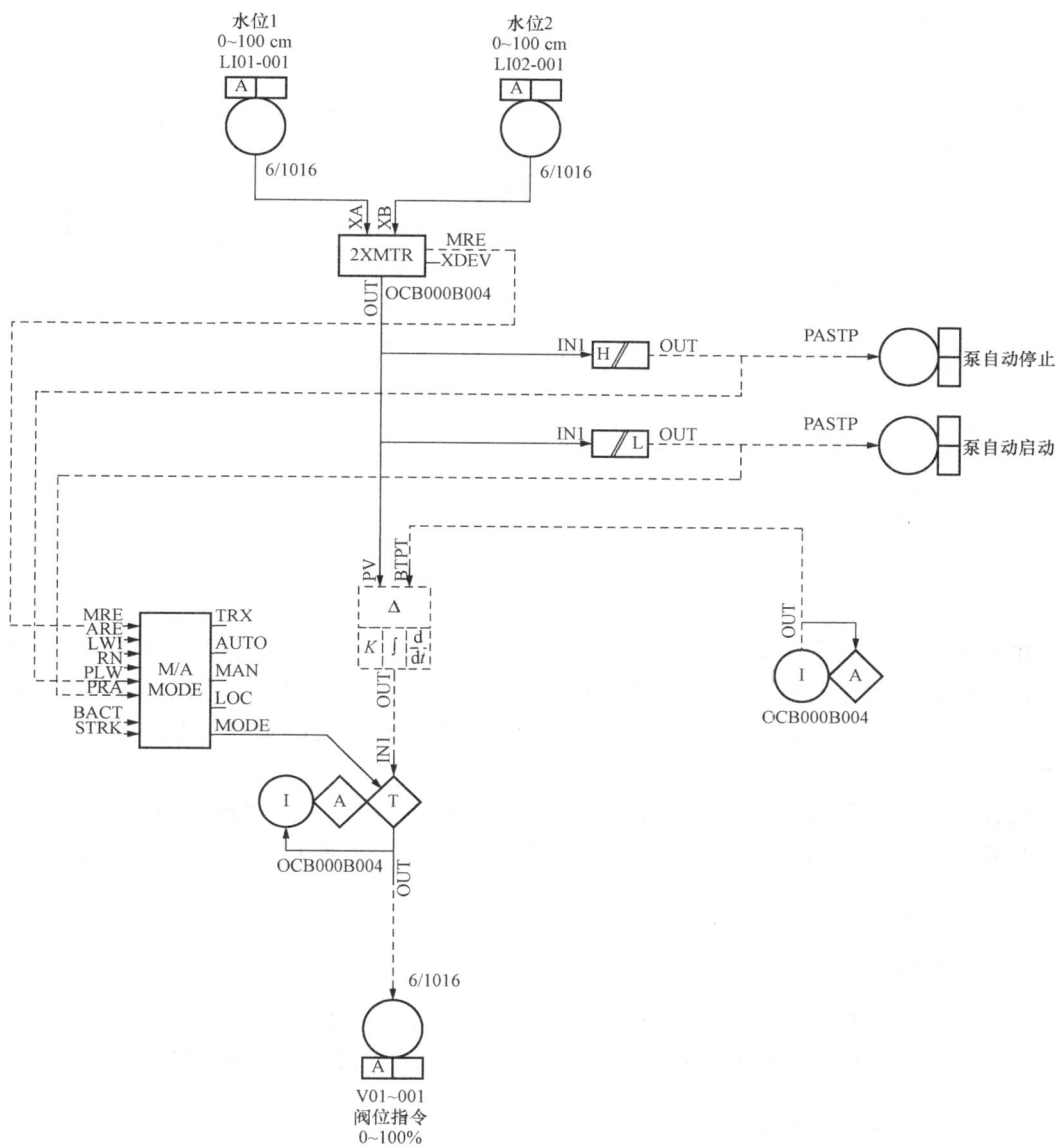

图 3 - 28　PID 控制回路组态图

给水泵处于开启状态，利用 PID 控制器调节给水调节阀开度来保证水箱水位稳定。

PID 算法输出的给水调节阀的阀位指令传至 M/ASTATION 算法，实现自动/手动切换，并在手动方式时，改变给水调节阀的阀位指令。M/ASTATION 算法还接收来自 M/AMODE 算法输出的强制手动信号 MRE、优先增信号 PRA 和优先减信号 PLW。

四、给水泵控制回路组态和下装

1. 给水泵控制回路组态

给水泵只具有启动和停止两种工作状态，给水泵开关量控制回路组态图如图 3 - 29 所示。

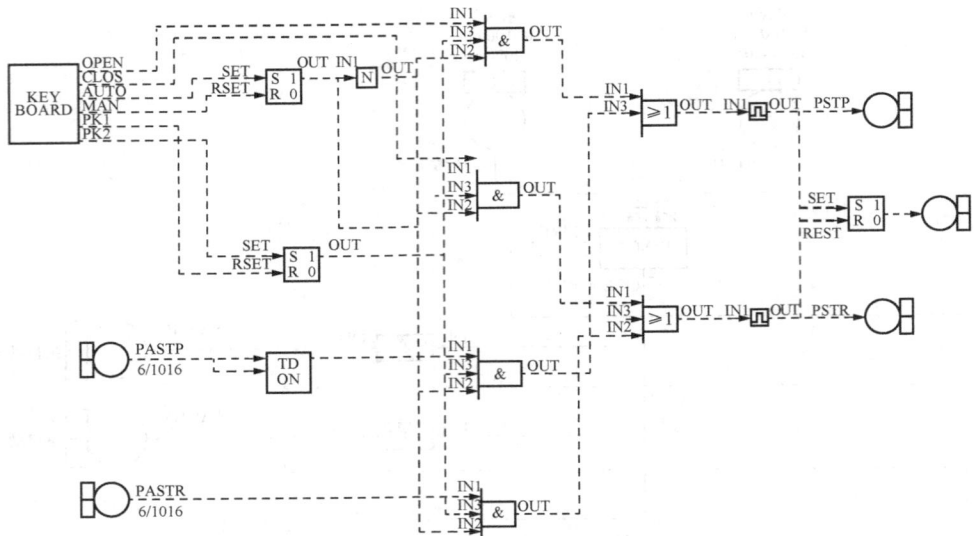

图 3-29　给水泵开关量控制回路组态图

在图 3-29 中，键盘接口算法 KEYBOARD 与流程图中的应用程序（124 号）连接。当操作人员按下键盘的对应键时，即可实现对给水泵的启动（OPEN）/停止（CLOSE）切换、手动（MAN)/自动（AUTO）切换、禁止操作（P1)/允许操作（P2）切换等控制功能。

设置给水泵的手动/自动切换功能。当给水泵处于自动状态和水位高时，延时 5s，关闭给水泵；当水位低时，启动给水泵。设置给水泵的禁止操作功能，以满足特殊情况需要。

注　意

在 PSTR 与 PSTP 信号中间的 RS 触发器只是用于流程图中泵的启/停状态组态。在实际工程中，泵的状态是用外部输入点进行监视，而不用此算法来实现。

2．给水泵控制回路下装

使用 Control Builder 组态工具，完成单容水箱仿真控制模型、PID 控制回路和给水泵控制回路的组态，在保存后，将回路数据下装（Load）到控制器中，控制回路实现控制功能。

3．分组讨论，完成自评和互评

4．提交任务实施计划表、任务实施表和检验评估表

【任务评估】

检查任务的完成情况，收集任务方案表和任务实施表，完成检验评估表。

任务二 控制回路调试

【教学目标】

1. 知识目标
（1）熟悉常用的控制算法；
（2）熟悉抗积分饱和的工作原理。
2. 能力目标
（1）会使用跟踪算法；
（2）能调试控制回路；
（3）能上传数据和更新 Control Builder 文件。
3. 素质目标
（1）养成安全生产的意识。
（2）养成严谨务实的工作作风。
（3）养成团队协作的工作方式。
（4）养成严格执行国家、行业及企业技术标准的工作习惯。

【任务描述】

在完成控制回路的组态并下装到控制器后，必须验证控制回路的正确性，才能投入运行。通过控制回路调试，使学生熟悉控制回路调试的基本要求和操作步骤。本任务的具体内容如下：

（1）完成对单容水箱仿真控制模型、PID 控制回路和给水泵控制回路的调试，主要内容为 PID 参数整定、手/自动切换、手动操作、禁操、强制手动 MRE、优先升 PRA 和优先降 PLW。

（2）完成【任务准备】、【任务实施】和【任务评估】的内容。

【知识导航】

一、跟踪算法

一个控制系统通常应该具备多种控制模式或控制策略，以满足生产过程的需要。在控制模式间切换或控制策略间切换时，新选择的控制模式或策略需要获得当前控制回路中的某些信息，以确保平滑的切换，实现控制模式或控制策略之间的信息交换过程称为跟踪。

跟踪的原理是正常控制功能的逆运算。控制可视为"自顶向下"的活动，即从顶部输入，在中间计算，从底部输出。而跟踪可视为"自底向上"的活动，将底部输出的值用于计算位于中间的计算元素的值。实际上，跟踪输出是上行算法的输入。

在 Ovation 系统中，跟踪是通过连接算法的信号实现的，跟踪信号由控制生成器自动生成。Ovation 的许多模块具有跟踪算法，这些模块包括 BALANCER、DIVIDE、FUNC-

TION、GAINBIAS、GASFLOW、HISELECT、LEADLAG、LOSELECT、MASTA-TION、MULTIPLY、PID、PIDFF、SETPOINT、SQUARE－ROOT、SUM 和 TRANS-FER 等。

在手动模式和自动模式之间转换时，一般需要使用跟踪来实现无扰动切换。在此情况下，MASTATION 算法的上行控制算法必须跟踪到 MASTATION 算法的当前输出。在模式更改时，MASTATION 站的输入与 MASTATION 站的输出相同，这就避免了扰动。

还有一种常用的跟踪是对加法模块的其中一个输入进行跟踪。在正常情况下，两个输入的加法模块是将两个输入 A 和 B 相加得到输出 C，即 C＝A＋B。当算法处于跟踪模式时，C 取决于下游跟踪的要求和其中的一个输入，这个输入可能随着过程状态的变化而连续变化，因此另一个输入的值，必须由该算法计算，以便使输入的和等于所要求的输出，不是独立的输入必须跟踪输出 C 和独立的输入 B 之差，即 A＝C－B，这样，C＝A＋B＝C－B＋B＝C。同理，PID 偏差输入的设定点必须跟踪到过程变量输入的值，才能符合零偏差无扰切换的条件。

二、抗积分饱和

PID 控制规律包含了积分作用，只要偏差存在，积分作用就不会停止，PID 控制器输出就有变化。在某些场合，如果 PID 控制器输入偏差长期存在，则 PID 控制器的输出值可能达到它的极限值，如果不加限制，PID 控制器的输出值还会在此极限值的基础上继续往上或往下变化，此时称为积分饱和。尽管阀门的开度不会超出 100% 或低于 0%，但是 PID 控制器的输出值要回到控制范围，需要花一定的时间，在这段时间里，将会使控制质量严重恶化。为了保持控制的输出值在合适的范围，算法模块必须具有抗积分饱和的功能。

在两种情况下，Ovation 跟踪功能将会完成抗积分饱和限定的作用。

（1）必须使用 Ovation sheet 页跟踪规则组态 sheet；

（2）算法的"刻度上限"（Scale Top）和"刻度下限"（Scale Bottom）参数必须设置成实际可用的控制器范围内。当一个算法处于刻度上限或者下限时，将阻止上游算法在"错误"方向上移动太远。如果正确配置了算法，则将避免积分饱和。

中止跟踪的方法是将算法置于一个不同的 sheet 中，由于自动跟踪只在一张 sheet 内出现，所以跟踪就会有效地中止，或者使用控制生成器，从 TRIN 输入字段中，清除跟踪点。

三、实时控制回路图的查看

访问实时控制回路图的两种方法如下：

（1）选择桌面左下角的 Start，选择 Ovation，选择 Ovation Applications，点击 Signal Diagram 图标。

（2）使用含有点的有关信息的操作窗口，如 Point Information 等，右键，选择 Signal Diagram，调出与此点有关的控制回路图。

实时控制回路图窗口如图 3-30 所示。

（一）实时控制回路图窗口的显示内容

实时控制回路图窗口显示的主要内容如下：

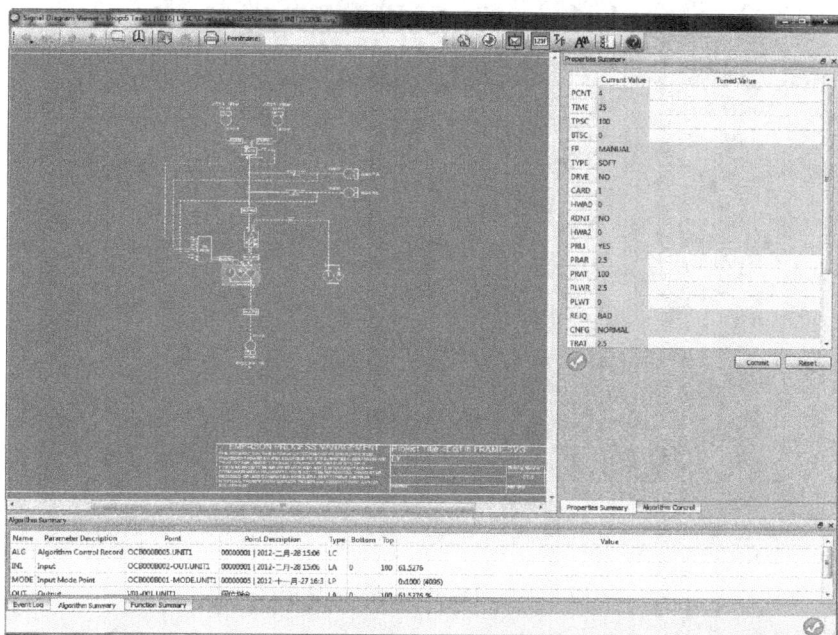

图 3-30　实时控制回路图窗口

1. Navigation Toolbar 窗口工具栏和状态栏

Navigation Toolbar 窗口工具栏如图 3-31 所示。

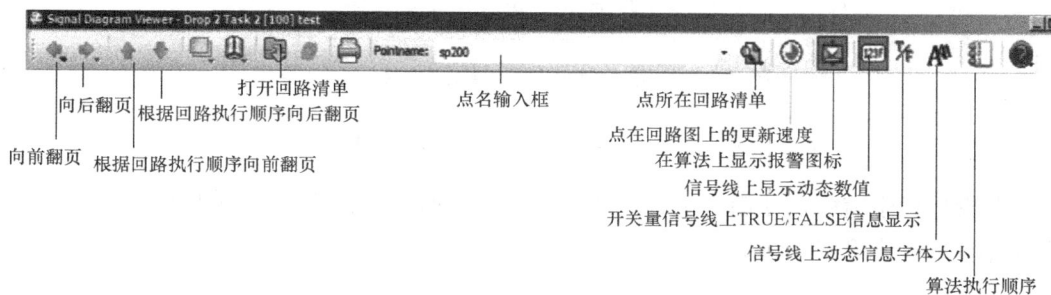

图 3-31　Navigation Toolbar 窗口工具栏

实时控制回路图窗口的底部是状态栏。状态栏右下角显示的两种图符是 ![图标]或![图标]，图符
![图标]或![图标]分别表示 Signal diagram 控制回路图与控制器中回路不匹配或匹配。

2. Display canvas 显示区

Display canvas 显示区用于显示实时控制回路图，如图 3-32 所示。

3. Algorithm Control 算法控制窗

Algorithm Control 算法控制窗列出与当前选中算法有关的点名清单。在清单上，利用
右键可打开栏目修改窗，如图 3-33 所示。

4. Event Log 回路操作记录窗

Event Log 回路操作记录窗用于记录工作人员在实时控制回路图中的操作。在 Event

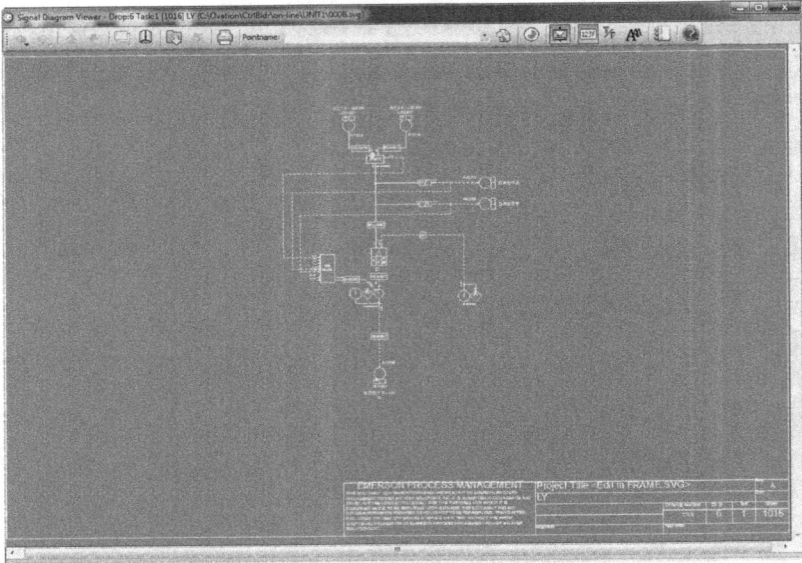

图 3 - 32　Display canvas 显示区

图 3 - 33　Algorithm Control 算法控制窗

Log 回路操作记录窗中，使用右键可管理记录内容，如复制、清空和刷新等。Event Log 回路操作记录窗如图 3 - 34 所示。

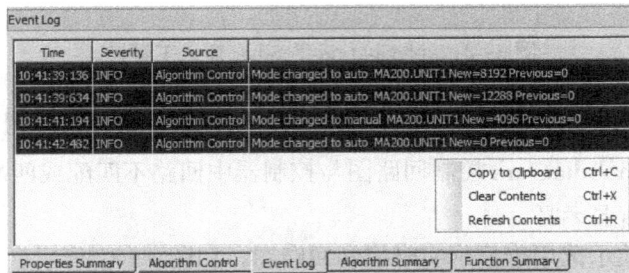

图 3 - 34　Event Log 回路操作记录窗

5. Function Summary 功能概况窗

Function Summary 功能概况窗列出控制回路中页连接点清单。在点上右键，出现点的右键菜单；在空白的地方右键，允许选择窗口显示内容项，如图 3 - 35 所示。

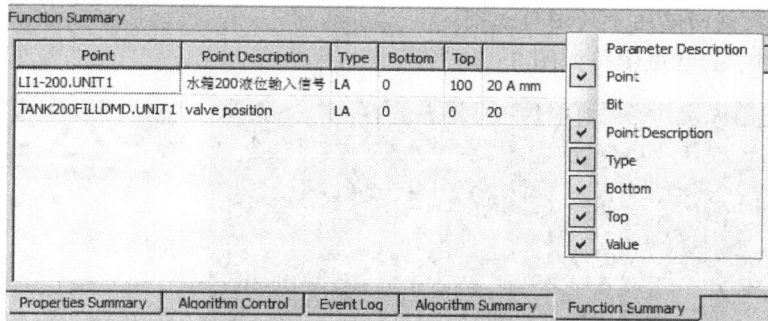

图 3-35　Function Summary 功能概况窗

6. Algorithm Summary 算法概况窗

Algorithm Summary 算法概况窗列出回路中所选择算法有关的点名清单。在清单上，使用右键，允许打开栏目来修改窗中的内容，如图 3-36 所示。

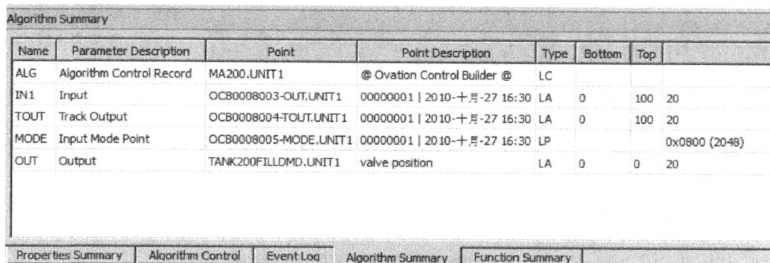

图 3-36　Algorithm Summary 算法概况窗

7. Properties Summary 算法参数整定窗

Properties Summary 算法参数整定窗用于修改控制算法参数。在 Tuned Value 区内，双击左键，允许修改整定参数；如果选择 Commit 按钮，则数值被传至控制器，如图 3-37 所示。

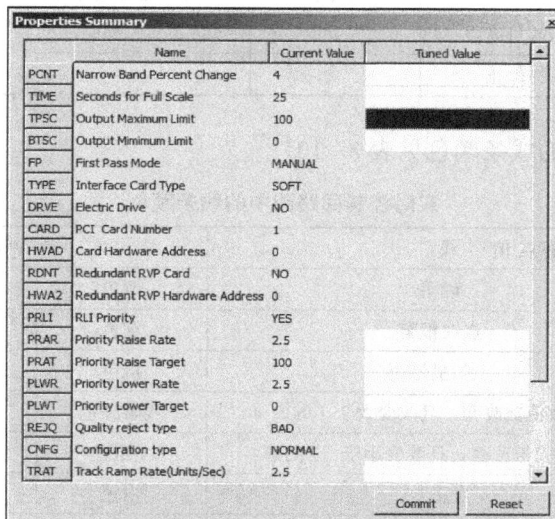

图 3-37　Properties Summary 算法参数整定窗

（二）实时控制回路图中的图符识别

控制回路图中的常见图符如图 3-38 所示。

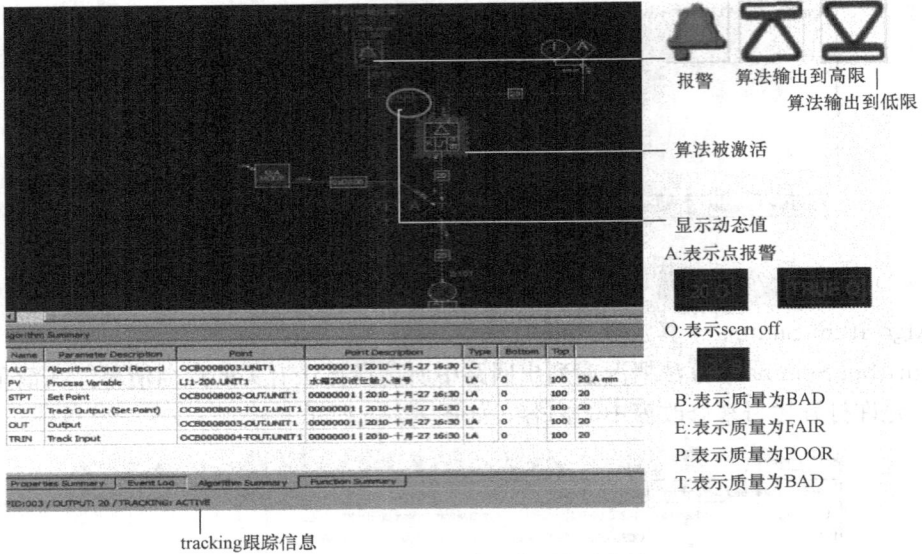

图 3-38　控制回路图中的常见图符

实时控制回路图中的图符颜色见表 3-9。

表 3-9　　　　　　　　　　　实时控制回路图中的图符颜色

模 拟 量 算 法		数 字 量 算 法	
颜色	说　明	颜色	说　明
绿色	算法处在跟踪方式	红色	算法输出为"1"
红色	算法在手动方式	白色	算法输出为"0"
紫色	算法输出超过低限	蓝绿色	算法输出由外部计算结果，非控制器运算结果
红紫色	算法输出超过高限		
金黄色	算法扫描停止		

实时控制回路图中的线条颜色见表 3-10。

表 3-10　　　　　　　　　　实时控制回路图中的线条颜色

模 拟 量 点 信 号 线		数 字 量 点 信 号 线	
颜色	说　明	颜色	说　明
粉色	点在报警	黄色	点扫描停止，为"False"
黄色	点扫描停止	橙色	点扫描停止，为"True"
红色	点的数值被改变，且改变大于 1 的值	浅紫红色	点在报警，为"False"
蓝绿色	点的数值被改变，且改变小于 −1 的值	紫红色	点在报警，为"True"
白色	点正常	白色	点正常，为"False"
绿色	跟踪线	红色	点正常，为"True"

在实时控制回路图中，显示内容的操作方法如下所述。

1. 线条上的显示内容操作

在实时控制回路图中的空白处，按右键，如果选择 Display control pin values，则在信号线上显示数值；如果选择 Display hover text，则在信号线上选中显示的数值及其相应的点名。

2. 页连接符显示内容操作

图 3-39 中，2/101 的 2 为控制器号，101 为信号来源的回路号。在页连接符上，点击左键，出现此点与哪些页的连接，如图 3-39 所示。

带 ＊ 号为此点的信号发源地为哪页，如果选中某页后，则调出此页的回路图；如果使用 shift＋左键选中某页，则在新窗口中调出此页回路图。

3. 算法右键菜单显示操作

在控制算法上，按右键，出现右键操作菜单，如图 3-40 所示。

水箱200液位输入
信号
0~100 mm
LI1-200

2/101

图 3-39 页连接符显示内容

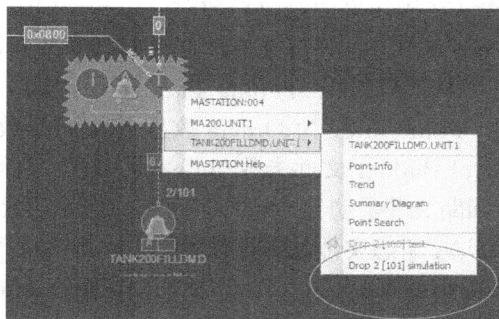

图 3-40 算法右键菜单

四、实时控制回路中的参数修改

实时控制回路算法参数修改步骤如下：

（1）在回路图上，选择某个算法，按左键，则显示算法的 Property Summary 和 Algorithm Summary 窗口。

（2）在 Property Summary 窗口中，选择需要修改的参数。

（3）如果点击 Commit 按钮，则保存修改值；如果点击 Clear 按钮，则清除输入值。

（4）对于一些特殊算法，选择 Advanced 按钮，修改特殊参数。

五、数据上传与 Control Builder 文件更新

（一）数据上传（Reconciling tuning）

当实时控制回路中算法参数被修改后，为使数据库内的参数与控制器中的参数值一致，必须执行上传操作，将数据上传到数据库中。数据上传步骤如下：

（1）打开 Ovation Developer Studio 组态工具。

（2）选择控制器（Controller），右键，选择 Reconcile，在系统进行比较后，出现 Reconcile 对话框，如图 3-41 所示。

（3）在 Reconcile 对话框中，选择需要上传的点。

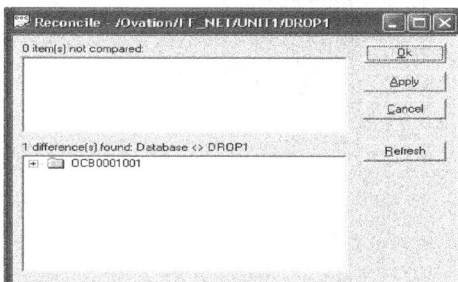

图 3-41 Reconcile 对话框

（4）選擇 OK，完成上傳操作。

（5）更新 Control Builder 文件。

（二）Control Builder 文件更新

在修改實時控制迴路中的參數後，為保證 Control Builder 文件參數與 Oracle 數據庫中參數一致，必須更新 Control Builder 文件。

1. 更新某一頁 Control Builder 迴路文件的參數

對某一頁 Control Builder 迴路文件進行參數更新的兩種方法如下：

（1）迴路文件自動 Reconcile。迴路文件自動 Reconcile 方法適合於在操作界面修改參數時，Control Builder 組態文件沒有被打開的情形。具體操作如下：

1）在 Control Builder 工具中，確認 Edit 菜單的 Configuration 中的 Reconcile 項是否設置為 TRUE；

2）確認在操作界面修改參數時，Control Builder 組態文件沒有被打開。在 Ovation Developer Studio 中，打開組態文件，這時的系統自動進行 Control Builder 文件與 Oracle 數據庫的比較，出現 Update Tuning Parameters 窗口，Document value 是 Control Builder 文件中的參數，Point value 為 Oracle 數據庫中的參數，選擇需要上傳的參數並執行上傳操作，保證 Control Builder 文件參數與 Oracle 數據庫中參數的一致。

（2）迴路文件手動 Reconcile。迴路文件手動 Reconcile 方法適合於在操作界面修改參數時，Control Builder 組態文件處於打開狀態。不要先進行保存操作，在 Control Builder 工具中，選擇 File 菜單中的 Reconcile，手動比較，出現 Update Tuning Parameters 窗口，如圖 3 - 42 所示。

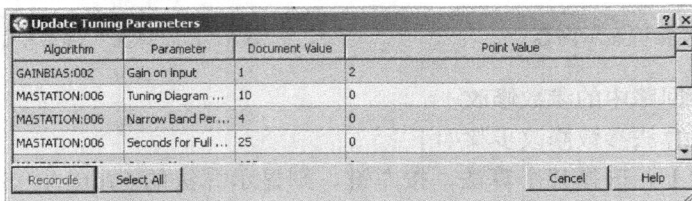

圖 3 - 42　Update Tuning Parameters 窗口

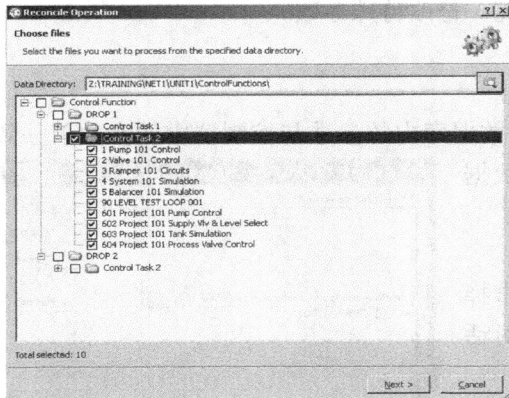

圖 3 - 43　Reconcile operation 窗口

2. 更新多頁 Control Builder 迴路文件的參數

在更新多頁 Control Builder 文件的參數時，使用 Control Option... 的 Reconcile 功能。在 Ovation Developer Studio 窗口中，選擇控制器（DropX），右鍵，選擇 Control Option，選擇 Reconcile operation 功能，選擇 Next 按鈕，出現 Reconcile operation 窗口，選擇需要進行比較的組態文件，在得出比較結果並確認後，上傳，保證 Control Builder 文件參數與 Oracle 數據庫中參數的一致。Reconcile operation 窗口如圖 3 - 43 所示。

数据操作如图 3-44 所示。

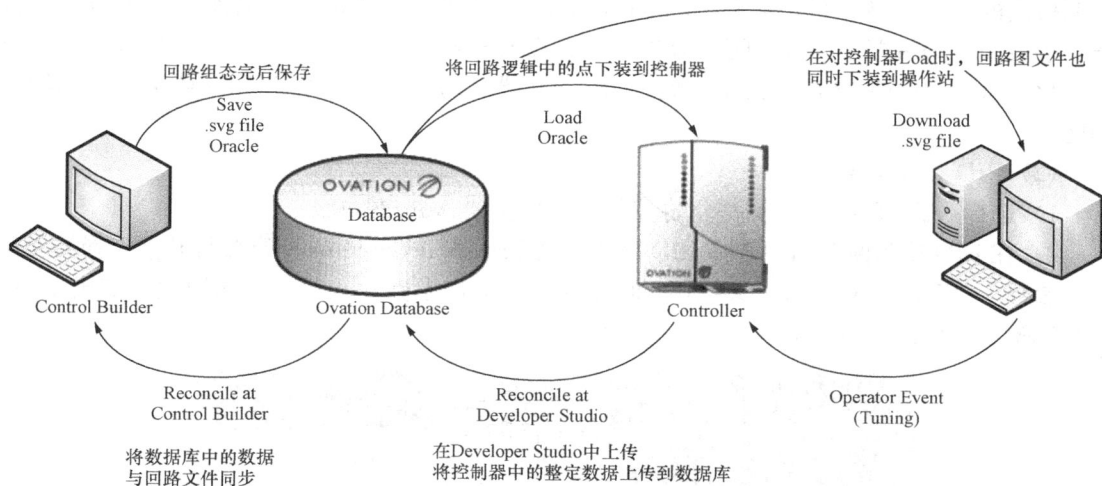

图 3-44 数据操作示意

⧖ 【任务准备】 ◎

一、引导问题

（1）数据上传的方法。

（2）跟踪的意义和方法。

（3）积分饱和及其处理。

（4）实时控制回路图的查看方法。

（5）Control Builder 文件更新的步骤。

二、制订任务方案

在正确问答引导问题后，根据行业（企业）规程和项目化教学过程的基本要求，制订任务方案表。

📚 【任务实施】 ◎

根据项目化教学过程的基本要求，完成任务的计划、准备、实施和结束等工作。在教师的指导下，实施本任务，具体内容有以下几个。

1. 打开实时控制回路图

依次打开本项目任务一所完成的单容水箱仿真控制模型控制回路图、PID 控制回路图和给水泵控制回路图。

2. 修改控制参数，测试控制功能

（1）调节阀手/自动切换及手动操作。在 PID 控制回路图中，选择 MASTATION 算法，出现 Algorithm Control 窗口，如图 3-45 所示。

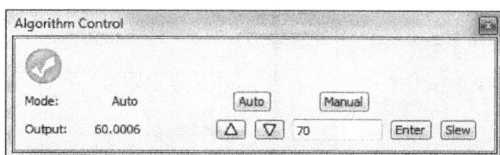

图 3-45 Algorithm Control 窗口

在 Algorithm Control 窗口中，分别选择 Auto（自动）和 Manual（手动）模式，测试控制模式的切换功能。当切换到 Manual 模式时，可通过△▽按钮对当前阀位进行增减操作；也可通过编辑框手动输入阀位指令，按下 Enter 或 Slew 按钮即生效，其中，Enter 为阶跃变化，Slew 为斜坡变化。在系统处于 Manual 模式时，可仔细观察 PID 算法的自动跟踪功能。

（2）PID 参数整定。

1）选择 MASTATION 算法，将控制系统切换到 Auto 模式。

2）在 PID 控制回路图中选择 PID 算法，则 Properties Summary 窗被打开，选择需要修改的参数（INTG、PGAIN、DGAIN 和 DRAT），双击参数输入窗，输入数值，点击 Commit 按钮，如图 3-46 所示。

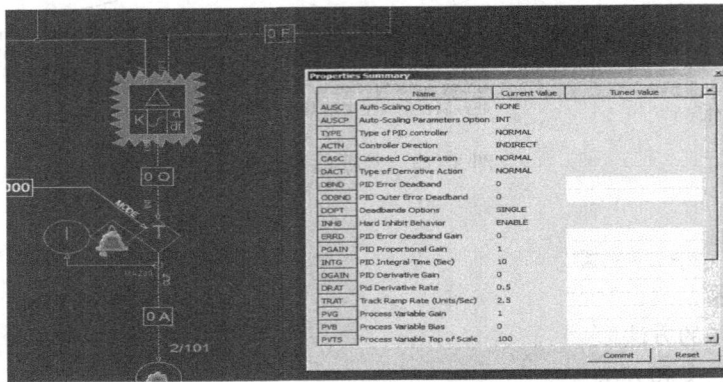

图 3-46　PID 参数整定示意

3）在 PID 控制回路图中，选择 SETPOINT 算法，则 Properties Summary 窗被打开，适当修改给定值，观察水位的变换情况，为了便于观察控制效果，可调出水位信号和阀位指令实时趋势图，如图 3-47 所示。

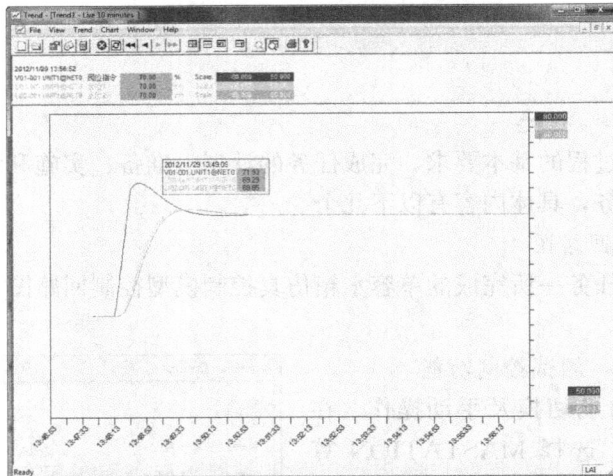

图 3-47　实时趋势图

如 PID 参数整定效果不好，可重复上述过程，直到满意为止。

3. 调节阀强制手动（MRE）功能测试

在单容水箱仿真控制模型控制回路图中，适当修改两个分支中的超前滞后算法（LEADLAG）的惯性时间，使两个水位信号偏差增大，从而产生 MRE 信号，使调节阀强制切为手动。此时，在 PID 控制回路图中，需仔细查看 2XMTR 算法、MAMODE 算法及 MASTATION 算法工作状态的变化，并检查跟踪功能。

4. 调节阀优先升 PRA 和优先降 PLW 功能测试

在 PID 控制回路图中，适当修改高值监视算法 HIGHMON 和低值监视算法 LOWMON 的限值，使之产生调节阀优先增信号 PRA 和优先减信号 PLW，仔细观察 HIGHMON 算法、LOWMON 算法、MAMODE 算法及 MASTATION 算法工作状态的变化。

5. 给水泵控制功能测试

在给水泵控制回路图中，选择键盘接口算法 KEYBOARD，出现 Algorithm Control 窗口，如图 3-48 所示。

在键盘上，点击对应键，即可实现对给水泵的启动（OPEN）/停止（CLOSE）切换、手动（MAN）/自动（AUTO）切换、禁止操作（P1）/允许操作（P2）切换等控制功能。

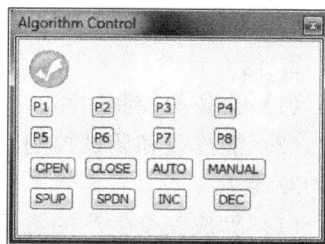

图 3-48　Algorithm Control 窗口

6. 上传数据

将修改后的参数上传到数据库的操作是在 Ovation Developer Studio 窗口中，选择控制器（DropX），鼠标右键，选择菜单 Reconcile，在 Reconcile 窗选择算法，选择 OK，被选中的数据即上传到数据库，如图 3-49 所示。

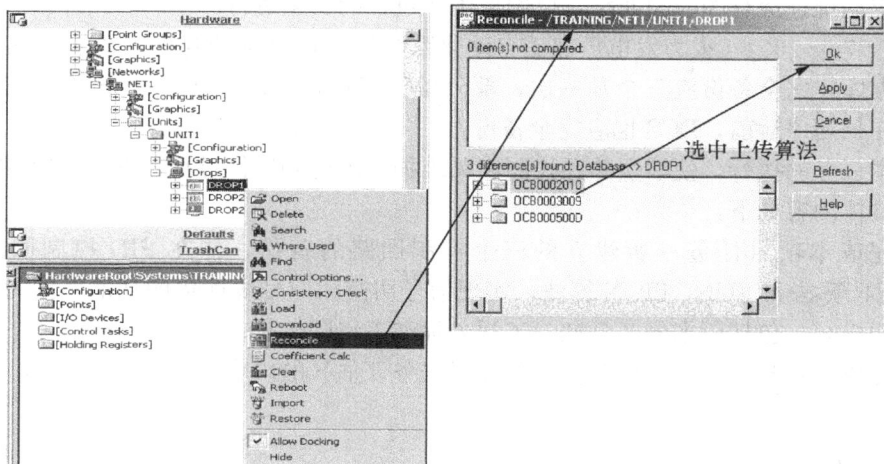

图 3-49　上传数据示意

7. 更新 Control Builder 文件

执行 Reconcile 操作，保证 Control Builder 文件中算法参数与 Oracle 数据库的一致。

8. 分组讨论，完成自评和互评

9. 提交任务实施计划表、任务实施表和检验评估表

【任务评估】

检查任务的完成情况，收集任务方案表和任务实施表，完成检验评估表。

任务三　控制回路维护

【教学目标】

1. 知识目标

（1）熟悉恢复备份控制回路的方法。

（2）熟悉 Control Builder 组态工具的内容。

2. 能力目标

（1）会备份控制回路。

（2）能修改和调试控制回路。

3. 素质目标

（1）养成安全生产的意识。

（2）养成严谨务实的工作作风。

（3）养成团队协作的工作方式。

（4）养成严格执行国家、行业及企业技术标准的工作习惯。

【任务描述】

必须定期维护运行的控制回路，以确保生产过程的安全运行。

DL/T 774—2004《火力发电厂热工自动化系统检修运行维护规程》要求定期备份 DCS 组态和数据库，完全备份应三个月一次，部分备份应每月一次；在 DCS 检修的前后，应完全备份；在长期停运前，DCS 也应完全备份。

通过本任务的执行，使学生熟悉控制回路维护的内容和操作过程，增强 DCS 组态能力。本任务的具体内容如下：

（1）完成本项目任务一所建立的三个控制回路的备份，并在 PID 控制回路中增加 TRANSFER 算法和 FUNCTION 算法，实现信号切换和信号线性化的功能，同时修改控制回路的说明内容，包括版本号、日期、工程名称和工程师名等。

（2）完成【任务准备】、【任务实施】和【任务评估】的内容。

【知识导航】

一、Control Builder 组态工具

Control Builder 组态工具主要包括 File、Edit、View、Draw 和 Tools 菜单等。File 菜单如图 3 - 50 所示，Edit 菜单如图 3 - 51 所示，View 菜单如图 3 - 52 所示，Draw 菜单如图 3 - 53 所示，Tools 菜单如图 3 - 54 所示。

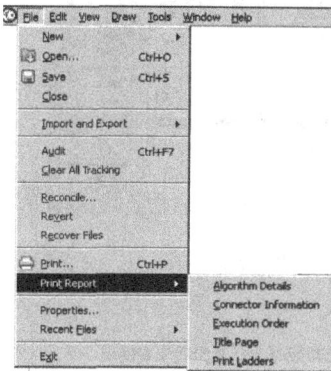

New-Simple Graphic:生成一幅与回路无关的图
　　　Control Function:生成一个新回路
　　　Algorithm Symbol:产成一个图符
　　　Control Library:生成回路库
　　　Control Macro:生成宏算法
Audit-回路审计
Reconcile-上传整定数据到回路图
Revert-读取上一次保存的图
Recover Files-恢复非法退出时的文件.当某页被锁时
　　　　　　可以用此解锁,但不建议多使用
3Print Report-打印回路中各种内容
Properties-打开Property Editor显示窗
Recent Files-显示以前打开过且保存过的回路文件名

图 3 - 50　File 菜单

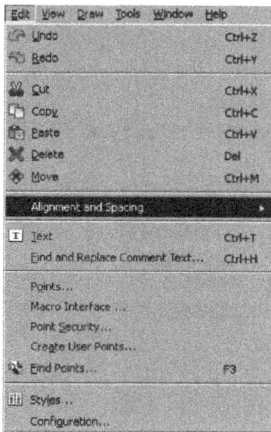

cut-删除当前选中的内容，并将它放入暂存器。
Text-选中文本内容重新修改。
Find and Replace Text-寻找和替换图中的文本内容。
Points-列出点编辑窗,窗中显示当前页中的点,且可在此窗编辑/修
　　　改点名,并可用.map文件替换点名。

Macro Interface-列出宏清单,并可编辑宏参数的描述和值.此功能
　　　　　仅在宏图中才能使用。
Create User Points-生成回路中未在数据库中定义的点。
Find Points-寻找回路中的点。
Styles-打开字形等的编辑窗。
Configuration-设置回路组态中的数据库连接参数。(不建议修改)
　　　(建议在Project Settings中修改Reconcile的参数为True)

图 3 - 51　Edit 菜单

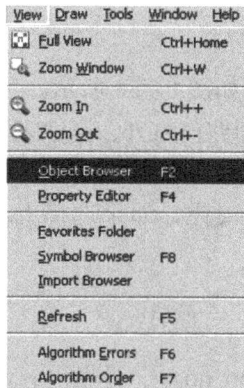

Object Browser-打开Object Browser窗
Property Editor-打开Property Editor窗
Symbol Browser-打开Symbol Browser窗
Algorithm Errors-算法的出错窗
Algorithm Order-显示算法执行顺序

图 3 - 52　View 菜单

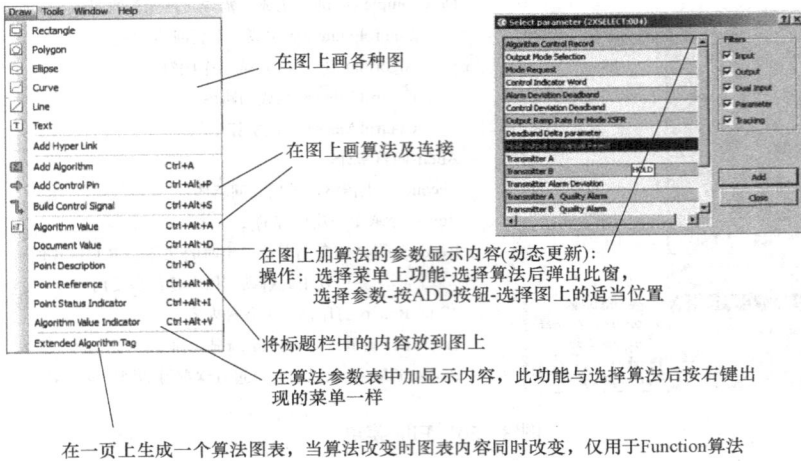

在图上画各种图

在图上画算法及连接

在图上加算法的参数显示内容(动态更新):
操作：选择菜单上功能-选择算法后弹出此窗，
       选择参数-按ADD按钮-选择图上的适当位置

将标题栏中的内容放到图上

在算法参数表中加显示内容，此功能与选择算法后按右键出
现的菜单一样

在一页上生成一个算法图表，当算法改变时图表内容同时改变，仅用于Function算法

图 3-53   Draw 菜单

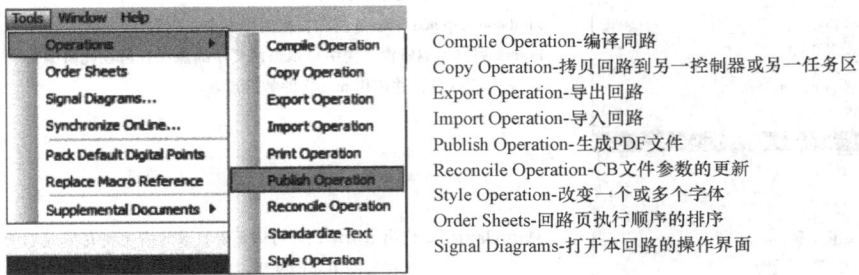

Compile Operation-编译回路
Copy Operation-拷贝回路到另一控制器或另一任务区
Export Operation-导出回路
Import Operation-导入回路
Publish Operation-生成PDF文件
Reconcile Operation-CB文件参数的更新
Style Operation-改变一个或多个字体
Order Sheets-回路页执行顺序的排序
Signal Diagrams-打开本回路的操作界面

图 3-54   Tools 菜单

下面介绍打开控制回路的常用方法。

1. 使用 Ovation Developer Studio 工具窗

打开 Ovation Developer Studio 组态工具，展开硬件 Hardware 目录树，选择某个控制器，选择相应的控制任务区 Control Task，选中 Control Sheets 文件夹，选择回路，如图 3-55所示。

2. 使用 Control Builder 工具窗

使用 Control Builder 工具窗，打开控制回路，如图 3-56 所示。

在回路清单中，标记 🔒 1 Pump 101 Control 表示回路已打开，标记表示 🖥 4 System 101 Simulation 回路未被打开过。

异常关闭或同时被多个用户打开的 sheet 会被锁住，如果选择 Open，即可解锁；如果知道某 sheet 正被其他用户使用，则禁止解锁。

二、控制回路的修改方法

1. 修改回路的基本参数

修改回路的基本参数包括回路版本号（revision no.）、日期（revision date）和回路编号（sheet number）。修改回路的基本参数示意如图 3-57 所示。

图 3 - 55　使用 Ovation Developer Studio 工具窗打开控制回路

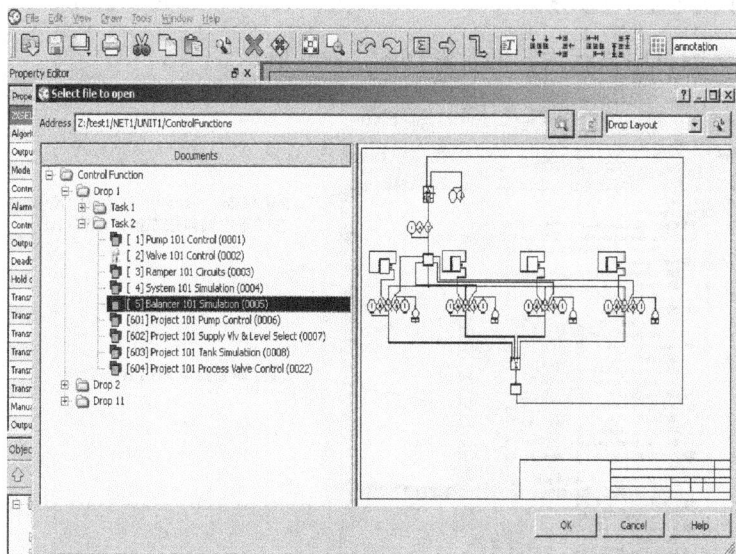

图 3 - 56　使用 Control Builder 工具窗打开控制回路

2. 算法参数设置工具

Object Browser 窗口及其说明如图 3 - 58 所示。

图 3-57　修改回路的基本参数示意

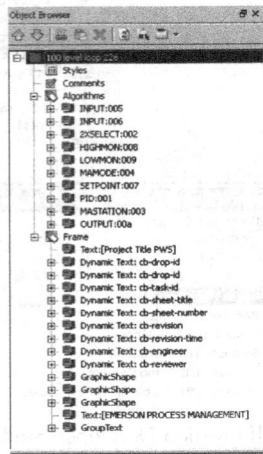

Object Browser窗口功能:
列出回路中各项内容:
Styles: 图形颜色及线条等的设置:
Comments: 在图中加文字说明或
与数据库无关的图:
Algorithms: 列出当前回路中的算
法清单，修改图符
中的图形内容:
Frame: 修改当前页右下角的图纸说明:

图 3-58　Object Browser 窗口及其说明

修改 I/O 算法图符中显示内容的示意如图 3-59 所示。

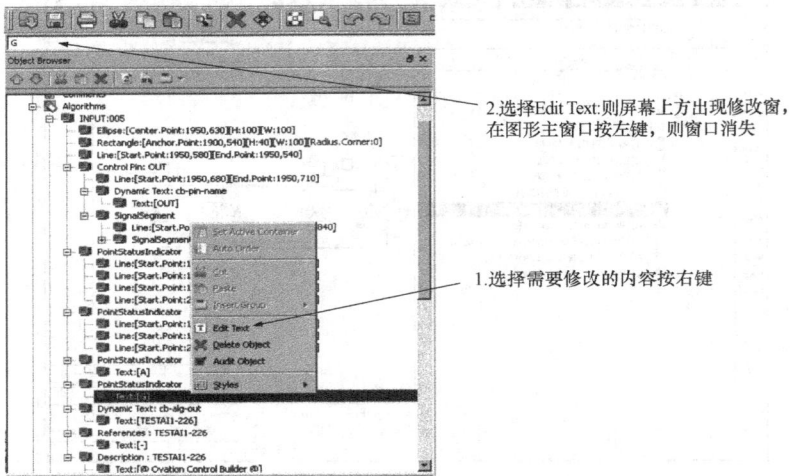

2.选择Edit Text:则屏幕上方出现修改窗，
在图形主窗口按左键，则窗口消失

1.选择需要修改的内容按右键

图 3-59　修改 I/O 算法图符中显示内容的示意

Property Editor 窗口用于设置回路组态中的算法参数。回路组态中的算法参数设置操作如图 3-60 所示。

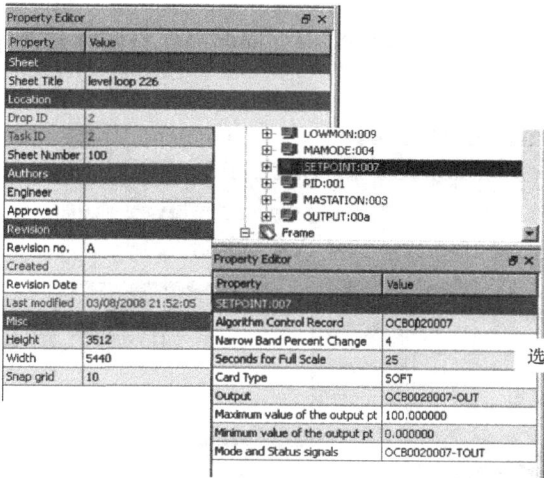

图 3-60　回路组态中的算法参数设置操作

在 Ovation 系统目录树的各级子目录中，允许存在 frame（图纸说明）文件。如果 frame 文件在多个目录中存在，则 Control Builder 工具从最底层开始查找，找到即执行，从而忽略上级的 frame 文件。

在 Ovation\CtrlBldr 文件夹下，修改相应的 frame.svg 的步骤如下：

（1）另存为某个文件名，如 frame1.svg；

（2）在 Control Builder 打开的回路图中，选择 Frame，在参数修改窗中，写入文件名，如 frame1.svg，如图 3-61 所示。

3. 算法的执行顺序设置

修改回路中算法的执行顺序示意如图 3-62 所示。

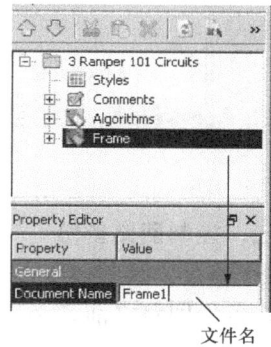

图 3-61　修改 frame 文件示意

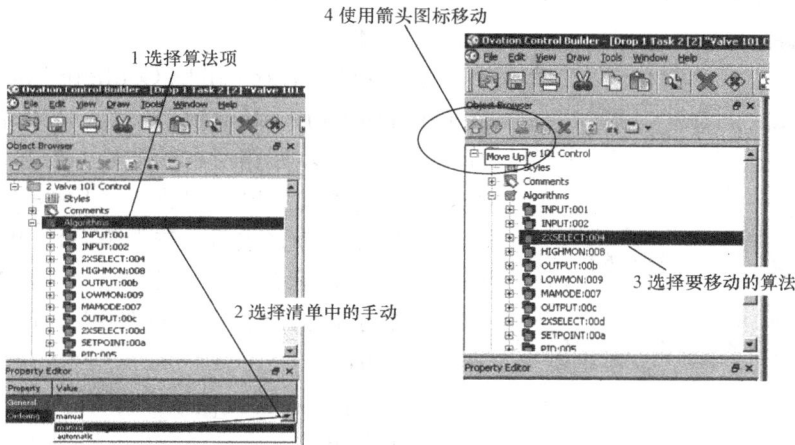

图 3-62　修改回路中算法的执行顺序示意

4．回路的执行顺序修改

打开某个回路的 Control Builder 窗，选择菜单 Tools。回路的执行顺序修改示意如图 3-63 所示。

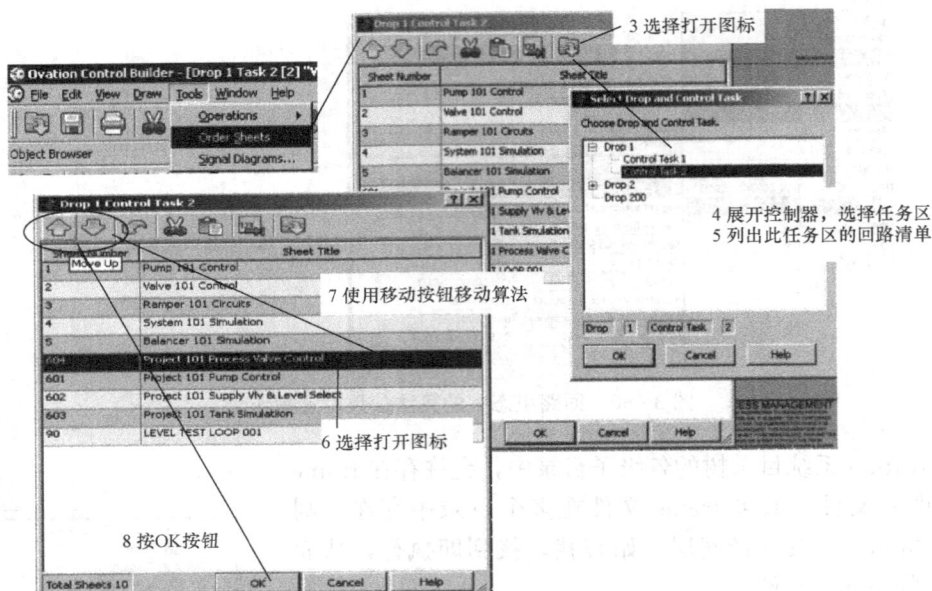

图 3-63　回路的执行顺序修改示意图

三、控制回路备份

（一）备份控制回路文件 ＊.svg

在备份回路之前，必须先将控制器中的整定参数上传至数据库及回路文件，下面介绍常用方法。

1．利用 Configure operation 窗口

（1）在 Control Builder 工具中，打开某个 Control Builder 文件，选择 Tools 菜单，选择 operations 子菜单的 Export 功能，出现 Export operation 窗口，选择需要备份的 Control Builder 文件。

图 3-64　Configure operation
窗口操作示意图

（2）选择 Next，出现 Configure operation 窗口。在 Configure operation 窗口中，选择保存的路径，选择文件名，显示回路所在的站号、控制任务区号和页号，以 svg 类型导出，如图 3-64 所示。

（3）在组态完成后，选择 Next，出现 Confirmation 窗口，在确认后，选择 Next，出现 Completed 窗口，显示备份结果，允许使用 htm 文件格式，保存备份结果。

2．使用 Control options 的 Export 功能

（1）打开 Ovation Developer Studio，选择任意一个控制器或控制任务区，右键，选择 Control options。

（2）选择 Export operation，选择 Next。

（3）出现 Browse for folder 窗口，选择需备份的 Control Builder 文件所在的路径。如 D：\OvPtSvr\＜system name＞\＜network＞\＜unit＞\ControlFunctions。

（4）选择 OK，出现 Export operation 窗口，选择需要备份的 Control Builder 文件。

（5）与利用 Configure operation 窗口备份的步骤（2）和步骤（3）相同。

（二）备份 Control Builder 宏文件和图符

1. 备份 Control Builder 宏文件

拷贝 ControlMacros 文件夹，其目录为 OvPtSvr\＜system name＞\ControlMacros。

2. 备份图符

拷贝 symbols 文件夹，其目录为

OvPtSvr\＜ system name ＞\symbols 或 OvPtSvr\＜ system name ＞\＜ network ＞\symbols

【任务准备】

一、引导问题

（1）控制回路备份的方法；

（2）修改控制回路的基本步骤；

（3）Control Builder 组态工具的主要内容；

（4）根据行业（企业）规程和项目化教学过程的基本要求，制订任务方案表。

二、制订任务方案

在正确问答引导问题后，根据行业（企业）规程和项目化教学过程的基本要求，制订任务方案表。

【任务实施】

根据项目化教学过程的基本要求，完成任务的计划、准备、实施和结束等工作。在教师的指导下，实施本任务，具体内容有以下几个。

1. 上传控制器数据到数据库

2. 上传数据库数据到回路文件

将实时控制回路中修改过的参数上传到数据库和 Control Builder 文件，确保数据的一致性。

3. 备份回路

备份单容水箱仿真控制模型控制回路图、PID 控制回路图和给水泵控制回路图，以便在出现意外时，原来的 Control Builder 文件能被恢复。

4. 修改控制回路及其参数

依次打开本项目任务 1 所完成的单容水箱仿真控制模型控制回路图、PID 控制回路图和给水泵控制回路图。

（1）修改 PID 控制回路。在 PID 控制回路中，增加 TRANSFER 算法和 FUNCTION

算法，操作过程如下：

　　1）删除 2XSELECT 算法与 PID 的 PV 端连接线；

　　2）加入 AVALGEN 算法，并设置好参数；

　　3）加入 TRANSFER 算法，将 2XSELECT 算法输出的 MRE 信号接入到 TRANSFER 算法 FLAG 端，作为切换条件；

　　4）删除 MASTATION 算法与输出之间连接线；

　　5）加入 FUNCTION 算法，并设置好参数；

　　6）连接输入信号；

　　7）保存修改后的回路；

　　8）打开 Ovation Developer Studio，下装回路到控制器；

　　9）使用 Control Builder 中的回路查看方式，打开回路，测试其控制功能。

　　（2）修改 frame 文件的内容。在 Control Builder 打开的回路图中，修改 frame 文件的内容如下：

　　1）修改回路版本号和日期，并保存。

　　2）选择 Frame，在下面的参数修改窗，写入工程名和工程师名，并保存。

　　5. 下装回路的数据到控制器

　　6. 检验回路修改的正确性

如果发现修改的控制回路存在错误，则恢复旧控制回路文件。

　　7. 分组讨论，完成自评和互评

　　8. 提交任务实施计划表、任务实施表和检验评估表

【任务评估】

检查任务的完成情况，收集任务方案表和任务实施表，完成检验评估表。

【知识拓展】

下面介绍控制回路恢复的步骤。

1. Control Builder 宏文件恢复

把备份的 ControlMacros 文件夹下的 .svg 宏文件，拷回当前系统所在的 ControlMacros 文件夹，其目录为 OvPtSvr\＜system name＞\ControlMacros。

2. 图符恢复

（1）把备份的 symbols 文件夹下的 .svg 图符文件，拷回当前系统所在的 symbols 文件夹。

（2）编译恢复的宏。在目录 OvPtSvr\＜system name＞\ControlMacros 下，打开某个宏文件，打开 Tools 菜单，选择 Operations，选择 Compile，选择需要编译的宏进行编译。

3. 控制回路恢复

（1）在 Control Builder 工具中，选择 Tools 菜单，选择 Operations 子菜单，选择 Import 功能。或者在 Ovation Developer Studio 中，选择任意控制器，选择任意控制任务区，右键，选择 Control Options 的 Import 功能。Import Option 窗口的操作示意如图 3 - 65 所示。

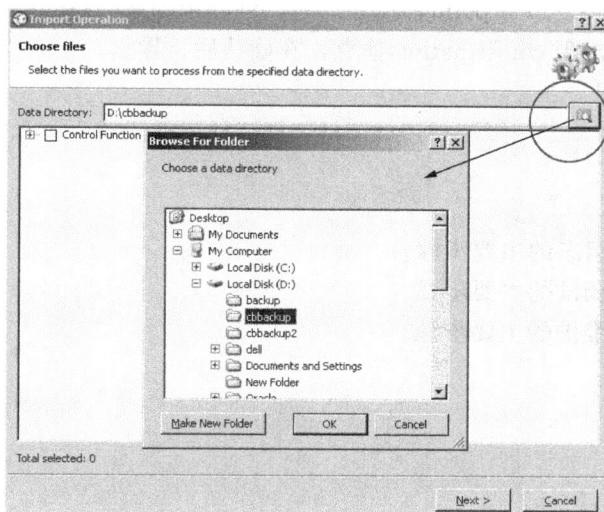

图 3 - 65　Import Option 窗口的操作示意

（2）选择备份的控制回路文件的路径，如图 3 - 66 所示。

（3）选择需要恢复的控制回路文件，出现 Configure operation 窗口。

（4）在 Configure operation 窗口中，选择文件恢复的路径（Destination），OvPtSvr\＜system name＞\＜network＞\＜unit＞\ControlFunctions。

（5）选择 Control Builder 文件，导入指定的控制器，指定控制任务区和文件导入的起始页号。如果不指定控制器和控制任务区，则恢复到备份时回路所在的控制器和控制任务区；如果不想改变原来的页号，则 base sheet number 设为 0。

（6）如果需要进行点的替换，则选择已定义的点的 map 文件，也可新建或编辑已存在的 map 文件。

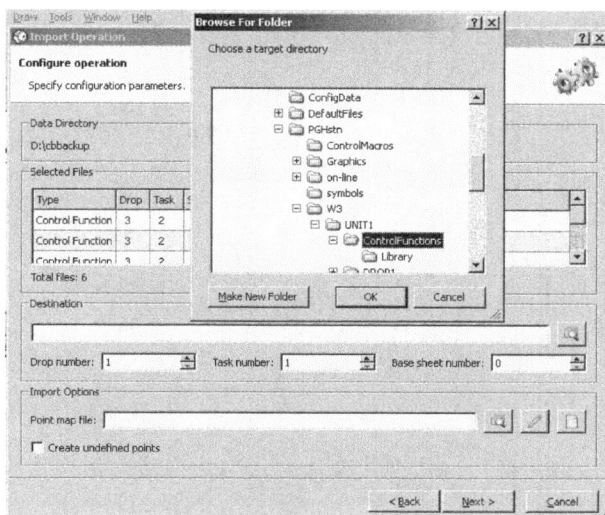

图 3 - 66　选择备份的控制回路文件的路径示意

（7）选择 create undefined point，在导入时，创建未定义的点。

（8）选择 Next，出现 confirmation 信息，在确认后，导入。

（9）查看结果信息。

【课后任务】

1. 简述控制回路组态的主要步骤。

2. 简述控制回路调试的主要步骤。

3. 简述控制回路维护的主要步骤。

项目四　流　程　图　组　态

【项目描述】

流程图组态是热工控制技术人员的基本工作能力。

动态流程图直观和方便地显示了生产的过程。动态流程图的画面应能正确反映工艺流程、信息量充足、操作直观而方便、颜色协调并美观。

对初学者来说，如果要创建动态流程图，则必须先学习怎样创建静态流程图；对有能力创建动态流程图的技术人员而言，通常是直接建立所需的动态流程图。与创建静态流程图的过程比较，动态流程图的组态过程涉及的内容更多。

通过执行本项目静态流程图组态和动态流程图组态的任务，使学生熟悉流程图组态的内容、步骤及其操作，增强 DCS 的组态能力。

【教学目标】

(1) 熟悉图形语句。
(2) 能创建动态流程图。
(3) 掌握流程图组态的基本要求。
(4) 开展职业素质的培养。

【教学环境】

(1) 教学场地：理实一体化教室。
(2) 教学设备和材料：一套完整的 DCS 实际设备，每人一个工程师站。
(3) 教学参考资料：

1) 上海爱默生过程控制系统有限公司. Ovation 硬件培训手册. 2010.
2) 赵志军. Ovation 控制系统中典型逻辑控制图例的分析 [J]. 河北电力技术. 2004 (1).
3) 田宏梅. Ovation 系统在热电厂中的应用 [J]. 科技创新导报. 2009 (20).
4) 邓冠宇. 由 Ovation 画面自动建立电气仿真模型的研究 [J]. 电力科学与工程，2008 (8).

任务一　静态流程图组态

【教学目标】

1. 知识目标
(1) 熟悉图形语句。

（2）熟悉绘图区选择的原则。

（3）熟悉流程图的组态基本要求。

（4）掌握创建一个静态流程图的步骤。

（5）掌握点名、文本字串和项的表示方法。

（6）熟悉工具栏的常用工具的对话框内容。

2. 能力目标

能创建一个静态流程图。

3. 素质目标

（1）养成安全生产的意识。

（2）养成严谨务实的工作作风。

（3）养成团队协作的工作方式。

（4）养成严格执行国家、行业及其企业技术标准的工作习惯。

【任务描述】

在设计静态流程图时，应当简化次要管线，使之既符合工艺流程又简捷。画面布置要尽量均匀，避免过紧或过松。

静态流程图组态的主要过程：①简化管道仪表流程图（P&ID）；②设计静态流程图。

通过本任务的执行，使学生熟悉静态流程图的组态内容和操作过程，增强 DCS 组态能力。本任务的具体内容如下：

（1）创建一个与点无关的液罐静态图，如图 4-1 所示。

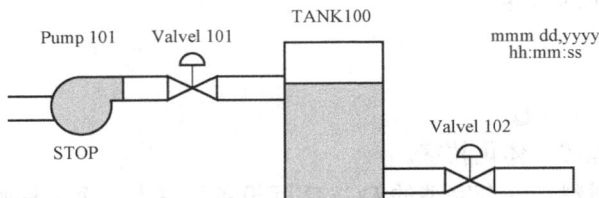

图 4-1　一个与点无关的液罐静态图

在创建与点无关的液罐静态图的过程中，要求利用各自工作站的编号，改写图名和项等末尾对应的字符，执行设置图基本属性、绘制图形、保存和下装等操作。

（2）完成【任务准备】、【任务实施】和【任务评估】的内容。

【知识导航】

一、图形的相关内容

在 Ovation 系统中，Graphics Builder（GB）是一个高性能的作图工具，具有编辑图形、符号、颜色、宏指令和源代码等编辑功能。在使用 Graphics Builder 创建过程图的过程中，会产生两个图形文件，其中的源文件（.src）是一个 ASCII 文件，目标文件（.diag）是一个图形执行文件。

1. 图形类型

在 Ovation 系统中，图形类型分为三种。

（1）Main（主图）。主图用于流程图窗口的显示。在流程图窗口中，主图可自由缩放。

（2）Pop-Up Window（弹出窗口）。在主图中，弹出窗口是被调出的附属窗口图形。

（3）Sub Screen（子图）。在主图中，子图是被调出的附属窗口图形，现已被弹出窗口图取代，建议不使用。

2. 流程图命名

在以前的 Ovation 系统中，流程图名以数字编号命名，不同的数字编号范围决定图形的性质。目前也允许英文命名，但人们仍习惯以数字编号作为流程图名。文件图号的意义见表 4-1。

表 4-1　　　　　　　　　　　　　文 件 图 号 的 意 义

文件图号	图的性质	图形类型	备注
1~699	系统图	子图	
700~989	过程图	子图	
990~999	系统图	子图	
1000~1999	系统图	主图	常用
2000~3999	过程图	主图	常用
4000~4999	系统图	主图	常用
5000~6999	过程图	主图	常用
7000~8499	过程图	窗口图	常用
8500~8999	系统图	窗口图	常用

注　系统图是 Ovation 系统使用的图形，如 1800 为系统状态图。过程图是过程控制显示基本图形，如 299. diag 为标准的空白的子图，4999. diag 为标准的空白的主图等。

流程图命名的格式如图 4-2 所示。

3. 图形语句分区类型

按照编程语句结构划分，图形语句分区类型如下：

（1）Diagram 区。Diagram 既用于分区语句，又用于图形的开头语句。当作为图形开始语句时，Diagram 定义图形的大小、底色和类型等基本参数；当作为分区语句时，允许使用图形的宏语句。

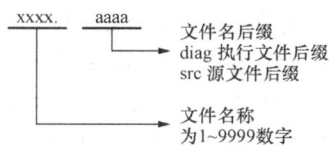

图 4-2　流程图命名的格式

（2）Background 区。除按钮语句外，Background 区允许编写在图形被刷新时才执行的其他语句，适用于静态图形。

（3）Foreground 区。除按钮语句外，Foreground 区允许编写每个周期都执行的其他语句，适用于动态图形。

（4）Keyboard 区。Keyboard 区允许编写每个周期都执行的按钮语句。

（5）Trigger 区。Trigger 区作为程序的子程序，被其他区中的语句调用。

4. 图形语句的基本规则

可视图形编辑界面和编译文本编辑界面可以相互直接切换。当执行从图形界面转入编译文件或文本文件的操作时，必须符合图形语句规则，否则无法返回图形编辑界面。图形语句的基本规则如下：

（1）图号必须按规定定义。

（2）点名的表示方法：\点名\。

（3）在任何行中，允许插入空行。

（4）图形的文本字串表示方法："字串内容"。

（5）注释只能作为独立行写入，不能将注释加入命令行中。

（6）在编辑每张图的过程中，Diagram 语句必须是图中的第一个语句，并且仅使用一次。

（7）当使用文件管理工具栏的集成资源按钮或通用文本编辑器按钮时，在相应的编辑器中，不能采用直接修改命令的方式来改变图形，如原来是椭圆要改为矩形，只能将椭圆的命令删除，重新写语句。

5. 变量的传递

在动态图的组态过程中，参数的传递由 Pointer Point（指针变量）实现，几种指针变量的说明如下：

（1）＄Pn（n＝1～99）。＄Pn 指针是将操作站上的某个内存区段定义为某种类型的寄存器。在图形组态过程中，寄存器赋值经常被作为操作条件的判断。几种不同的寄存器定义如下：

1）＄P1 ＄I0（内存地址为 0 开始的 32 位整数寄存器）；

2）＄P1 ＄R4（内存地址为 4 开始的 32 位浮点寄存器）；

3）＄P1 ＄S8（内存地址为 8 开始的 16 位整数寄存器）；

4）＄P2 ＄B0（内存地址为 0 开始的一个字节的寄存器）。

（2）＄Gn（n＝1～250）。＄Gn 是主图中的点名变量。在图形组态过程中，当出现某种图形被多次使用，而该图形连接的动态点不同的情形时，就应使用主图点名变量。只要完成 PDS 组的组态后，在操作站上调用画面时，如果指定画面所用的点组（PDS 组）号，则点组中对应的点名可以替换图中的变量。

（3）＄Wn（n＝1～99）。＄Wn 是窗口图点名变量。在图形组态过程中，窗口图点名变量实现了将某种窗口图用于不同的回路。在窗口图中，如果点名的连接采用＄Wn，实际被调用的回路中的点名定义在主图的调用按钮上，在主图调用窗口图的过程中，则主图的调用按钮会找到并替换窗口图中的点名。

二、Graphics Builder 窗口的访问

访问 Graphics Builder 窗口的步骤如下：

（1）在 Ovation Developer Studio 的目录树中，导航至 Graphics 目录，双击展开 Graphics 目录，单击 Diagrams。

（2）在工作面板窗口中，双击所需的流程图名，出现 GBNT 窗口。

在 GBNT 窗口中，存在 File、Edit、View、Options 和 Help 等五个菜单，其中 Help 菜单就是 Ovation 系统提供的联机帮助手册。GBNT 窗口的四个菜单的选项如图 4 - 3 所示。

在 GBNT 窗口中，工具栏包含文件管理（Main）、绘图属性（Drawing attributes）、显示/隐藏（Show/hide）、缩放（Zoom）、画图（Draw）、编辑（Edit）、翻转/旋转（Invert/

rotate)、调整大小（Resize）和对齐/空间形状（Align/Equi-space）等九栏，如图 4 - 4 所示。

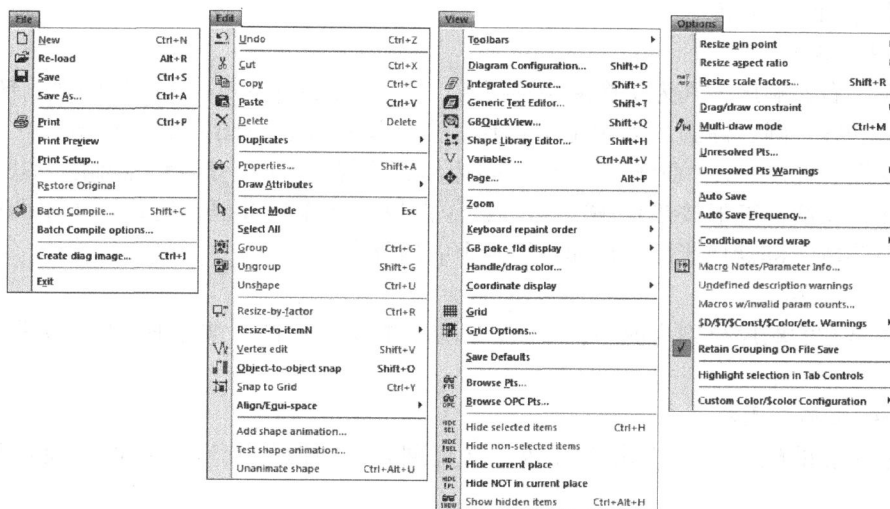

图 4 - 3 GBNT 窗口的四个菜单的选项

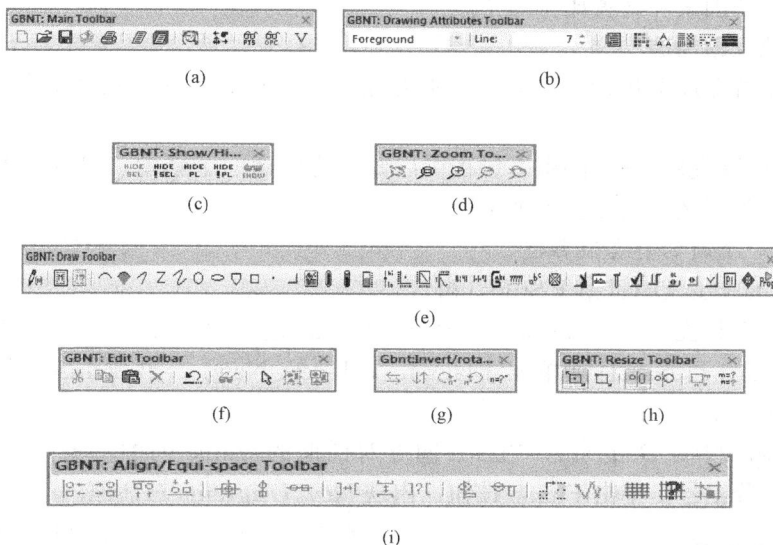

图 4 - 4 GBNT 窗口的工具栏
(a) 文件管理；(b) 绘图属性；(c) 显示隐藏；(d) 缩放；(e) 画图；
(f) 编辑；(g) 翻转/旋转；(h) 调整大小；(i) 对齐/空间形状

下面部分工具栏。

1. 文件管理工具栏

按从左至右的顺序分别为新建、打开、保存、编译、打印、集成资源、通用文本编辑器、GB 快速浏览、图库编辑器、点浏览、OPC 点浏览和变量。

2. 绘图属性工具栏

按从左至右的顺序分别为绘图区、语句行数、图形层次、调色板、字符属性、填充类型、线条类型和线条宽度。

3. 画图工具栏

按从左至右的顺序分别为切换多绘图模式、宏、宏说明/参数、弧、饼图弧、橡皮筋弧、折线、橡皮筋线、圆、椭圆、多边形、矩形、点、按钮图、位图、罐形棒图、立体动态棒图、条形棒图、标示、XY曲线、动态线/多边形、趋势、时间、日期、点组文本、过程点、文本、图库、激活（隐形按钮）、输入区、操作滑块、操作检查框、选择、按钮图库、按钮制作、事件菜单、键盘功能键、页和执行某个应用程序。

4. 编辑工具栏

按从左至右的顺序分别为剪切、复制、粘贴、删除、撤销、被选项属性、选择模式、组合和拆分。

5. 翻转/旋转工具栏

按从左至右的顺序分别为水平翻转、垂直翻转、顺时针旋转、逆时针旋转和指定旋转角。

6. 调整大小工具栏

按从左至右的顺序分别为以中心向四周调整、以一角为点调整、任意长宽比例、纵横比缩放、调整大小的因素和设置比例因子。

三、静态流程图组态

为便于初学者循序渐进地学习，在绘制静态流程图的过程中，已将大量设备图置于背景区。

与点无关的液罐静态图形的组态过程可以归纳为创建一个新图、设置新图的基本属性、绘制图形、保存和下装，具体步骤如下所述。

（一）创建一个新的静态流程图

（1）访问 Ovation Developer Studio 窗口。

（2）创建一个新图。在 Ovation Developer Studio 的目录树中，导航至 Graphics 目录，双击展开 Graphics 目录，右键单击 Diagrams，Insert New…，出现 Insert New Diagrams Wizard 向导对话框。

（3）在 Insert New Diagrams Wizard 向导对话框的 Value 列中，输入图编号：20XX，其中 XX 为学员分组号，单击 Finish 按钮，出现 New Diagrams 对话框。

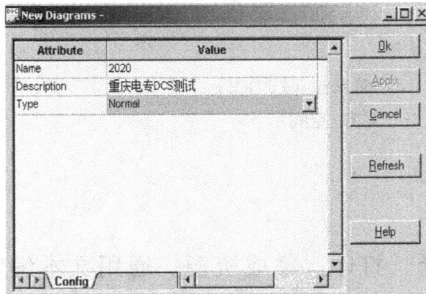

图 4-5　New Diagrams 对话框

（4）在 New Diagrams 对话框中，根据 Attribute 列的要求，分别输入或选择 Value 列的相应内容，如图 4-5 所示。

（5）单击 OK，出现与 Value 列对应的 GBNT 窗口。

（二）设置新静态流程图的基本属性

在 GBNT 窗口中，选择 View 菜单，选择 Diagram Configuration…，出现 Diagram Configuration 对话框。Diagram Configuration 对话框的选项说明

如下：

（1）Type 规定图形类型，选为 Main；

（2）Update Rate 定义图形更新周期，选为 1s；

（3）Subscreen 选定主图附属的子图号，没有，不填；

（4）Position 设置图形被打开时左上角的位置，有 default（默认值）和 Fixed（固定值）选项。如果选择 default，则允许移动被打开的图形；如果选择 Fixed，则被打开的图形固定不动；

（5）Size 确定图形界面尺寸，有 default 和 Fixed 选项。如果选择 default，则允许改变被打开图形的大小；如果选择 Fixed，则被打开图形的大小固定不变；

图形基本属性设置如图 4-6 所示。

（6）单击 OK。

（三）绘制图形

绘制一个简单的液罐流程图的主要步骤如下：

1. 绘制一个有立体感的液罐

（1）在绘图属性工具栏中，单击调色板按钮。在 Color 对话框中，选择前景色为灰色（gray25），单击 OK。前景色的设定如图 4-7 所示。

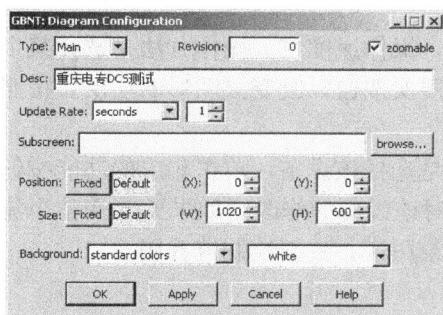

图 4-6　图形基本属性设置

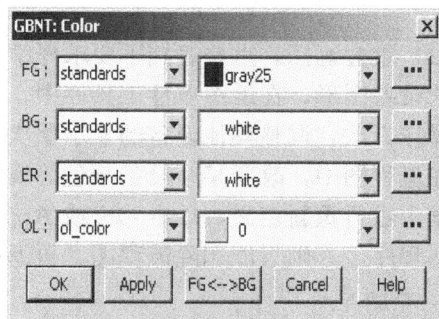

图 4-7　前景色的设定

（2）在绘图属性工具栏中，单击填充类型按钮，在 Fill Patterns 对话框中，选择 gradient，单击 OK。

（3）在绘图属性工具栏中，将绘图区选为 Background 区。

（4）在画图工具栏中，单击矩形按钮。

（5）将鼠标移到图板的空白处，按住左键，并拖拉至一定大小，释放左键。如果大小不合适，则单击对象，当对象四周出现小方块时，将鼠标移到小方块上，按住左键拖动，即可改变对象的大小；在对象上，当按住鼠标左键并出现十字箭头时，就可移动对象。

2. 绘制管道

参照绘制一个有立体感的液罐的步骤。首先绘制一个细小的矩形，然后选中该对象，在翻转/旋转工具栏中，单击某个旋转按钮，实施旋转，完成绘制水平管道的操作。在液罐流程图中，通过复制、粘贴和改变大小，完成其他管道的绘制。

3. 绘制电动控制阀

（1）在画图工具栏中，单击图库按钮，出现 Draw Shapes 对话框。

（2）在 Draw Shapes 对话框的 Pumps 列中，选择某个阀门图形，单击 OK，完成绘制阀门的操作。

（3）在 Draw Shapes 对话框的 Motors 列中，选择某个马达图形，单击 OK，完成绘制马达的操作。

4. 调整图形

在绘制液罐流程图的过程中，由于绘制的先后顺序不同，被绘制的图形对象会按序相互重叠，导致错误显示流程图的连接关系。液罐流程图的设备重叠关系如图 4-8 所示。

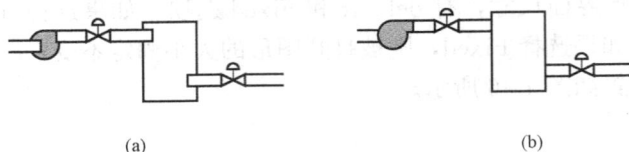

(a)   (b)

图 4-8   液罐流程图的设备重叠关系
（a）调整前；（b）调整后

处理设备重叠效果的两个常用方法如下：

（1）对象移动。对象移动方法适用于对象相连但不重叠，要求细致操作，特点是操作速度慢。

（2）重叠遮挡。重叠遮挡不要求仔细确定位置，操作速度快。操作方法是选择某个需要改变的设备图形，在绘图属性工具栏中，单击图形层次按钮，改变该图形的层次。按照重叠遮挡操作方法，调整其他设备的显示层次。

在流程图中，改变某个设备颜色等属性的方法是选择该设备，单击相应的功能按钮，在对话框中进行重新定义，单击 OK 或 Apply，完成对该设备的修改。如果要改变整个流程图的绘图程序区，则只能删除流程图，再返回至相应绘图区，重新绘制流程图。

5. 添加字串

被添加的字串可以是英文或中文，通常置于 Background 区。如果将添加的字串置于 Foreground 区，则被添加的字串今后可成为动态点。

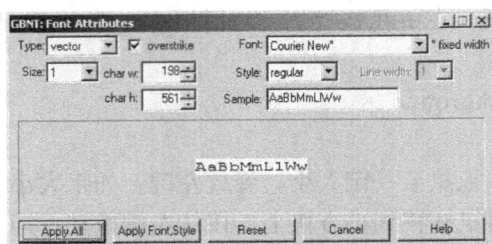

图 4-9   Font Attributes 对话框的设置

（1）添加 TANK 100 字串。

1）打开调色板对话框，在前景色中，选择黑色。

2）在绘图属性工具栏中，单击字符属性按钮，出现 Font Attributes 对话框。Font Attributes 对话框的设置如图 4-9 所示。

单击 Apply All 按钮，关闭 Font Attributes 对话框。

3）在绘图属性工具栏中，将绘图区选为 Foreground 区。

4）在画图工具栏中，单击文本按钮，在 Text 对话框的 Single Text 列中，将 Text（no quotes）的内容填写为 TANK 100。

5）单击 OK。

6）在液罐流程图显示文字位置，单击左键，放置添加文字。

（2）添加 STOP 字串。

在马达图形的下方添加 STOP 字串，操作方法与添加 TANK 100 字串相同。

6．添加时间和日期

在通常情况下，时间和日期被添加在 Foreground 区，否则更新极慢，甚至不更新。添加时间和日期的步骤如下：

（1）在绘图属性工具栏中，将绘图区选为 Foreground 区。

（2）在画图工具栏中，单击时间按钮，在 Time 对话框中，选择 hh：mm：ss 的时间显示方式，单击 OK。在图板的右上方，单击左键，完成添加时间信息的操作。

（3）在绘图属性工具栏中，将绘图区选为 Foreground 区。

（4）在画图工具栏中，单击日期按钮，在 Date 对话框中，选择 mmm dd，yyyy 日期显示方式，单击 OK。在需要的位置，单击左键，完成添加日期信息的操作。

（四）保存和下装

1．保存

选择 File 菜单，选择 Save，或者在文件管理工具栏中，单击保存按钮。

2．下装

下装流程图至操作站的步骤如下：

（1）在 Ovation Developer Studio 窗口目录树中，导航至 Drops 目录。

（2）双击展开 Drops 目录，右键单击 DropX（X 是所选的站号），选择 Download，将流程图下装至被选操作站上。

在被选操作站上，查看与点无关的液罐静态图形。

【任务准备】

一、引导问题

（1）怎样显示液位？

（2）流程图的组态基本要求。

（3）怎样改变流程图设备的颜色？

（4）创建一个静态流程图的步骤。

（5）选择 Background 或 Foreground 区的要求。

（6）怎样表示流程图的项、点名和文本字串？

二、制订任务方案

在正确问答引导问题后，根据行业（企业）规程和项目化教学过程的基本要求，制订任务方案表。

【任务实施】

根据项目化教学过程的基本要求，完成任务的计划、准备、实施和结束等工作。在教师的指导下，实施本任务，具体内容如下：

（1）按照本任务的描述和项目化教学的要求，执行本任务。

（2）分组讨论，完成自评和互评。

（3）提交任务实施计划表、任务实施表和检验评估表。

【任务评估】

检查任务的完成情况，收集任务方案表和任务实施表，完成检验评估表。

任务二　动态流程图组态

【教学目标】

1. 知识目标

（1）熟悉动态流程图的基本要求。

（2）熟悉 Graphics Builder 的内容。

（3）掌握动态流程图画面的调试方法。

（4）掌握 Ovation 系统动态流程图组态的步骤。

2. 能力目标

（1）能测试动态流程图。

（2）能创建包含回路激活按钮、控制回路操作面板和马达启停操作面板等设备的动态流程图。

3. 素质目标

（1）养成安全生产的意识。

（2）养成严谨务实的工作作风。

（3）养成团队协作的工作方式。

（4）养成严格执行国家、行业及企业技术标准的工作习惯。

【任务描述】

数据库中的数据点与流程图画面中的图形元素或对象的有机结合，就产生了 DCS 动态流程图。在监视和控制实时生产过程中，DCS 动态流程图真实地反映了企业生产过程的各种实时工况及其数据的变化，发挥着不可替代的作用。

通过本任务的执行，使学生熟悉动态流程图的组态内容和操作过程，增强 DCS 组态能力。本任务的具体内容如下：

（1）将本项目任务一中创建的液罐静态流程图修改为动态流程图，在创建动态流程图的过程中，要求利用各自工作站的编号，改写图名和项等末尾对应的字符。其他操作的主要内容如下：

1）生成弹出窗口。

2）建立电机启停操作面板。

3）调试动态流程图的画面。

（2）完成【任务准备】、【任务实施】和【任务评估】的内容。

【知识导航】

在 Ovation 系统动态流程图组态的过程中，应注意的事项如下：

（1）在静态图上建立动态信息时，会用到数据点的相关项。数据点的相关项与数据点的属性有关，不同的数据点有不同的相关项。

（2）假名点及其处理。

Ovation 系统要求流程图内的添加点均应在数据库中有定义，否则无法体现动态流程图应有的动态功能。没有在数据库中定义的流程图内的添加点称为假名点，即未处理点。

1）在保存流程图的过程中，系统会自动诊断流程图内是否存在假名点。如果存在假名点，则出现一个 Unresolved Points 对话框，并显示假名点。

2）Graphics Builder 允许保存有假名点的流程图，但这并不意味着对假名点进行了有效的处理。

（3）在动态流程图组态过程中，所有带有动态特性的图形对象必须放在绘图区的前景区，否则将无法正常刷新显示数据。

（4）在完成某个组态工具的操作后，应将鼠标在空白处单击一下，以便将原来操作状态清除，实现其他的组态操作。

一、动态流程图应具备的主要功能

在通常的情况下，一个动态流程图应具备的主要功能如下：

（1）控制回路。控制回路显示其设计位号并实时显示测量值、设定值、操作方式、工程单位、输出值和报警状态等，操作员可改变设定值、操作方式和输出值。

（2）模拟量。模拟量显示其设计位号，并实时显示测量值、工程单位和报警状态等。

（3）开关量。开关量显示温度、压力和液位等参数越限报警的位号、正常状态、报警状态和报警确认后状态。

（4）液位。除采用数字显示外，一般采用随液位变化的棒图显示液位。

（5）电机（泵）。一般应采用不同颜色显示电机（泵）的运行状态、停止状态和故障状态。

（6）其他显示。其他显示一般包括最新报警显示、趋势显示、联锁显示、综合信号显示、设备位号和介质名称等。

除使用用户定义的专用功能键外，调出动态流程图的方式是按流程衔接顺序调出或从动态流程图画面总菜单调出。

二、动态流程图的组态选择

1. 确定颜色

（1）动态流程图底色。色泽不宜太浅或太亮，一般底色选择为灰色、深灰色或黑色。

（2）物料管线和设备的颜色。按照国家、行业和企业的有关规定，确定各种物料管线的颜色。各种静止设备一般采用统一颜色。火电厂画面主图背景底色一般为黑色，线条的颜色和宽度由画面显示内容确定，与运行和操作无关的内容均作为背景，并采用相应的暗色或单线显示，背景设备一般采用灰色立体。

2. 编制静态和动态子图

在制作动态流程图画面的过程中，许多静态和动态图形会被反复使用，这时可以先编制相关的子图，以便提高工作效率并具有统一性。在编制子图的过程中，应仔细总结归纳出子图具有代表性的特征和功能，并测试动态子图的功能，最后将子图插入主图中使用。

在通常情况下，每个子图的右上角显示报警状态。当未发生报警时，不显示字符。当发生报警时，相应字符出现并红色闪烁，如 HH、HI、LO 和 LL 分别表示 PV 值的高高报警、高报警、低报警、低低报警。在报警确认后，字符不闪烁。

几种常用的子图如下：

（1）控制回路显示子图。子图显示设计位号、测量值、设定值、操作方式和工程单位，如图 4-10 所示。

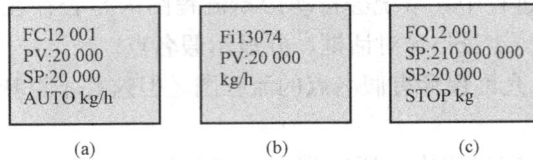

```
FC12 001          Fi13074           FQ12 001
PV:20 000         PV:20 000         SP:210 000 000
SP:20 000         kg/h              SP:20 000
AUTO kg/h                           STOP kg
```
　　　（a）　　　　　　　（b）　　　　　　　（c）

图 4-10　几种常用的子图
（a）控制回路显示子图；（b）模拟量显示子图；（c）流量累积显示子图

（2）模拟量显示子图。显示位号、测量值和工程单位。

（3）流量累积显示子图。显示位号、累积值、累积设定值、操作状态和工程单位。

3. 绘制流程图画面

在图形编辑环境下，绘制静态流程图，并添加动态显示数据（子图）。带动态显示数据的子图都是通用子图，在将其插入主图并赋予具体的设计位号后，子图就能显示该位号的动态数据。如果点击控制回路和流量累积回路相应的子图显示区，则调出相应的操作控制面板。被调出的操作控制面板具有现场实际面板的操作功能，如操作方式切换、改变设定值和输出等。控制回路操作面板如图 4-11 所示。

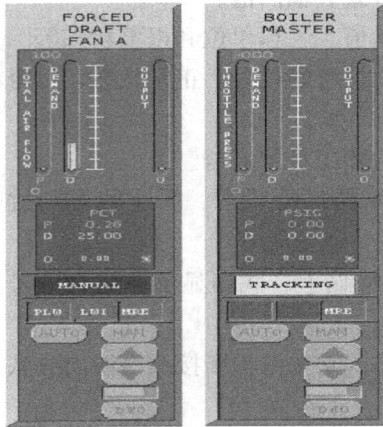

图 4-11　控制回路操作面板

三、动态流程图画面的调试

动态流程图画面的调试步骤如下：

（1）在系统中，建立被引用的数据点。

（2）逐点测试每个动态数据点。在一般情况下，如果要重新建立被改变或删除的已通过检查和测试的动态流程图的动态数据点类型，则应重新检查和测试动态流程图，否则可能无法显示或显示有错。

（3）在线编译或检查流程图。

Ovation 系统动态流程图组态的主要过程如下：

1）建立动态图形，实现点与图形的连接。

2）使用图形中的条件语句组态动态图。

3）使用 Graphics Builder 的快速查阅功能察看图形。

四、动态流程图的流程功能组态

液罐静态流程图被修改为动态流程图的过程可以说明动态流程图的组态过程。在液罐静态流程图中，由于存在大量对象被置于背景区的情况，因此需要重新绘制有动态属性的图形对象，并将其置于前景区，这样才能实现动态液罐流程图的功能。将液罐静态流程图修改为动态图流程图的主要步骤如下：

1. 创建液罐设备动态图

（1）选择静态液罐单个设备图，右键，选择 Delete，删除静态液罐单个设备图。

（2）在绘图属性工具栏中，将绘图区选为 Foreground 区。

（3）在画图工具栏中，单击立体动态棒图按钮，出现 OL Cylinder 对话框。

（4）在 OL Cylinder 对话框的 Pt Name/Red Fld 栏中，填写 \LI1-XXX\AV，其中 LI1-XXX 为数据库中点名，XXX 为学生的组号，以免变量重名；在 Low Limit 栏中，填写 0；在 High Limit 栏中，填写 100。AV 是数据库点的当前值项名。

> **注 意**
>
> 在输入 Pt Name/Red Fld 栏时，数据库点名的前后加"\"，且项名前必须插入一个空格。

（5）单击 OK，将鼠标移到图板的空白处，按住左键，并拖拉到一定大小，释放左键。将光标移到图板上放置图形处，按鼠标左键，并拖拉到一定大小，释放左键，完成液罐的填充特性。

2. 连接液位、工程单位和阀位指示

（1）在绘图属性工具栏中的绘图区，选择 Foreground 区。

（2）单击过程点按钮，出现 Process Point 对话框。

（3）在 Process Point 对话框的 Pt Name/Rec Fld 栏中，填写 \点名\AV，如\LI01-XXX\AV。

（4）单击 OK。

（5）将液位指示置于适当位置。

（6）添加字串背景色。

1）重新选择该字串；

2）在绘图属性工具栏中，单击字符属性按钮，出现 Font Attributes 对话框，在 Type 参数栏，选择 vector，单击 Apply All 按钮，关闭此窗。

按照上述添加液位指示的方法，分别完成液位的工程单位指示和阀位指示。特别指出，当设置工程单位时，在 Process Point 对话框的 Pt Name/Rec Fld 栏中，填写：\点名\EU，宽度按需要改为 1～3 位。EU 是数据库点的工程单位项名。已连接液位、工程单位和阀位指示的液罐流程图，如图 4-12 所示。

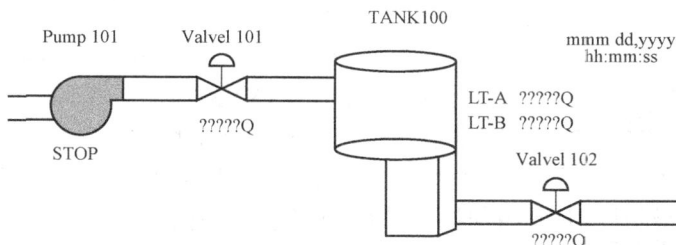

图 4-12 已连接液位、工程单位和阀位指示的液罐流程图

3. 组态液位报警指示（写入条件语句的简单句）

（1）选择液罐图，右键，选择 Properties…，回读属性，关闭属性窗口。

（2）选择液罐图，右键，选择 Draw Attributes，选择 Color…，出现 Color 对话框。在 Color 对话框中，单击 FG 行右侧的省略号按钮，出现 FgColorCond 窗口。

在 FgColorCond 窗口中，写入液罐液体显示的动态条件语句

$((\backslash LI01\text{-}XXX\backslash AV>=\backslash LI01\text{-}XXX\backslash HL)OR(\backslash LI01\text{-}XXX\backslash AV<=\backslash LI01\text{-}XXX\backslash LL))RED$

在条件语句中，LI01-XXX 为点名，AV、HL 和 LL 均为 LI01-XXX 点的项名。

整个条件语句的含义：当液位 LI01-XXX 模拟量点值高于高 1 值或低于低 1 值产生报警时，液罐液体显示红色。

（3）在 FgColorCond 窗口中，单击错误检查按钮，系统自动编译，关闭 FgColorCond 窗口，单击 Color 对话框的 OK。

4. 将电机改变为动态图（写入条件语句的复合句）

（1）选择电机图，右键，选择 Properties…，关闭属性窗口。

（2）选择电机图，右键，选择 Draw Attributes，选择 Color…，出现 Color 对话框。在 Color 对话框中，单击 FG 行右侧的省略号按钮，出现 FgColorCond 窗口。

在 FgColorCond 窗口中，写入电机显示的动态条件语句

$\{(\backslash DI1\text{-}XXX\backslash 1W=BAD)YELLOW(\backslash DI1\text{-}XXX\backslash 1W=SET)GREEN(\backslash DI1\text{-}XXX\backslash 1W=RESET)RED\}$

整个条件语句的含义：当 DI1-XXX 点为"1"时，电机显示绿色；当 DI1-XXX 点为"0"时，电机显示红色；当 DI1-XXX 点为 BAD 时，电机显示黄色。

（3）在 FgColorCond 窗口中，单击错误检查按钮，系统自动编译，关闭 FgColorCond 窗口，单击 Color 对话框的 OK。

5. 组态控制回路的手/自动状态（字串条件）

在阀门下方，组态控制回路的手/自动状态的步骤如下：

（1）在绘图属性工具栏中，将绘图区选为 Foreground 区。

（2）单击文本按钮，出现 Text 对话框。

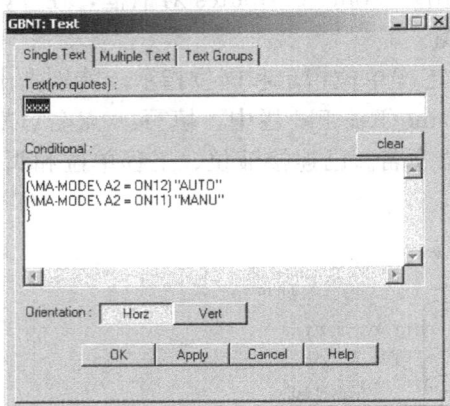

图 4-13 控制回路的手/自动状态的字串条件语句

（3）在 Text 对话框的 Single Text 列表选项中，写入相关的内容，如图 4-13 所示。

Text 栏允许任意输入占位字符，如 XXXX。Conditional 栏的条件语句含义：当\MA-MODE\点的控制方式为自动时，显示为"AUTO"；当\MA-MODE\点的控制方式为手动时，显示为"MANU"。

（4）单击 OK，在需要显示的位置，单击，出现文字（XXXX）。

6. 组态管道填充图

组态管道填充图的目标是管道填充图随电机的工作状态而变化。

（1）选择管道图，右键，选择 Draw Attributes，单击 Fill Pattern…，出现 Fill Patterns 对话框。

（2）在 Fill Patterns 对话框的条件栏中，写入条件语句

{(\DI1-XXX\1W=SET)solid(\DI1-XXX\1W=RESET)road}

整个条件语句的含义：当 DI1-XXX 为"1"时，管道为充满色；当 DI1-XXX 为"0"时，管道内为泡沫图。

（3）单击 OK，完成设置。

7. 测试图形

验证动态流程图的功能是否满足要求的主要步骤如下：

（1）在文件管理工具栏中，单击 GB 快速浏览按钮，出现 GBQuick View 对话框。

（2）单击位于菜单下方的 Simulated Values，出现 Simulate Control Panel 对话框。在 Simulate Control Panel 对话框中，依次展开 Process Points 文件夹、Main Screen 文件夹和点名。改变各点有关的参数项，查看图形相应的变化。测试动态流程图的功能如图 4-14 所示。

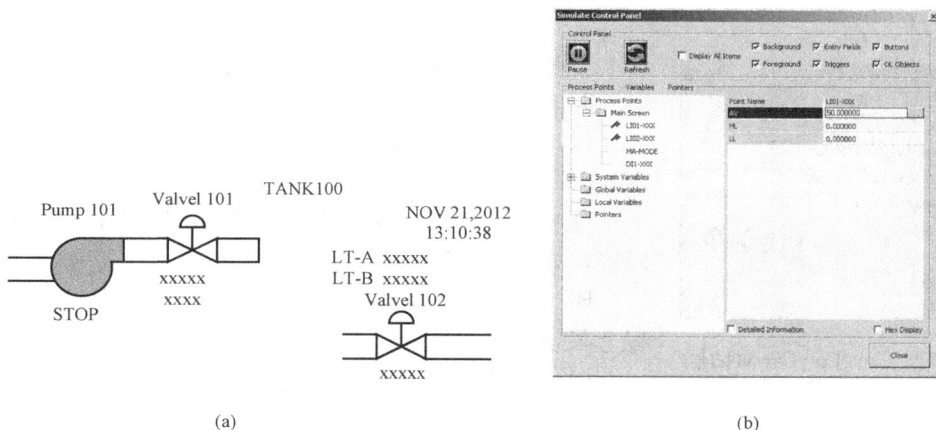

图 4-14 测试动态流程图的功能
（a）测试图；（b）Simulate Control Panel 对话框

五、生成弹出窗口

下面介绍生成弹出窗口的主要步骤。

（一）新建图形及其处理

1. 新建图形

（1）在 Ovation Developer Studio 的目录树中，导航至 Graphics 目录，双击展开 Graphics 目录，右键，单击 Diagrams，选择 insert new…，出现 Insert New Diagrams Wizard 向导对话框。

（2）在 Insert New Diagrams Wizard 向导对话框的 Value 列中，将 Name 设置为 70XX，XX 为学习组的组号，这里设为 20，Graphics Builder 工具将被打开。

（3）单击 Finish 按钮，出现 New Diagrams 对话框。

（4）在 New Diagrams 对话框中，填写和选择相关的内容，如图 4-15 所示。

（5）单击 OK。

2. 图形组态

（1）在 GBNT（7020）窗口中，选择 View 菜单，选择 Diagram Configuration…，出现 Diagram Configuration 对话框。在 Diagram Configuration 对话框中，设置相关的内容，如图 4-16 所示。

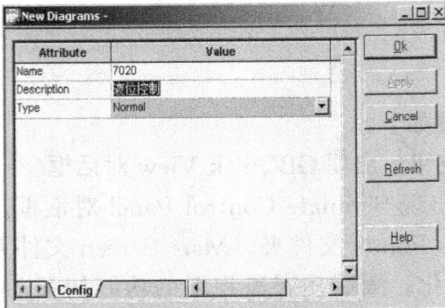

图 4-15 New Diagrams 对话框

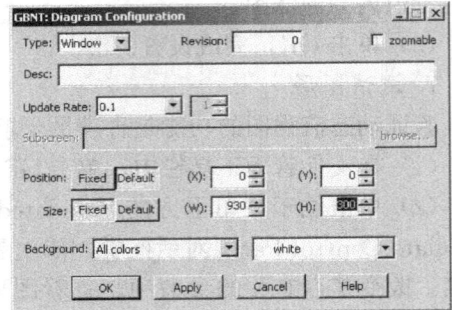

图 4-16 Diagram Configuration 对话框

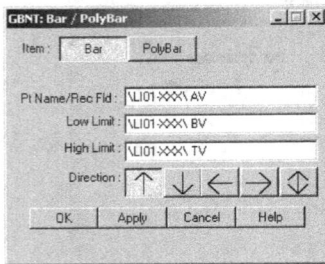

图 4-17 Bar/PolyBar 对话框

（2）单击 OK。

3. 绘制模拟量棒图及其参数显示图

（1）在画图工具栏中，单击条形棒图按钮，出现 Bar/PolyBar 对话框。

（2）在 Bar/PolyBar 对话框的 Bar 项目中，填写相应的内容，如图 4-17 所示。

BV 为数据库点的量程下限项名，TV 为数据库点的量程上限项名。

（3）单击 OK，在合适的位置，拖动鼠标，绘制一个棒图。

（4）重复（1）～（3）的操作，修改点名，绘制另外两个棒图。

4. 组态实时数据点

（1）在绘图属性工具栏中，将绘图区选为 Foreground 区。

（2）单击过程点按钮，出现 Process Point 对话框。

（3）在 Process Point 对话框中，填写和选择相应的内容，如图 4-18 所示。

（4）单击 OK，在合适的位置，单击，出现一个占位图标。

（5）重复以上组态实时数据点的操作过程，绘制另外两个实时数据点的占位图标。

（6）保存图形。

5. 在主图中调用窗口图

（1）调出各自的组态主图。

（2）在绘图属性工具栏中，将绘图区选为 Keyboard。

（3）在画图工具栏中，单击激活（隐形按钮），出现 Poke 对话框。

（4）在 Poke 对话框中，填写和选择相关的内容，如图 4-19 所示。

在 Type 栏中，Window（8）的功能是向窗口中传送参数 8。

（5）单击 OK，在绘图区中，绘制激活（隐形按钮）。

（6）在绘制的激活（隐形按钮）上，放置字串：7020。

（7）保存图形。

（8）进入模拟测试环境。在打开的测试图中，单击 7020 按钮，调出窗口图，查看效果。

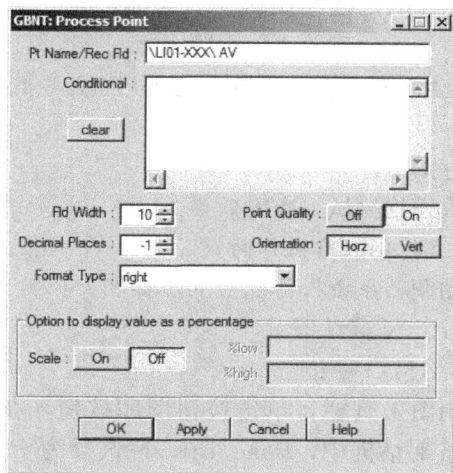

图 4 - 18　Process Point 对话框

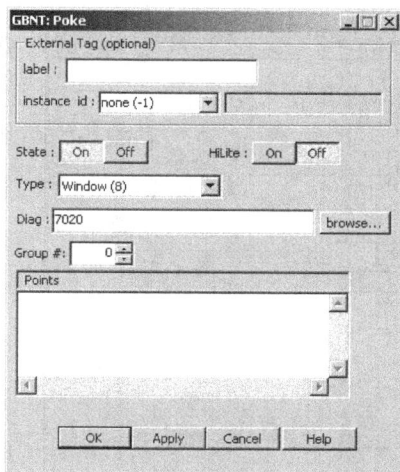

图 4 - 19　Poke 对话框

（二）修改相似的窗口图形

如果存在多处都需要使用某个相似的窗口图形，而只是该窗口图形中的参数有所不同而已的情况，则可用＄W 窗口点名变量替代该窗口图形中动态连接中的点名，在需打开该窗口图形的按钮上连接相应点名即可，操作步骤如下所述。

1．修改已画好的窗口图

（1）打开已画好的窗口图，如 7020，在 GBNT（7020）窗口中，选择某个棒图图符，右键，选择 Properties…，出现 Bar/PolyBar 对话框。

（2）在 Bar/PolyBar 对话框中，修改原数据点名。修改后的数据点名内容，如图 4 - 20 所示。

（3）单击 OK，完成一个棒图的操作。

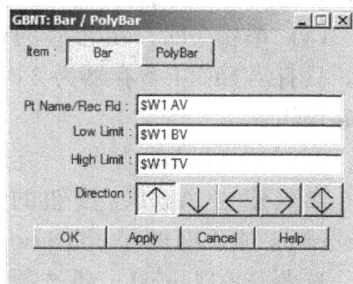

（4）重复以上（1）～（3）的操作，分别用＄W2 和＄W3，修改其他的两个棒图。

2．修改实时点数据

为了使每个棒图与其下方对应的数据分别显示同一数据点的相同值，参照以上修改已画好的窗口图的方法，将三个棒图下方的参数显示图的点名也分别改为＄W1、＄W2 和＄W3。

图 4 - 20　修改后的数据点名内容

3．保存图形

4．在主图中调用窗口图

（1）调出各自的组态主图。

（2）在绘图属性工具栏中，将绘图区选为 Keyboard。

（3）在画图工具栏中，单击激活（隐形按钮），出现 Poke 对话框。

（4）在 Poke 对话框的 Points 栏中，填写在窗口图中使用的 $W1～$W3 的具体点名，如 AI101、AI102 和 AI103，每一行填写的内容代表一个变量的点名，填写的顺序要与原窗口图定义的顺序一致。填写和选择其他栏的内容，如图 4-21 所示。

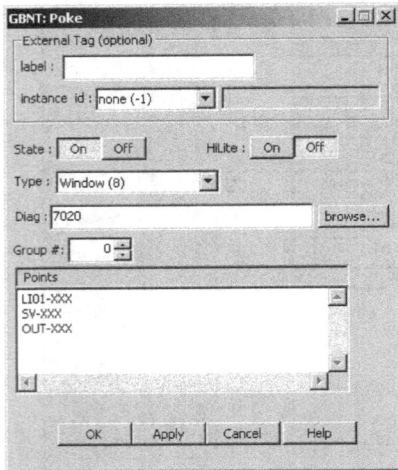

图 4-21　Poke 对话框的添加内容

（5）单击 OK，在绘图区中，绘制激活（隐形按钮）。

（6）在绘制的激活（隐形按钮）上，放置字串：7020B。

（7）保存图形。

（8）进入模拟测试，查看效果。

（三）建立控制回路操作面板

建立自动调节系统操作面板的步骤如下：

1. 打开 70XX 窗口图

2. 建立 AUTO 按钮

（1）在画图工具栏，单击按钮图库按钮，在弹出的 OL Button 对话框中，Poke Type 栏选择为 Control（23），即有条件地执行多个应用程序；Set Num 栏选择为 1，Set value 栏选择为 2，即当操作站上的寄存器 1 的值设为 2 时，才能执行 Application Programs 窗口中的操作内容。

在 OL Button 对话框中，单击 Application Programs 栏右下角的添加按钮，出现 Application Programs 对话框。在 Application Programs 对话框的 Application Programs List 面板中，选择 33-AUTO，单击 ADD 按钮。

（2）单击 Continue 按钮，返回 OL Button 对话框。

（3）在 OL Button 对话框中，其他栏的选择或填写，如图 4-22 所示。

（4）单击 OK。在相应的位置绘制投入自动按钮，只有当 SET1 寄存器为 2 时，按此投入自动按钮才起作用。

3. 建立 MANU 按钮

参照建立 AUTO 按钮的步骤，在 Application Programs 对话框的 Application Programs List 面板中，选择 32-Manual，即选投入手动按钮。在 OL Button 对话框的 Label 栏中，将 AUTO 改写为 MANU。

4. 建立设定值增加按钮

参照建立 AUTO 按钮的步骤，在 OL Button 对话框中，Label Type 栏改选为 Shape，Label 栏填写 ARROW1，Rotation 栏选为 0。在 Application Programs List 面板中，选择 30-UPSET Setpoint Raise。

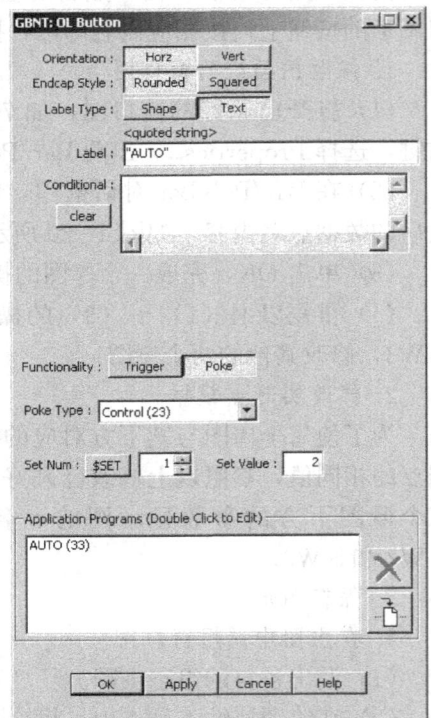

图 4-22　OL Button 对话框

单击 OK。

5. 建立设定值减少按钮

参照建立设定值增加按钮的步骤，在 OL Button 对话框中，Rotation 栏改选为—180。在 Application Programs List 面板中，选择 31。

6. 建立输出值增加按钮

参照建立设定值增加按钮的步骤，在 OL Button 对话框中，Label 栏改写 ARROW2，Rotation 栏改选为 0。在 Application Programs List 面板中，选择 34。

7. 建立输出值减少按钮

参照建立设定值增加按钮的步骤，在 OL Button 对话框中，Label 栏改写 ARROW2，Rotation 栏改选为—180。在 Application Programs List 面板中，选择 35。

8. 建立回路激活按钮

（1）在画图工具栏中，单击激活（隐形按钮），出现 Poke 对话框。

（2）在 Poke 对话框中，Poke Type 栏选择为 Options（7），Options（7）功能为无条件执行多个有参数的应用程序。

（3）在 Application Programs List 面板中，选择 6-Cortrol Poke。在 Application Programs Parameter List 面板中，输入的内容如下：

1）Algorithm1 栏：\要激活的算法点名\ID，如\OCB0025005\ID。

2）Algorithm2 栏：\要激活的算法点名\ID，如\OCB0025003\ID。

3）Trigger Number 栏：1。

4）Set Number 栏：1，这里的 1 是 SET 寄存器号。

5）Set Value 栏：2，这里的 2 是传送到 SET 寄存器的数值。

CNTRL_POKE（6）的功能是激活两个算法，调用某个 Trigger，传送一个整数给某个 SET 寄存器。值得指出，当需要激活的两个算法为 SETPOINT（给定值）和 MASTA-TION（操作器）时，必须先激活 SETPOINT 算法，后激活 MASTAION 算法。

（4）单击 ADD 按钮，单击 Continue 按钮，返回 Poke 对话框。

（5）单击 OK，将隐形按钮置于相应的位置。

9. 修改操作面板图的边框

在激活回路时，如果要使操作面板图的边框变成红色，则组态的操作步骤如下：

（1）选择边框，右键，选择 Draw Attributes，单击 Color...，出现 Color 对话框。

（2）在 Color 对话框中，单击 FG 行右侧的省略号按钮，出现 FgColorCond 窗口。

（3）在 FgColorCond 窗口中，写入颜色条件：（SET1＝2）RED。

（4）单击 Apply 按钮。

10. 建立自动/手动工作状态

在 70XX 窗口中，建立回路的 AUTO/MANU 工作状态。

（1）在绘图属性工具栏中，将绘图区选为 Foreground 区，在画图工具栏中，单击文本按钮。

（2）在 Text 对话框中，填写的有关内容如下：

Text 栏：XXXX，其中 XXXX 自定。

Conditional 栏：{(\MAMODE 点名\A2＝ON11)"MANU"(\MAMODE 点名\A2＝

ON12)"AUTO"}

(3) 单击 OK，在合适的位置，单击鼠标。

11. 保存 70XX 窗口图

六、建立马达启停操作面板

操作面板可以直接在流程图中建立。建立马达启停操作面板的步骤如下：

1. 打开 20XX 流程图，在绘图属性工具栏中，将绘图区选为 Foreground 区

2. 组态启停操作面板的颜色

(1) 在流程图的前景区中，绘制一个方框。

(2) 在绘图属性工具组栏中，单击调色板按钮，在 Color 对话框中，单击 FG 行右侧的省略号按钮，出现 FgColorCond 窗口。

(3) 在 FgColorCond 窗口中，写入颜色条件：(SET2＝2) RED。即当寄存器 2 的值为 2 时，以方框显示为红色表示激活状态。

3. 建立 AUTO 按钮

(1) 在画图工具栏中，单击按钮图库按钮，出现 OL Button 对话框。

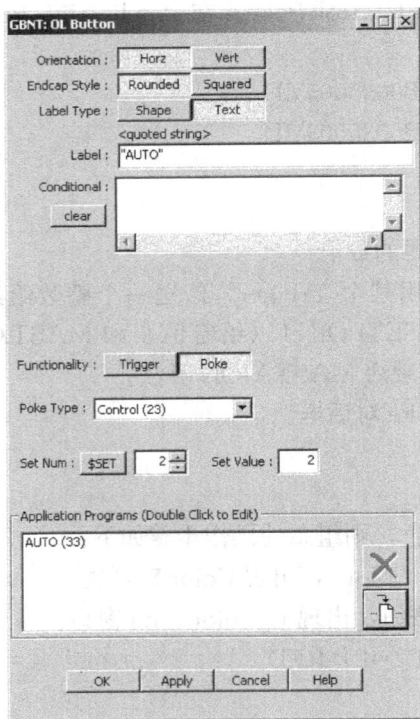

(2) 在 OL Button 对话框中，填写有关的内容。在 Application Programs List 面板中，选择 33。建立 AUTO 按钮的 OL Button 对话框，如图 4-23 所示。

(3) 单击 OK。将投入自动按钮置于绘制方框内的相应位置，只有当 SET2 寄存器为 2 时，按此按钮才起作用。

4. 建立 MANU 按钮

参照建立 AUTO 按钮的步骤。在 OL Button 对话框中，Label 栏的内容改写为 MANU；在 Application Programs List 面板中，选择 32。

5. 建立马达启动按钮

参照建立 AUTO 按钮的步骤。在 OL Button 对话框中，Label 栏的内容改写为 START；在 Application Programs List 面板中，选择 28。

6. 建立电机停止按钮

参照建立 AUTO 按钮的步骤，在 OL Button 对话框中，Label 栏的内容改写为 STOP；在 Application Programs List 面板中，选择 29。

7. 建立禁止合闸操作按钮

参照建立 AUTO 按钮的步骤，在 OL Button 对话框中，Label 栏的内容改写为禁止；在 Application

图 4-23　建立 AUTO 按钮的 OL Button 对话框

Programs List 面板中，选择 124。在添加 PK1-PK8（CNTRLBITS）（124）应用程序时，PKey 值选为 PK1，PK1 为控制算法中 Keyboard 功能块的 1 号端口。

8. 建立解锁按钮

参照建立禁止合闸操作按钮的步骤，在 OL Button 对话框中，Label 栏的内容改写为

解锁。

在 Application Programs List 面板中，仍选择 124。在 "PK1-PK8（CNTRLBITS）（124）" 应用程序中，PKey 值改选为 PK2，PK2 为控制算法中 Keyboard 功能块的 2 号端口。

9. 建立手/自动状态显示

在画图工具栏中，单击文本按钮，在 Text 对话框中，将 text 栏的内容改写为 AUTO，并将条件{(\OCB0047007-OUT\1W=1)"AUTO"(\OCB0047007-OUT\1W=0)"MANU"}输入在 Conditional 栏中。OCB0047007 是控制算法表中表示手/自动状态模块名称（编号），OUT 是输出端口，1W 是开关量的当前值。

单击 OK，将文字绘制在合适的位置。

10. 建立启停状态显示

参照建立手/自动状态显示的步骤，改写 Text 栏的内容为 STOP，将条件区改写为{(\OCB0047009-OUT\1W=1)"START"(\OCB0047009-OUT\1W=0)"STOP" }

单击 OK，将文字绘制在合适的位置。

11. 建立回路激活按钮

在绘图属性工具栏中，将绘图区选为 Keyboard。在画图工具栏中，单击激活（隐形按钮），出现 Poke 对话框。在 Poke 对话框中，Poke Type 栏选择为 Options（7），State 栏选择为 On，HiLite 栏选择为 Off。在 Application Programs List 面板中，选择 6-Control Poke。在 Application Programs Parameter List 面板中，输入的内容如下：

（1）Algorithm1 栏：\要激活的算法点名 \ID，如 \OCB00470008\ID。

（2）Algorithm2 栏：\要激活的算法点名 \ID，如 \OCB00470008\ID。

（3）Trigger Number 栏：1。

（4）Set Number 栏：2，这里的 2 是 SET 寄存器号。

（5）Set Value 栏：2，这里的 2 是传送到 SET 寄存器的数值。

OCB00470008 为控制算法中的键盘模块的名称，由于此处只激活一个模块，因此两个点名相同，即两个点名项不能为空。

单击 OK，将激活（隐形按钮）置于相应的位置。液罐动态流程图及其马达操作面板，如图 4-24 所示。

12. 保存被建立的液罐动态流程图

13. 进入模拟测试环境

在打开的液罐动态流程图中，单击相关按钮，查看效果。

14. 将图形下载到目的地站点

【任务准备】

一、引导问题

（1）生成弹出窗口的主要步骤。

（2）组态实时数据点的主要步骤。

（3）动态流程图画面的调试步骤。

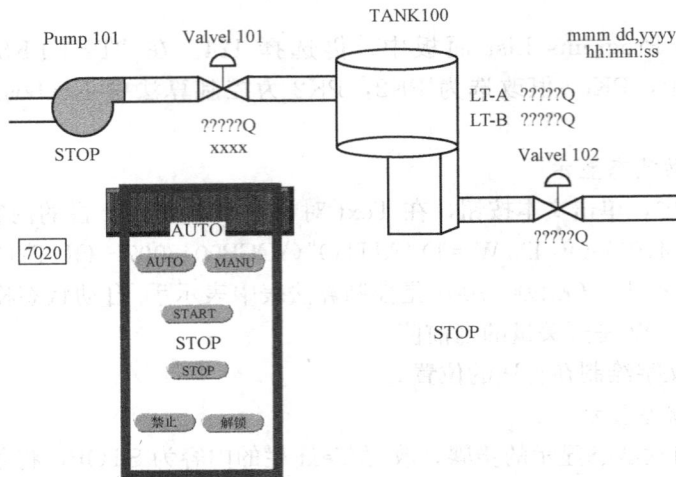

图 4 - 24   液罐动态流程图及其马达操作面板

（4）怎样将静态马达图改变为动态图？

（5）怎样建立回路激活（隐形按钮）？

（6）建立控制回路操作面板的主要步骤。

（7）建立马达启停操作面板的主要步骤。

（8）Ovation 系统动态流程图组态的主要过程。

二、制订任务方案

在正确问答引导问题后，根据行业（企业）规程和项目化教学过程的基本要求，制订任务方案表。

【任务实施】

根据项目化教学过程的基本要求，完成任务的计划、准备、实施和结束等工作。在教师的指导下，实施本任务，具体内容如下：

（1）按照本任务的描述和项目化教学的要求，执行本任务。

（2）分组讨论，完成自评和互评。

（3）提交任务实施计划表、任务实施表和检验评估表。

【任务评估】

检查任务的完成情况，收集任务方案表和任务实施表，完成检验评估表。

【知识拓展】

在流程图中，添加作者框的步骤如下：

（1）在绘图属性工具组栏中，单击调色板按钮。在 Color 对话框中，选择前景色为蓝色（blue），单击 OK。

（2）在绘图属性工具组栏中，单击线条类型按钮。在 Line Patterns 对话框中，选择 solid，单击 OK。

（3）在绘图属性工具组栏中，单击线条宽度按钮。在 Line Widths 对话框中，选择合适的线宽，单击 OK。

（4）在绘图属性工具组栏中，单击填充类型按钮。在 Fill Patterns 对话框中，选择 unfilled，单击 OK。

（5）在绘图属性工具栏中，将绘图区选为 Background。

（6）在画图工具栏中，单击矩形按钮。

（7）在流程图的右下角处，拖动画出一个矩形框。

（8）添加作者信息。使用添加字串的操作，添加作者中文信息。

【课后任务】

1. 流程图组态的基本要求。

2. 流程图组态的主要步骤。

3. 动态流程图画面的调试步骤。

项目五 操 作 员 操 作

【项目描述】

工程师站包含操作员站的基本功能。Ovation 操作员站可以通过 Ovation 网络与工厂过程进行通信，并监控正常和异常的工厂情况。操作员站的主要功能包括过程图形显示、报警管理、趋势显示、测点信息/测点检查和操作员事件信息等。

通过执行本项目的流程图操作、报警信息处理、点信息查看和操作、趋势查看和操作等任务，使学生熟悉操作员的日常工作，增强 DCS 组态和维护的技能。

【教学目标】

（1）熟悉流程图的操作。
（2）熟悉报警信息的处理。
（3）熟悉趋势的查看和操作。
（4）熟悉点信息的查看和操作。
（5）开展职业素质的培养。

【教学环境】

（1）教学场地：理实一体化教室。
（2）教学设备和材料：一套完整的 DCS 实际设备，每人一个工程师站。
（3）教学参考资料：
1）DL/T 1083—2008《火力发电厂分散控制系统技术条件》。
2）张波. 计算机控制技术. 北京：中国电力出版社，2010.
3）田宏梅. Ovation 系统在热电厂中的应用. 科技创新导报，2009（20）.
4）静铁岩. 热工控制系统运行维护手册（Ovation 控制系统）. 北京：中国电力出版社，2008.

任务一 流 程 图 操 作

【教学目标】

1. 知识目标
（1）了解操作员站的组成。
（2）熟悉流程图操作内容。
（3）掌握操作员站的基本功能。

2．能力目标

（1）能设置收藏夹。

（2）能使用操作面板。

（3）能缩放显示区域。

（4）会执行图形重定向。

3．素质目标

（1）养成安全生产的意识。

（2）养成严谨务实的工作作风。

（3）养成团队协作的工作方式。

（4）养成严格执行国家、行业及企业技术标准的工作习惯。

【任务描述】

在 Graphics 窗口中，流程图操作内容包括使用操作面板、设置收藏夹、使用右键功能、组态流程图、监视工厂运行状态和控制工厂过程等。

通过本任务的执行，使学生熟悉操作员站的操作，进一步掌握 Ovation 流程图相关的内容，增强 DCS 组态和维护的能力。本任务的主要内容如下：

（1）使用三种方法来缩放显示区域。

（2）利用操作面板来执行其他应用程序的操作。

（3）将图形下载到目的地站点后，执行删除操作。

（4）在收藏夹里建立一个图形文件后，执行删除操作。

（5）完成【任务准备】、【任务实施】和【任务评估】的内容。

【知识导航】

Ovation 人/机接口包括操作员站、工程师站、历史站、性能计算站、报表服务器和数据链接站等，具有同一平台支持多种功能的特点。操作员站的基本配置如图 5 - 1 所示。

一、访问 Graphics 窗口

在操作员站的多个界面中，访问流程图的机会有很多。在操作员站的任何界面均未启动的情况下，访问 Graphics 窗口的方法是双击桌面上的 Graphics 图标，出现 Graphics 窗口。或者单击桌面左下角的 Start 按钮，选择 Ovation 文件夹，选择 Ovation Applications，单击 Graphics 图标，出现 Graphics 窗口，如图 5 - 2 所示。

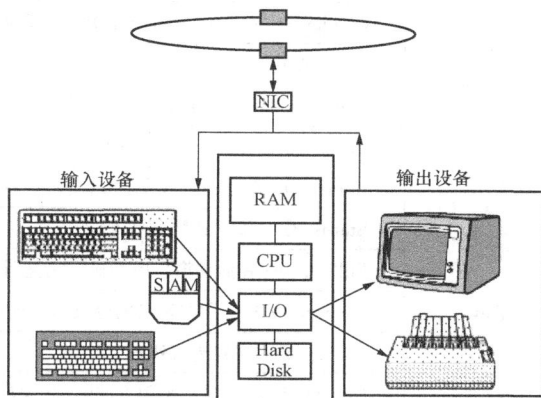

图 5 - 1　操作员站的基本配置

Graphics 窗口的菜单栏包含 5 个层叠按钮，每个按钮显示一个下拉菜单。Graphics 窗口

菜单栏元素见表 5 - 1。

Graphic 窗口工具栏的功能，如图 5 - 3 所示。

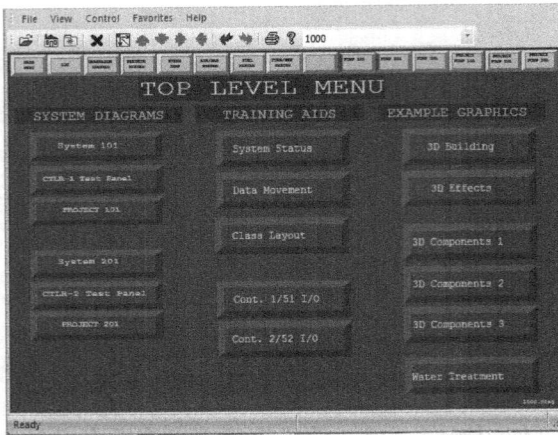

图 5 - 2　Graphics 窗口

在 Graphics 窗口中，翻页按钮和翻页菜单项用于在图之间进行翻页。如果未定义翻页方向，则这些按钮和菜单项都会被禁用。如果已在图中定义，则可按向上、向下、向左和向右等四个方向翻页。在 Graphics 窗口底部的状态栏中，有显示错误和活动画面的提示。在状态栏中，LAI（last active instance）识别当前处于活动状态的 Graphics 窗口。

在 Graphics 窗口中，流程图的操作内容包括使用操作面板、设置收藏夹、使用右键功能、组态流程图、监视工厂运行状态和控制工厂过程等。

在 Graphics 的 File 菜单窗口中，展开一张流程图的方法是单击 Load...，双击所需的流程图名，或者直接选择 TOP LEVEL MENU 流程图总貌下的流程图名，展开对应的流程图。

表 5 - 1　　　　　　　　　　　　　Graphics 窗口菜单栏元素

菜单	描　　　　述
File	Load—从指定目录加载图文件
	Group—为当前图选择图组
	Print Setup—显示设置打印机属性的对话框
	Print—将该图发送到打印机
	Redirect Graphics—已配置站点和窗口编号的列表，也可以在此同时显示当前图形
	Properties—显示有关当前图的常规信息、显示信息、分页信息、缩放信息和详细信息
	Configuration—显示画面的常规、打印和窗口配置
	Exit—结束程序
View	Main Toolbar—显示或隐藏工具栏
	Layer Toolbar—显示或隐藏层工具栏
	Control Toolbar—显示或隐藏控件工具栏
	Status Bar—显示或隐藏状态栏
	Full View—在活动窗口中，显示完整图
	Page—利用过程图中定义的分页顺序进行导航
	Zoom—显示缩放选项列表
	Display Pokes—显示画面上的响应区域
	Select Font—显示字体对话框窗口
	Copy to Clipboard—将图复制到系统剪贴板
	Error List—显示该窗口的报警和错误列表

续表

菜单	描 述
Control	Control Panel—显示 Control Panel
Favorites	Add To Favorites—将当前图添加到 Favorites 对话菜单
	Organize Favorites—显示一个窗口，其中包含喜爱图的树形控件列表。此窗口包含部分可用的编辑功能
	Go to Favorites—显示所有喜爱画面的对话框列表
Help	Help Topics—显示标准的 Windows Help 菜单
	About Graphics—显示包含应用程序名称和版本号的对话框

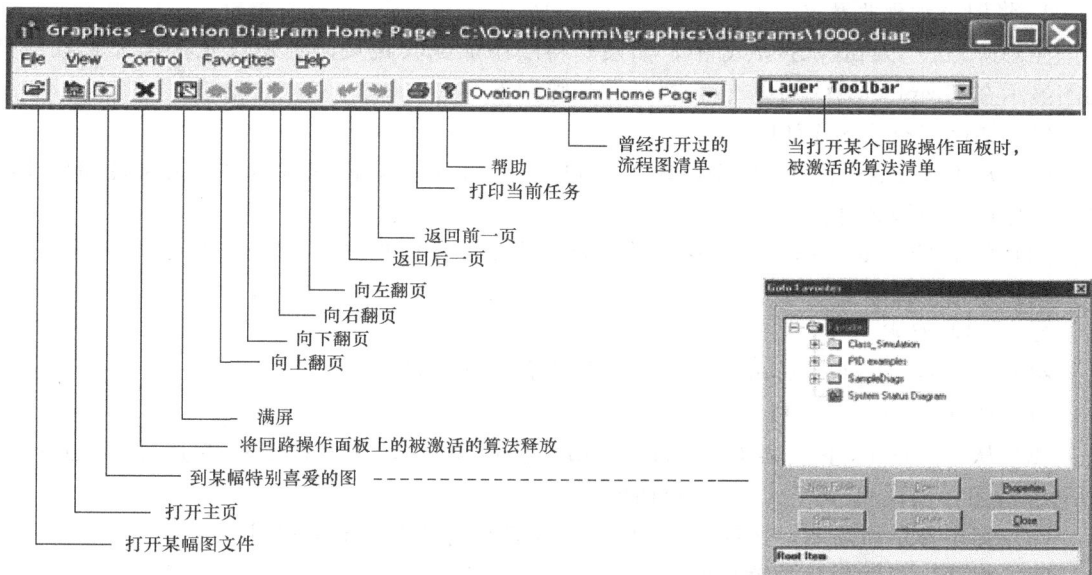

图 5-3　Graphics 窗口工具栏的功能

二、使用操作面板

在 Graphics 窗口中，使用操作面板的方法是选择 Control 菜单下的选项，出现 Panel 窗口。在操作员站上，响应区域是图上的一个矩形区域。当鼠标指针在图的上方移动时，如果遇到响应区域，则鼠标指针将从箭头变为手指。被激活的响应区域会执行一种功能，如显示新的图、显示弹出窗口、运行应用程序、运行操作系统命令、显示过程点信息和显示帮助信息等，一个图可能包含几种类型的响应区域。

在 View 菜单中，Display Pokes 选项用于显示图上所有响应区域的位置。在 Graphics 窗口中，选择 View 下拉菜单，选择 Display Pokes 选项，图中响应区域的周围将出现红色矩形。

三、使用收藏夹

在各个站中，收藏夹采集常用项目，并且单独配置。Graphics Display System 的收藏夹用于快速访问所收藏的图。

1. 创建新的收藏夹文件夹

创建新的收藏夹文件夹的步骤如下：

（1）访问 Graphics 窗口。

（2）从 Favorites 下拉菜单中，选择 Organize Favorites...，出现 Organize Favorites 对话框。

（3）在 Organize Favorites 对话框中，选择 New Folder 按钮，出现新增名为 New Folder 的文件夹。

（4）单击 Rename 按钮，输入文件夹名称。

如果要从列表中删除某文件夹及其所有图，则首先选择文件夹，然后单击 Delete 按钮。

2. 将图添加到收藏夹

在 Graphics Display System 中，如果要将图添加到收藏夹，必须首先将添加到收藏夹的图显示在 Graphics 窗口中，接着执行的步骤如下：

（1）访问 Graphics 窗口。

（2）从 Favorites 下拉菜单中，单击 Add to Favorites...，出现显示完整图路径和描述的窗口，也可以重写描述。

（3）单击 Create In 按钮，将条目置于预先指定的任何收藏夹文件夹中。

（4）单击 OK。

3. 访问收藏夹

在 Graphics Display System 中，访问收藏夹的步骤如下：

（1）访问 Graphics 窗口。

（2）从 Favorites 下拉菜单中，单击 Goto Favorites...，或者在工具栏上选择 Goto Favorites 按钮，出现 Goto Favorites 对话框。

（3）突出显示所需图，选择 Open 按钮，或者双击突出显示所需图。

四、将图形下载到目的地站点

如果目的地站点没有源站点需要下载的图形文件，则将源站点需要下载的图形文件下载到目的地站点的主要步骤如下：

（1）访问 Ovation Developer Studio 窗口。

（2）使用系统树，导航到相应的 Systems、Networks、Units 或 Drops 文件夹。

（3）双击 Graphics 图标。

（4）右键单击 Graphics 下方的 Diagrams 图标，选择 Download，出现 Download Preview 对话框。

Download Preview 对话框包含归入层次结构中所选级别的站点列表。如果选择从 Systems 文件夹级别下载，则系统中的所有站点都将显示在 Download Preview 窗口中。如果选择从 Units 文件夹级别下载，则该单元下的所有站点都显示在 Download Preview 窗口中。

（5）选择下载的站点，方法如下：

1）勾选单个站点编号旁边的框。

2）勾选 Drops 文件夹图标旁边顶部的复选框，以选择所有站点。

3）取消勾选 Drops 文件夹图标旁边顶部的复选框，以取消选择所有站点。

下载多个站点的 Download Preview 对话框如图 5-4 所示。Download Preview 对话框选项及其描述见表 5-2。

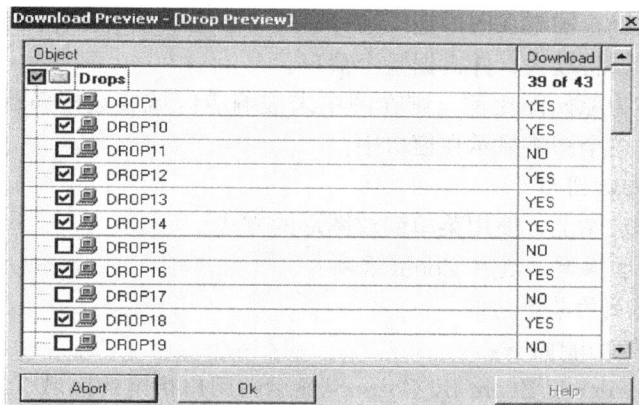

图 5-4　下载多个站点的 Download Preview 对话框

表 5-2　　　　　　　　　Download Preview 对话框选项及其描述

项　　目	描　　述
Download	当选中此选项时，单击 OK，将下载所有选中的预览文件
Reboot	重新启动计算机。通常在下载控制画面（.svg 文件）时使用
Abort	停止下载过程
OK	下载画面并关闭窗口
Skip to Next Drop	进入下一个站点进行文件预览，当前站点未下载
Help	提供关于图形重定向功能的说明

（6）单击 OK，下载站点。在 Download Preview 窗口中，如果选择 Abort 按钮，则中止下载。

如果目的地站点已有源站点需要下载的图形文件，则根据提示要求，由操作员选项确定是否将已更改的画面下载至所选站点。

五、缩放显示区域

缩放显示区域有利于查看图的内容。如果一张图已被定义为可缩放，并且未禁用缩放功能，则可以使用鼠标来放大该图的特定区域或显示该图的完整视图，也可以使用 Zoom 菜单或鼠标缩放选项来缩放特定区域，需要指出，该图可能包含用于在弹出窗口中显示其他图的响应区域。禁用鼠标缩放功能的操作是选择 File 菜单，选择 Configuration 选项，选择 Disable Zoom by Drag Mode。

（一）使用鼠标缩放图形

在操作员站上，使用鼠标缩放图形的方法如下：

（1）如果要放大图的特定区域，则在图中未被响应区域或数据条目字段占用的某个点上，单击鼠标左键，指针将变成放大镜。

（2）按住鼠标左键，同时在图中拖动指针。这时选定区域周围将出现一个方框，当松开此按钮时，框住的区域将放大，并占据整个窗口。

（3）如果要缩小为原始图比例，则在图中未被响应区域或数据条目字段占用的某个点上，双击鼠标左键，整个图将显示在窗口中。

（二）使用菜单缩放图形

下面介绍在操作员站上，使用菜单缩放图形的方法。

1. 选择 View 下拉菜单，选择 Zoom 选项

2. 选择 Zoom 选项的某个功能

Zoom 选项包含的功能如下：

（1）Zoom by Corners。Zoom by Corners 显示由用户指定的区域。Zoom by Corners 的操作如下：

1）在选定 Zoom by Corners 功能后，将光标移至所需区域的左上角，单击左键，并将光标拖动到要缩放区域的对角上，选定区域周围将出现一个方框。

2）松开鼠标。在窗口中，选定区域被缩放和移动。

（2）Zoom by Box。Zoom by Box 仅显示缩放框中包含的区域。Zoom by Box 的操作如下：

1）在选定 Zoom by Box 功能后，光标会变成一个方框，将方框移至要缩放的区域。

2）使用键盘的数字键盘上的"＋"，增大方框的尺寸；使用键盘的数字键盘上的"－"，减小方框的尺寸。

3）单击鼠标左键，执行缩放。

4）放大并移动特定图区域，使特定图区域占据整个窗口。

（3）Zoom In。按照 Zoom In/Out 窗口中定义的比例，放大显示区域。

（4）Zoom Out。按照 Zoom In/Out 窗口中定义的比例，缩小显示区域。

（5）％Zoom In/Out。％Zoom In/Out 用于显示 Zoom In/Out Factor 窗口，以更改 Zoom In 和 Zoom Out 功能的缩放比例。

缩放系数由滑块所处的位置或在输入字段中输入值来确定。如果将缩放系数确定为 15，则表示每次选择 Zoom In 按钮时，图按缩放范围的 15％进行放大，而每次选择 Zoom Out 按钮时，则缩小 15％。关闭 Zoom In/Out Factor 窗口，更改生效。

缩放图形最快捷和常用的方法是将鼠标移至需要放大的位置，单击不放，鼠标箭头成为手握放大镜的图标，这时将鼠标对角拖动为一个矩形，释放鼠标按键，被选内容放大。如果要返回原图，则双击窗口任一位置。

六、配置 General 选项卡

图编号规定：图 1～999 适用于子窗口，图 1000 是默认图并定义为顶级图，图 7000～8999 适用于窗口，图 9000～65 535 适用于主屏幕图。

Ovation 配置工具可以设置 Graphic 窗口的图形配置参数，并通过下载过程，将图形配

置参数单独写入每个站点。图形配置参数见表 5-3。

表 5-3　　　　　　　　　　　　图 形 配 置 参 数

参　数	描　述	设置
Number of Local Windows	每个站点允许的图形窗口数量	1～16
Number of Previous Views	保存在撤销队列中的图数量	1～50
Raise/lower request timeout	提高/降低功能被取消之前的秒数（如果未接收到任何由键盘发出的信号）	1～60
Zoom corners	单击并拖动鼠标以进行缩放	True 或 False
Disable fixed size/position	在编译图时覆盖由 Graphics Builder 设置的固定尺寸和固定位置参数	True 或 False

在 Graphics 窗口中，组态流程图的方法是在 File 下拉菜单中，单击 Configuration 命令，在 Configuration Graphic 对话框中，确定 General、Print 和 Window 三个选项的内容，选择 Apply 或 OK 按钮，更改生效。Configuration Graphic 对话框如图 5-5 所示。

Configure Graphic 窗口 General 选项卡的描述见表 5-4。

表 5-4　　　　　　　Configure Graphic 窗口 General 选项卡的描述

标题	参数	描　述	设置
General	Number of Windows	每个站点允许的图形窗口数量。此设置将通过站点下载覆盖	1～16 默认值＝4
	Number of Previous Views	保存在撤销队列中的图数量。此设置将通过站点下载覆盖	1～50 默认值＝15
	Number of PopUp Windows	在主图中，可以同时显示的弹出窗口数量（最多10个）。弹出窗口是可以从主画面中的响应区域访问的其他画面	1～10 默认值＝1
	Lock popups by default	如果锁定弹出窗口（Yes），则其他任何图形不能覆盖此锁定的图形	Yes 或 No 默认值＝Yes
Keyboard	Keyboard Timeout	提高/降低功能被取消之前的秒数（如果未接收到任何由键盘发出的信号）。此设置将通过站点下载覆盖	1～60 默认值＝60
Font	Font Name	定义仅在图没有字体说明时使用的默认字体名称	默认值＝Courier New
	Font Style	定义仅在图没有字体说明时使用的默认字形	默认值＝Bold
	Font Browse Button	用于选择字体	
Miscellaneous	Disable "Enter" Button	如果选中此项，则当鼠标置于图上的响应区域上方时，键盘上的 Enter 按钮无效	True 或 False 默认值＝False
	Disable Fixed Size/Position	在编译图时，覆盖由 Graphics Builder 设置的固定尺寸和固定位置参数。此设置将通过站点下载覆盖	True 或 False 默认值＝True

续表

标题	参数	描 述	设置
Miscellaneous	Disable Zoom by Drag Mode	单击并拖动鼠标以进行缩放	True 或 False 默认值＝False
	Hide "Error List" Dialog	如果选中此项，则当发生错误时，不会自动显示 Error List 窗口，但在需要时，可以利用 View-Error List 菜单项来访问此窗口	True 或 False 默认值＝False
	Support Split Windows	查看拆分窗口	True 或 False 默认值＝False
	Treat all unresolved points as dummy points	如果为非多网络系统，在选中此项后，则所有待决点都视为哑点	True 或 False 默认值＝False
	Disable reset control	TBD	True 或 False 默认值＝False

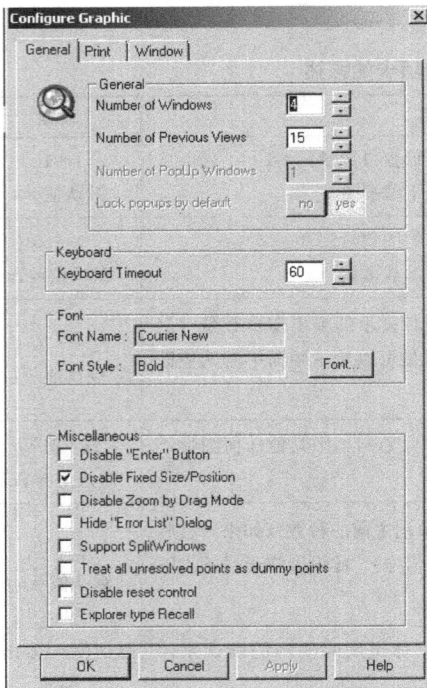

图 5 - 5　Configuration Graphic 窗口

【任务准备】

一、引导问题

（1）使用操作面板的方法。

（2）缩放显示区域的方法。

（3）查看收藏夹的操作步骤。

（4）执行图形重定向的操作步骤。

二、制订任务方案

在正确问答引导问题后，根据行业（企业）规程和项目化教学过程的基本要求，制订任务方案表。

【任务实施】

根据项目化教学过程的基本要求，完成任务的计划、准备、实施和结束等工作。在教师的指导下，实施本任务，具体内容如下：

（1）按照本任务的描述和项目化教学的要求，执行本任务。

（2）分组讨论，完成自评和互评。

（3）提交任务实施计划表、任务实施表和检验评估表。

【任务评估】

检查任务的完成情况，收集任务方案表和任务实施表，完成检验评估表。

【知识拓展】

操作员站包含的部分应用程序及其功能见表 5-5。

表 5-5 操作员站包含的部分应用程序及其功能

应用程序名称	功 能
Base Alarm System	检测和显示站点超时、点超出范围、数字状态更改等异常情况
Graphics Display System 或 Process Diagram System	显示、监视和控制实际工厂过程控制设备的流程图
Point Information（PI）System	查看和编辑来自 Ovation 网络和 Point Builder 的点信息
Error Log	提供关于系统错误的信息，并将消息写入日志文件
Point Review	在数据库中，搜索特定的点或特定点组的点
Trend	以图形或表格趋势显示 Ovation 网络的活动点收集的数据示例
Point Viewer	查看系统数据中的所有点。如果选择特定的过滤器，则查看仅包含指定属性的点
控制逻辑图	显示在 Control Builder 中创建的图，在操作员站中，可用于监视和调整控制过程

任务二 报警信息处理

【教学目标】

1. 知识目标

（1）熟悉确认报警的意义。

（2）熟悉重置报警的意义。

（3）熟悉站点细节窗口的内容。

（4）熟悉 Alarm 窗口 Home 菜单的功能。

（5）熟悉 Alarm 窗口 Filter 菜单的功能。

（6）熟悉 Alarm 窗口 Value 菜单的功能。

（7）熟悉 Alarm 窗口 Alarm/Limit 菜单的功能。

2. 能力目标

（1）能过滤显示报警。

（2）能分析站点细节图。

（3）能说明 Ovation 报警信号流程。

（4）会执行确认报警和重置报警的操作。

3. 素质目标

（1）养成安全生产的意识。

（2）养成严谨务实的工作作风。

（3）养成团队协作的工作方式。

（4）养成严格执行国家、行业及企业技术标准的工作习惯。

【任务描述】

Ovation 报警系统能够监控和检测工厂异常情况，确认和打印报警，并将其发送到历史站，保证生产过程正常进行。报警产生的主要原因如下：①模拟点已超出其高限值或低限值；②模拟点的情况正逐渐变好或变坏，并且点值更接近其定义的限值，或者远离其定义的限值；③数字点已更改其 ON/OFF、1 或 0 的状态。

只要操作者给出一个确认，就能将激活的报警从报警表中解除，称为报警解除功能。在解除一个报警后，如果某点的报警状态发生了改变，则该点将自动恢复到未解除状态。

通过本任务的执行，使学生熟悉操作员站的报警及其处理的操作，增强 DCS 组态和维护的能力。本任务的主要内容如下：

（1）选择一个点报警，记录报警产生的原因。

（2）确认该报警，并查看其效果。

（3）重置该报警，并查看其效果。

（4）强制改变该报警点的质量。

（5）更改报警的显示方式。

（6）过滤显示报警，条件自定。

（7）记录当前的点细节窗口的少量信息。

（8）完成【任务准备】、【任务实施】和【任务评估】的内容。

【知识导航】

计算机显示器、外部扬声器、打印机和历史站等是报警情况的载体。Ovation 报警信号流程如图 5-6 所示。

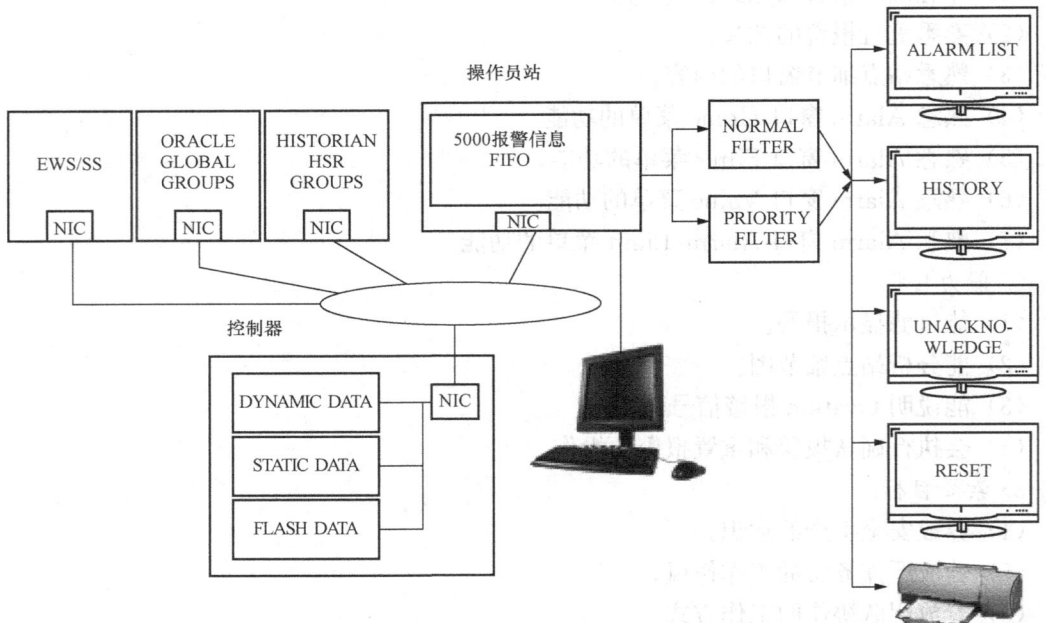

图 5-6　Ovation 报警信号流程

系统树的任何级别均可配置报警，在较低级别定义的所有配置优先于已在较高级别定义的所有配置。报警系统的常用术语见附录十。

访问操作员站的常用方法是选择桌面的 Ovation Applications 文件夹，单击 Ovation Application 功能图标，或者点击桌面左下角的 Start 按钮，选择 Ovation 文件夹，选择 Ovation Applications 文件夹，单击 Ovation Application 功能图标。下面介绍 Ovation Application 的主要内容。

1. 报警系统

报警系统显示异常情况和工厂故障的信息，分为 Alarm System 和 Alarm Annunciation System 两种报警系统类型。

（1）Alarm System。Alarm System 报警窗口提供检测和显示工厂异常情况的方法，在不同类型的列表中，显示报警。配置某个点的过滤设置是暂时的，在 Alarm 窗口关闭后，过滤设置会被取消。

在 Alarm 窗口中，可配置的报警优先级色彩编码方案指定了每个报警消息的前景色和背景色，能够识别已确认报警和未确认报警。系统每秒都会对新的报警条目进行处理，如果 Alarm 窗口已最小化，则当检测到报警条目时，报警系统的图标将变为红色。

报警级别分为 1~8 级，1 级最高，8 级最低。在各级消报后，报警颜色为绿色。报警级别及其颜色见表 5-6。

表 5-6   报 警 级 别 及 其 颜 色

报警级别	报警颜色（缺省）	报警级别	报警颜色（缺省）	报警级别	报警颜色（缺省）	报警级别	报警颜色（缺省）
1 级	红	3 级	黄	5 级	紫	7 级	酒红
2 级	玫瑰红	4 级	白	6 级	淡褐	8 级	蓝

（2）Alarm Annunciation System。在工作站监视器顶部的报警带中，Alarm Annunciation 可选报警窗口提供检测和显示工厂异常情况的方法。启动窗口可以配置为 Alarm 窗口或 Alarm Annunciation 窗口，如果配置为同时显示这两种报警窗口类型，则其他窗口不会覆盖始终显示在报警屏幕的顶部的 Alarm Annunciation 窗口。

2. Online Help

在线帮助。

3. Graphics

查看流程图。

4. Historical Review

提供关于历史数据的信息。

5. Trend

显示活动点的图形或表格趋势。

6. Signal Diagram

查看 Control Builder 创建的控制页。

7. Point Information（PI）

访问 Ovation 网络每个点的详细信息。

8. Point Review

选择特定特征的过滤器，在数据库中，搜索周期性过程点。

一、访问 Alarm 窗口

在输入扫描期，Ovation 控制器执行基本的报警处理，及时修正每个点的报警状态，并在 Ovation 网上广播。如果某点超过其定义的限值，则会产生报警。在通常情况下，一个报警需要操作员操作一次。

打开 Alarm 窗口的方法是打开操作员站桌面上的 Ovation Applications 文件夹，单击 Alarm 图标，或者单击桌面左下角的 Start 按钮，选择 Ovation 文件夹，选择 Ovation Applications 文件夹，单击 Alarm 图标，出现 Alarm 窗口，如图 5-7 所示。

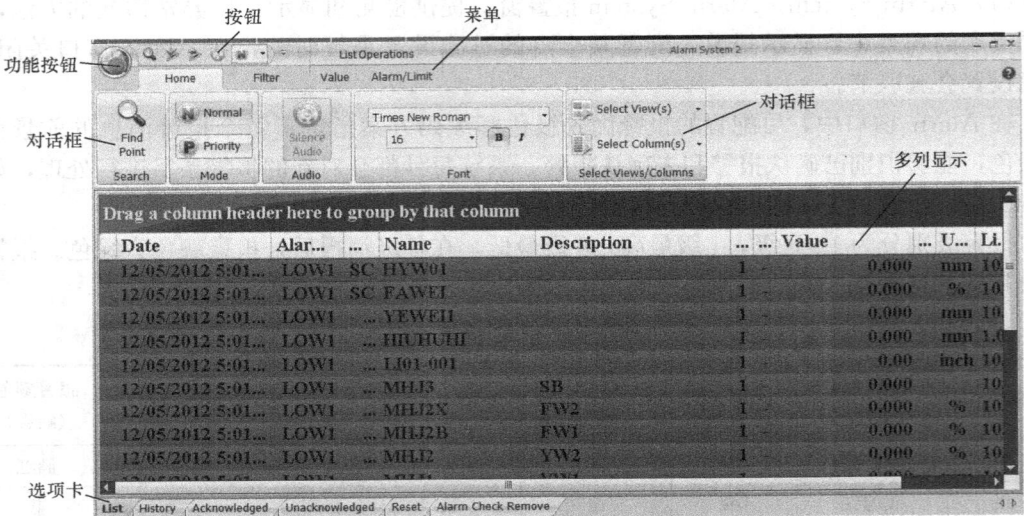

图 5-7　Alarm 窗口

在 Alarm 窗口中，单击左上角的功能按钮，弹出一个对话框，其中包含报警文件的打开、存盘、打印、导出、窗口格式、显示定义和退出七个功能选项。

在功能按钮右边，从左至右存在五个按钮和一个用户快捷工具栏。点搜索、点确认、点重置、静音和正常/优先模式切换五个按钮的数量由用户快捷工具栏内的选择确定，用户快捷工具栏还有将五个按钮和用户快捷工具栏本身作为一个整体移动的功能。

二、列表

在 Alarm 窗口底部，报警列表（List）、报警历史记录列表（History）、已确认报警列表（Acknowledged）、未确认报警列表（Unacknowledged）、重置列表（Reset）、图标列表（Iconic）和远程网络状态列表（Alarm Check Remote）等报警选项卡显示了报警内容，每个选项卡都包含正常模式和优先级模式的过滤模式。

1. 报警列表

报警列表的特点如下：

（1）新条目添加到报警列表顶部。

（2）显示当前系统报警和恢复。

（3）报警的值和状态不断更新。

（4）窗口中显示的报警行数可进行配置，并由窗口的大小决定。默认情况下，系统最多显示 30 行报警。

（5）显示由当前报警模式（Normal 或 Priority）的报警列表过滤条件指定的所有点。

（6）在第一页上显示最新报警，通过向后翻页访问更多报警。第一页上的空白行将填充为新达到的报警。所有空白行均已填充好时，屏幕将压缩，以显示最新报警并在此页顶部显示空白行。页面上的空白行数可以配置。

（7）每个报警点在此列表中显示一次。当现有报警更改状态而引起新的报警事件时，新状态将覆盖旧状态，或者将新的状态添加到显示的顶部并删除先前的状态，这是可配置的。

（8）显示当前处于报警状态的点的总数。从列表中，选择报警条目，然后对其进行确认。这将更改报警的颜色，以表明该报警已得到确认。

（9）配置报警事件的颜色，使不同优先级的报警显示为不同的颜色，并区分已确认报警和未确认报警。

2. 历史记录列表

历史记录列表的特点如下：

（1）新条目添加到历史记录列表顶部。

（2）每个报警点可以在此列表中出现数次。

（3）显示由当前报警模式（Normal 或 Priority）的历史记录过滤条件指定的所有点。

（4）所有增量和恢复均显示为单独的条目。

（5）在第一页上显示最新报警，并具有向后翻页的滚动功能。

（6）包含 15 000 个最新报警事件（报警、恢复和状态更改）。

3. 已确认列表

已确认报警列表的特点如下：

（1）新条目添加到已确认报警列表顶部。

（2）显示当前已确认报警。

（3）显示由当前报警模式（Normal 或 Priority）的已确认过滤条件指定的所有点。

（4）当已确认报警恢复正常或变成未确认状态时，就将其从列表中删除。

（5）每个报警点在此列表中显示一次。

（6）报警的值和状态不断更新。

4. 未确认列表

未确认报警列表的特点如下：

（1）将最新报警添加到此列表末尾。

（2）以相反的顺序显示报警，其中最早的未确认报警显示在第一页的顶部。

（3）显示由当前报警模式（Normal 或 Priority）的未确认过滤条件指定的所有点。

（4）报警的值和状态不断更新。

（5）确认报警后将其删除。

（6）在此列表中，报警点仅显示一次。

（7）当系统中所有报警均得到确认时，此列表为空白标列表或任意组合。

5. 重置列表

重置报警列表的特点如下：

（1）按与报警列表相反的顺序显示所有可重置恢复。新的可重置恢复位于此列表底部。

（2）报警的值和状态不断更新。

（3）显示由当前报警模式（Normal 或 Priority）的重置过滤条件指定的所有点。

6. 图标列表

图标报警提供了根据报警的优先级和目的地（厂区）对其进行分组的一种机制，每个报警组由显示器上预配置的位图表示。

三、菜单及其对话框

1. Home 菜单及其对话框

在 Alarm 窗口 Home 菜单中，Search、Mode、Audio、Font 和 Select Views/Columns 等对话框用于改变显示报警的方式。

Search 对话框的 Find Points 用于访问 Find Point 窗口。Mode 对话框的 Normal Mode 和 Priority Mode 选项分别用于将视图更改为正常模式和优先级模式。Audio 对话框的 Silence Audio 实现静音。Font 对话框用于设置报警显示的字体、大小、加粗和斜体等显示方式。Select Views/Columns 对话框用于设置报警显示/列选项的内容。

寻找报警点的操作可以使用位于 Alarm 窗口左上角的点搜索按钮。在窗口内键入点名，点击 Find Next 按钮，配合 Search Up 选项，显示的状态如下：

（1）如果能找到，则点信息的前端出现一个勾选项框，表明点被选中。

（2）如果点不在报警窗口中或者点不存在，则 Alarm Viewer 对话框提示相关内容。

2. Filter 菜单及其对话框

在 Alarm 窗口的 Filter 菜单中，Normal Mode/Priority Mode 对话框的 Priority、Alarm Type、Destination 和 Network/Unit 四个选项分别用于选择报警的优先级、报警类型、目的地和网络/单元，其中的 Alarm Type 对话框包含的报警列表选项卡如下：

（1）List 选项卡显示当前报警的列表，最新的报警显示在第一个。

（2）History 选项卡显示最近 15 000 个报警事件的历史记录。

（3）Acknowledged 选项卡显示当前已确认报警的列表，列表的第一个是最新的已确认报警。Point Acknowledge 确认当前在 Alarm 窗口中选择的所有未确认报警/恢复，点确认操作不会重置当前所选的任何恢复。Page Acknowledge 确认显示在该窗口中的所有未确认报警/恢复，页面确认操作不会重置目前的任何恢复。已确认的任何未确认恢复仍需重置，以将其从报警列表中删除。

（4）Unacknowledged 选项卡显示系统中最早的未确认报警的列表。此列表源自于报警列表，第一个是最早的未确认列表。

（5）Reset 选项卡显示从报警恢复并得到确认的点的列表，即重置。Point Reset 重置当前在 Alarm 窗口中选择的所有可重置恢复，Page Reset 重置显示在该窗口中的所有可重置恢复。

（6）Alarm Check Remote 选项卡显示报警检查远程的列表。

（7）HSR 选项卡显示历史站的列表。

（8）Printer 选项卡显示打印机的选项的列表。

报警信息过滤由报警优先级别、特征字和网络等确定，被选中的复选框内会填充复选标记，未选中的复选框为空。

3. Value 菜单及其对话框

在 Alarm 窗口的 Value 菜单中，Scan、Value Clamp、Test Mode、Latched Quality、Engineering Check 和 Reasonability Check 分别用于设置扫描通断、值范围的通断、测试模式通断、锁定质量、工程师检查通断和合理性检查通断。强制改变报警点质量的步骤如下：

（1）在 Alarm 窗口的 Value 菜单中，选择某个点，选择 Latched Quality 的 Good、Fair、Poor 和 Bad 的某个选项。

（2）在弹出的对应对话框中，选择确认。

4. Alarm/Limit 菜单及其对话框

在 Alarm 窗口的 Alarm/Limit 菜单中，Alarm Check、Limit Check 和 Auto Cutout 分别用于设置报警检查通断、限制检查通断和能否自动关闭。

四、报警点详细信息的列描述

在 Alarm 窗口中，报警点详细信息由 Date、Alarm Type、Code、Name、Description、Alarm Priority（AP）、Alarm Destination（AY）、Value 和 Value/Quality（Q）等列显示。

1. Alarm 窗口报警点列

Alarm 窗口报警点列的部分说明如下：

（1）Date 显示报警日期和时间。

（2）Alarm Type 显示报警类型。报警的点类型包括模拟、数字、打包组和模块记录、用作设备的打包组、Plant Web 报警和站点等。模拟量和数字点的报警类型显示字符见表 5-7。

表 5-7   模拟量和数字点的报警类型显示字符

报警类型显示字符	说　　明
模拟量报警类型	
RETURN	点数据已正常
SENSOR	传感器报警
HIGH1-4	高 1～4 报警
HI WRS	高增量报警（向更高发展）
HI BET	高增量报警（向好的方向发展）
H1-4/HUDA	数值超过了高 1～4 中的高用户定义报警
H1-4/LUDA	数值超过了高 1～4 中的低用户定义报警
HW/HUDA	数值超过了高增量报警（向坏）中的高用户定义报警
HB/HUDA	数值超过了高增量报警（向好）中的高用户定义报警
HW/LUDA	数值超过了高增量报警（向坏）中的低用户定义报警
HB/LUDA	数值超过了高增量报警（向好）中的低用户定义报警
LOW1-4	低 1～4 报警
LO WRS	低增量报警（向更低发展）
LO BET	低增量报警（向好的方向发展）

续表

报警类型显示字符	说　明
模拟量报警类型	
L1-4/HUDA	数值超过了低1～4中的高用户定义报警
L1-4/LUDA	数值超过了低1～4中的低用户定义报警
LW/HUDA	数值超过了低增量报警（向坏）中的高用户定义报警
LB/HUDA	数值超过了低增量报警（向好）中的高用户定义报警
LW/LUDA	数值超过了低增量报警（向坏）中的低用户定义报警
LB/LUDA	数值超过了低增量报警（向好）中的低用户定义报警
SP ALM	点在发送报警的周期中报过警，但在报警发送时已恢复，只在历史清单中出现
SID ALM	SID报警。设置SID报警的情况如下： 1. 点的限值字段为SID，并且已检测到该点的限值读取错误。 2. 用于确认抑制的SID无效
TIMEOUT	网络通信中断
数　字　点	
ALARM	数字量报警
ST CHG	数字量数字状态变化报警
RETURN	点数据已正常
SENSOR	传感器报警
SP ALM	点在发送报警的周期中报过警，但在报警发送时已恢复，只在历史清单中出现
TIMEOUT	网络通信中断

　　打包点的报警与数字量点的报警相似，但当打包点的某一位报警时，在报警清单中显示整个点的报警信息，因此如果要想知某一位的报警，需要查找点信息窗。

　　（3）Code显示点状态代码。Code列表代码选项见表5-8。

表5-8　　　　　　　　　Code 列 表 代 码 选 项

代　码		说　明
LR		限值检查关闭
SC		扫描关闭（已取消扫描）
AR		报警检查关闭（点已由操作员从报警中删除）
CO		报警检查抑制。抑制类型取决于抑制模式
Plant Web	AR	报警检查已取消
	CS	通信已阻止
	FS	故障已阻止
	NS	异常已阻止
	MS	维护已阻止
	AS	咨询已阻止

（4）Name 显示点名。

（5）Description 显示点描述。

（6）Alarm Priority（AP）显示报警优先级。

（7）Alarm Destination（AY）显示列显示报警目的地。

（8）Value 显示数值。

（9）Value/Quality（Q）列。

在报警列表、未确认报警列表、已确认报警列表和重置列表等列表中，点值不断更新。Value/Quality（Q）列部分选项的说明见表 5 - 9。

表 5 - 9   Value/Quality（Q）列部分选项的说明

选 项	说 明
Analog Value/Quality（Q）	显示模拟点的值及其质量（未标注=好、P=差、F=一般、B=坏或 T=超时）。Value/Q 始终显示为默认值
Digital Value/Quality（Q）	显示数字点的状态描述（Set/Reset），其后紧跟值（1 或 0）以及点的质量
Packed Group Value	以二进制显示当前数字值，其后紧跟识别该点是否超时的指示，接着是报警中的位（以二进制显示）。如果打包组报警超时，则值字段（以二进制符号显示）后紧跟一个"T"。"T"后紧跟报警中的位（以二进制显示）。对于用作设备的打包组点，Set/Reset 字段后紧跟值
Module/Node Records	依次列出值（以二进制显示）和质量。Value/Quality 后紧跟报警中的位（以二进制显示）。对于模块值字段，Value 字段（以二进制符号显示）后紧跟质量和报警中的位（以二进制显示）
Plant Web Alerts	包含当前可用的报警类型。如某个 Plant Web 报警具有可用的 Failed、Maintenance 和 Advisory 报警，则 Value 字段可能显示"FAILED MAINT ADVISE"。针对特定报警类型的显示值如下： 1. FAILED-Failed 报警。 2. MAINT-Maintenance 报警。 3. ADVISE-Advisory 报警。 4. NO_COMM-Communication 报警。 5. ABNORMAL-Abnormal 报警
Drop Alarms	显示站点描述。站点描述确认故障代码、故障 ID、故障参数 1 和故障参数 2
Quality	表明 Good、Fair、Poor 和 Bad 四种质量状态以及超时情况

（10）Units 显示工程量单位。

（11）结合点的 Alarm Type 列，Limit 显示模拟点的高限值 high X 或低限值 low X 的具体值，其中 X 为 1～4 限值，或者显示 High UDA 或 Low UDA 限值，仅适用于模拟点。

（12）Incremental Limit（Incr）显示模拟点的增量限值。如果已关闭高/低增量限值检查（由"LB"记录字段决定），则不会显示增量限值。

（13）Plant Mode（PM）显示发生报警时的工厂模式，仅适用于 Deluxe 记录类型。

2. 报警点列显示的设置

当鼠标拉动描述报警点的列线时，各列的宽度得以调整，以适合该列中的所有数据。列的种类和数量由 Home 菜单中的 Select Views/Columns 栏确定。

五、报警显示内容的操作

下面介绍 Alarm 窗口的操作的基本内容。

1. 选择报警

选择显示报警消息的基本操作如下：

（1）单击指定的报警消息。被选定消息的前端会出现一个勾选的矩形框，被选定消息的周围会显示一条虚线。

（2）左键单击另一个点，更改选择。

（3）按住 Shift 键并在某个点上单击鼠标左键，连续选择多行。

（4）按住 Ctrl 键并在某个点上单击鼠标左键，不连续地选择多行。

（5）选择一个报警消息并单击鼠标右键，显示 Point Menu。

2. 确认报警

为了表明已知点报警情况并在系统范围内广播，则必须逐点确认每个报警。如果禁用确认功能，则 Alarm 窗口的 Silence Audio 按钮或 Ovation 键盘的确认报警将处于禁用状态。确认报警的基本操作步骤如下：

（1）在 Alarm 窗口中，选择所需的单个或多个报警。

（2）右键单击被选择的报警，在弹出的对话框中，选择 Operation，单击 Acknowledge Alarm 选项。

（3）在确认对话框中，选择确认报警。在标准键盘上启用报警功能的情况下，如果选择 F2，执行点确认；如果选择 F3，则执行页面确认。

（4）点击 Alarm 窗口底部的工具栏的 Acknowledged 选项，查看点确认。

3. 重置报警

重置报警的操作步骤如下：

（1）访问 Alarm 窗口。

（2）在 Alarm 窗口中，勾选第一列中的复选框，指定所有选定恢复。

（3）选择 Reset 下拉菜单并选择 Point Reset，或者选择工具栏上的 Point Reset 按钮，执行点重置。如果已在标准键盘上启用报警功能，则选择 F4 执行点重置。如果要重置当前显示在屏幕上的所有点，则单击 Reset 下拉菜单或工具栏上的 Page Reset 选项。

六、报警示例

在 Alarm 窗口中，下面的示例说明点报警的产生原因、显示方式及其处理过程。

（1）选择已超出由系统配置工具定义的上限并处于报警状态的点（HIUHUHI）。如果 HIUHUHI 满足有效的过滤条件，则将产生报警，并在操作员站上的当前报警列表、报警历史记录列表和未确认报警列表中显示为红色（默认颜色）。

（2）在确认 HIUHUHI 报警后，报警出现在当前报警列表、报警历史记录列表和已确认报警列表中。

（3）更改 HIUHUHI 值，如更改限值，使其不再处于报警状态的定义范围，这时 HIU-HUHI 报警点以绿色（默认颜色）的形式，出现在当前报警列表、报警历史记录列表、已确认报警列表和重置报警列表中，表明该报警已恢复其正常值。

（4）重置 HIUHUHI 报警。在不包括报警历史记录列表的所有报警列表中，HIUHU-

HI 报警不复存在。

七、设置操作站的报警显示

操作站报警显示的组态包括基本报警显示组态、声音报警组态、图标报警组态和滚动报警条组态。

（一）基本报警显示组态

基本报警显示组态的步骤如下：

1. 访问 Configuration 文件夹

在 Ovation Developer Studio 系统目录树的系统级、网络级、单元级或各工作站下，根据组态生效的范围，访问其中一个 Configuration 文件夹，选择 Alarm，右键 Insert new，出现 New Alarm 窗口。

2. 设置报警内容及其格式

在 New Alarm 窗口中，利用位于窗口底部的 Alarm Display、Normal Mode Filtering、Priority Mode Filtering、Unit Filtering、Dynamic Filtering Points、Alarm Collectors 和 Audio 等多个组态图标，打开相应的对话框，并设置报警的有关内容。

3. 下装

展开 Alarm，右键，选择 Download，选择需应用新组态文件的工作站，单击 OK，下装。建议重启工作站，生效新的组态。

（二）滚动报警条组态

滚动报警条组态的步骤如下：

（1）在 Configuration 文件夹下，展开 Alarm 项，选择 Alarm Annunciation Window，右键，Insert new，在选择显示滚动报警条的报警窗口中，设置数值，点击 Finish 按钮；

（2）定义滚动报警窗口的内容；

（3）展开 Alarm，右键，选择 Download，选择需应用新组态文件的工作站，单击 OK，下装，新的组态生效。

⧗ **【任务准备】** ◎

一、引导问题

（1）访问站点细节窗口的步骤。

（2）怎样更改报警的显示方式？

（3）强制改变报警点的质量的步骤。

（4）Alarm 窗口 Home 菜单的功能。

（5）Alarm 窗口 Filter 菜单的主要内容。

（6）Alarm 窗口的 Value 菜单及其对话框的内容。

（7）Alarm 窗口的 Alarm/Limit 菜单及其对话框的内容。

（8）Alarm System 和 Alarm Annunciation System 的区别。

二、制订任务方案

在正确问答引导问题后，根据行业（企业）规程和项目化教学过程的基本要求，制订任务方案表。

📚 【任务实施】

　　根据项目化教学过程的基本要求，完成任务的计划、准备、实施和结束等工作。在教师的指导下，实施本任务，具体内容如下：

　　（1）按照本任务的描述和项目化教学的要求，执行本任务。

　　（2）分组讨论，完成自评和互评。

　　（3）提交任务实施计划表、任务实施表和检验评估表。

📈 【任务评估】

　　检查任务的完成情况，收集任务方案表和任务实施表，完成检验评估表。

📖 【知识拓展】

Ovation 键盘及其功能见表 5 - 10。

表 5 - 10　　　　　　　　　　　　　　Ovation 键盘及其功能

编号	按键	描　　述
1	Alarm List	显示报警列表
2	Normal/Priority	切换当前报警模式（之前的切换模式代码）
3	Alarm History	显示报警历史记录
4	Reset List	显示报警重置列表
5	Unacknowledged Alarms	显示未确认的报警列表
6	Point Acknowledge	确定所选报警
7	Page Acknowledge	确认报警页面
8	Page Reset	重置报警页面
9	Point Reset	根据显示的报警应用程序重置所选报警
10	Silence Audio	将连续的声音静音（之前的 Bell Ack）
11	窗口键（窗口 1～8）	显示 Process Diagram 窗口
12	Backward	为所选 Process Diagram 窗口执行向后撤销功能
13	Forward	为所选 Process Diagram 窗口执行向前撤销功能
14	向上和向下箭头	启动向上和向下翻页功能
15	向左和向右箭头	启动向左和向右翻页功能
16	Start/Open	激活数字控制算法
17	Stop/Close	重置数字控制算法
18	Value Entry	允许手动输入设定点或输出的数字值（之前的 Digital Entry）
19	Auto	启用自动控制模式
20	Manual	启用手动控制模式

续表

编号	按键	描　　述
21	Tune	显示 System Overview 窗口
22	Control＋向上箭头和 Control＋向下箭头	向上—提高设定点（之前的 Raise Setpoint） 向下—降低设定点（之前的 Lower Setpoint）
23	Control＋向上和 Control＋向下	向上—提高输出（之前的 Raise Output） 向下—降低输出（之前的 Lower Output）
24	用户定义按键 （Custom 或 Alarm）	提供 48 个用户定义按键，必须将每个按键定义为自定义按键或报警按键。 可以将自定义按键映射到在操作员站上执行的可编程功能。这些按键不会亮起

任务三　点信息查看和操作

【教学目标】

1. 知识目标

（1）掌握 Point Review 工具的主要功能。

（2）掌握 Historical Review 工具的主要功能。

（3）掌握操作员站查看和操作点信息的内容。

（4）掌握 Point Information System 工具的主要功能。

2. 能力目标

（1）能使用 Point Review 工具。

（2）能使用 Historical Review 工具。

（3）能使用 Point Information System 工具。

3. 素质目标

（1）养成安全生产的意识。

（2）养成严谨务实的工作作风。

（3）养成团队协作的工作方式。

（4）养成严格执行国家、行业及其企业技术标准的工作习惯。

【任务描述】

在 Ovation 系统中，操作员利用操作员站提供的各种工具，如 Point Review、Historical Review 和 Point Information System 等，了解生产的状况。

通过本任务的执行，使学生熟悉点信息查看和操作，增强 DCS 组态和维护的能力。本任务的主要内容如下：

（1）在 Point Information 窗口中，选择一个模拟量点，在单点列表中，查看 Value/

Mode 和 Alarm/Limit 菜单内容，重新定义 Value 菜单中的内容；记录选项卡字段的总数，说明 Mode 选项卡字段中的内容。

（2）查询所有点频率为 Slow（S）的点。

（3）选择一个点，单击 Alarm/Limit 菜单，在 Auto Cutout 对话框内，选择 EN-ABLEDH，在弹出的确认对话框内，单击 OK，记录被选定的信息；选择 DISABL…，在弹出的确认对话框内，单击 OK，记录被选定的信息，比较被选定的两条信息内容。

（4）执行点的搜索和定义字体的操作。

（5）在 Ovation Point Directory Browser 多点列表中，按照 Frequencies 中的 Slow（S）过滤条件，查询所有 Digital（LD）点，并选择其中的某一个点，查询该点何地被使用。

（6）在 Point Information 单点列表中，单击 Alarm 菜单，操作并说明能否定义某点的报警状态；单击 View 菜单，更改字体和字号，选择加粗显示，并说明操作结果。

（7）完成【任务准备】、【任务实施】和【任务评估】的内容。

【知识导航】

操作员站查看和操作点信息的内容如下：

1. 测点的回顾

与生成回顾点有关的一系列特性、状态和质量码等内容如下：

（1）超时。

（2）打标签。

（3）测试模式。

（4）扫描清除。

（5）报警剪切。

（6）扫描移位。

（7）外部校验。

（8）输入数值。

（9）SID 报警。

（10）剪切块无效。

（11）数值钳位关闭。

（12）报警检查移位。

（13）合理检查关闭。

（14）工程范围检查关闭。

（15）质量码。质量码包括 Bad、Poor、Fair 和 Good。

（16）限位。限位包括数值限位、工程范围限位、报警限位、合理限位、数值钳位限制、传感器限位以及限位检查移位。

2. 点的信息

操作员可以浏览被选过程点的完整数据库记录，并可以调整扫描状态、报警状态、报警限位和数值。在每一张过程画面中，动态点自动给出点击区用于快速定位过程点。点击区包含的内容如下：

（1）广播频率。

（2）扫描状态（开/关）。

（3）系统信息，如起始站名和系统指示。

（4）过程信息、点名、说明、数值和质量码。

（5）硬件信息。硬件信息包括 I/O 地址和信号类型。

（6）报警状态信息（报警检查开/关，限位检查开/关）、限位（低、高、增量和死区）。

一个下拉菜单能实现改变扫描状态、改变报警状态、改变数值和改变限位等数据采集功能：

3. 操作员时间记录

操作员的每一个操作动作都会引发 Ovation 操作员站给标明记录事件的站点发出一条事件消息，这个站点立即生成一个有时间标签的 ASCII 码消息，并通过 Ovation 网络传给历史记录设备，随后可在历史记录设备上显示或打印出来。每个操作员事件消息包含事件子类型、日期/时间和事件说明。

根据事件的不同，每个消息还可能包括的内容如下：

（1）点、设备或站点名。

（2）点的描述。

（3）旧的数值/模式和新的数值/模式。

（4）回路号、算法名称和算法类型。

Ovation 控制器初始事件信息包括数字量控制、模拟量控制消息和 Ovation 控制器软件逻辑出错等。Ovation 操作员站初始的事件消息类型包括扫描、报警/限位检查、输入数值或改变报警限位、算法调整、更新时间、强制键入数值和错误清除/确认等故障。

4. 报警管理

按照梯级浏览和确认报警显示，四种可选报警显示类型如下：

（1）图形模块化报警。最多 200 个图形模块来表示报警点集合。一旦发生报警，对应过程画面的图块会改变颜色，图块可以直接连接至特定的过程画面。位图制作图块用于组态图块化报警系统。点的优先级和特性可作报警组的框架，自定义的优先级和未确认状态可用来定义报警图块的位图颜色码，而定义图块的过程图形为任意类型，如过程概貌、手操站或点的集合等。

（2）报警清单。按照时序，报警清单显示现存登录的报警。点报警状态的改变将标明登录列表的更新情况，报警点的恢复也可标明。

（3）历史报警清单。按照时序，历史报警清单显示最近发生的 5000 条报警，包括发生和恢复。

（4）未确认报警清单。按照反时序序列，未确认报警清单显示未确认的报警，新发生的报警将增加到清单的底部，报警清单的颜色有 16 种。

5. 报警目的地

利用特定厂区范围的过滤功能，操作员站将报警送至特定站或整个系统。点名的第一个字母标明点所在的控制处理区域。

6. 报警优先级

模拟量报警的高低限可以安排各自的优先级。对于传感器，标识一个输入点的失败，应使用两个数值中较大者；对于恢复，标识一个报警点恢复正常，应使用两个数值中的较小者。

7. 声响报警

声响报警分为连续报警和不连续报警。声音文件适用于优先级模式或目的地模式。

8. 报警确认

在 Alarm 报警窗口中，操作员使用报警确认按钮来确认一个报警。

9. 报警复位

在完成确认后，报警必须重新复位，以便从报警清单中清除。

10. 过程画面

过程画面利用高分辨率图像和增强功能来组织和显示过程信息。过程画面的附加功能如下：

（1）利用图形模块访问图像。

（2）提供一个标准图形元素库。

（3）单张图像链接多个组的点。

（4）图像包括连接或点击区显示的其他图像、窗口或点信息。

（5）在过程图像中，定义和插入不属于系统内网络上的设置点。

（6）报警状态和操作条件由自定义图形元素、文本颜色、文本类型和文本大小等确定。

11. 班组日志

班组日志允许操作员填入每个班组的信息操作摘要和数据观测值。日志内容可以广播到其他操作员站或存储在历史站内。班组日志典型的内容可以包括厂区情况、流程偏差和过程的检测等。

12. 趋势

以图像或表格形式，并按照被选时间周期，趋势图显示系统网络上的实时点的采样。操作员能浏览的趋势包括实时趋势和历史数据趋势，被建的特定趋势组能快速访问一组预先设定点。

一、使用 Point Information System

在操作员站上，Point Information（PI）窗口用于显示和处理被选点的常用信息，点的常用信息包括名称、类型、描述、值、质量、工程单位、属性、参数和状态等。

1. 访问 Point Information

访问 Point Information（PI）的常用方法是单击桌面上的 Point Information 图标，或者单击桌面左下角的 Start 图标，选择 Ovation 文件夹，选择 Ovation Applications 文件夹，单击 Point Information 图标。

在 Point Information 窗口中，显示点的常用方法如下：

（1）在 Point Information 窗口的 Point Name 输入字段中，输入有效的点名称或别名，然后按 Enter。

（2）如果不知道点名称，则单击左上角的 Browse For Points Search，出现 Ovation Point Directory Browse 对话框。

（3）在 Alarm、Trends、Graphics 和 Review 等其他应用程序的 Point Menu 中，选择 Point Information 项。

在 Point Information 窗口中，当单击左上角的 Ovation Point Information Button 按钮

时，展开的 Browse For Points（点搜索）、Where Used 和 Print 等三个选项的操作内容与 Point Information 窗口左上角的 Browse For Points、Where Used 和 Print Point Information 的三个按钮功能一致。

单击 Browse For Points 按钮，出现 Ovation Point Directory Browser 窗口，单击 Ovation Point Directory Browser 窗口标题下的绿色三角形 Start 按钮，多点列表显示符合 Ovation 点的命名规则的点及其 Point Name、Description、System ID、Record Type、Frequency、Drop 和 Characteristics 等相关信息。Ovation Point Directory Browser 窗口的多点列表如图 5-8 所示。

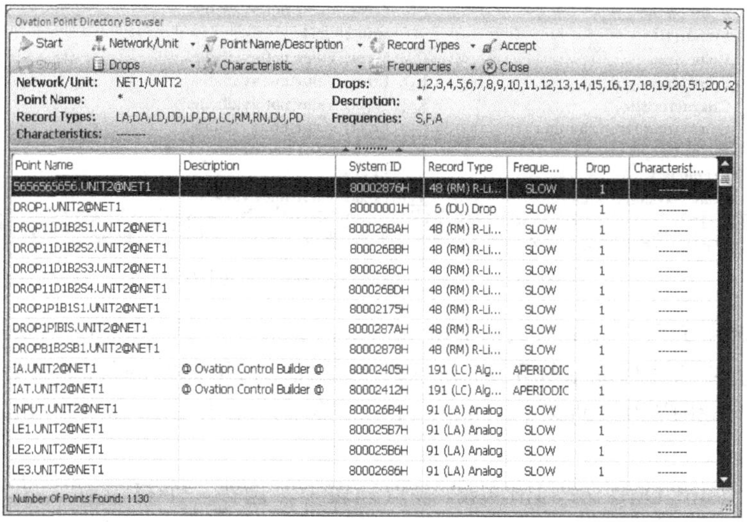

图 5-8　Ovation Point Directory Browser 窗口的多点列表

2. 使用单点列表

在 Ovation Point Directory Browser 多点列表中，选择一个模块点，双击该点，关闭 Ovation Point Directory Browser 窗口，展现 Point Information 窗口该点的单点列表内容。在 Point Information 窗口的标题栏和菜单中，分别增加了 Module Operations 标题 Alarm 菜单。

在 Point Information 单点列表窗口中，被选点有关的信息由多个选项卡提供。点记录类型确定了点选项卡和字段的数量。点选项卡字段的基本含义如下：

（1）Point 选项卡字段。显示点信息，适用所有点类型。

（2）Configuration 选项卡字段。除 PD 之外，显示所有点类型的各种配置。

（3）Security 选项卡字段。在系统中，显示为每个点定义的安全组。在 Security Builder 创建点安全组之后，Security 选项卡才会显示。

（4）Status 选项卡字段。显示状态字的值和点记录命令字的值。

（5）Alarm 选项卡字段。显示各种报警优先级字段，适用的点类型包括 LA、DA、LD、DD、LP、DP、DU、RM 和 RN。

（6）Ancillary 选项卡字段。显示所选硬件参数的名称和值。除了 RN 和 LC 以外，显示所有点类型的 Ancillary 选项卡字段。在导入点定义时，才会导入 Ancillary 选项卡中的信息。

Point Information 单点列表如图 5 - 9 所示。

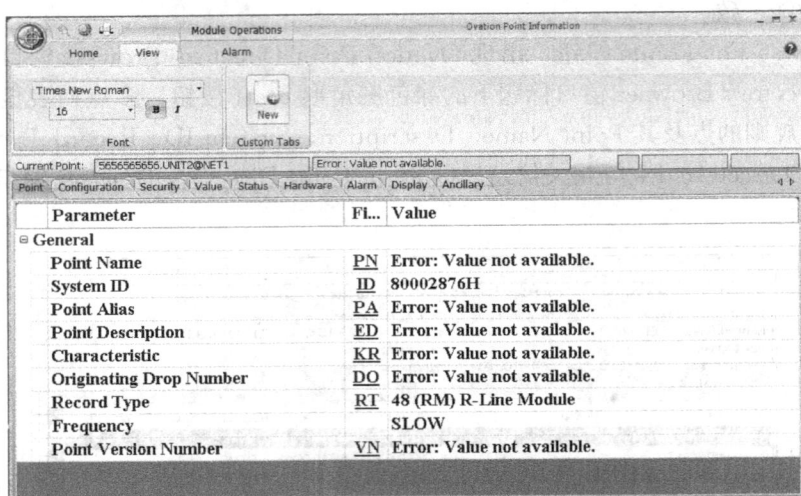

图 5 - 9　Point Information 单点列表

单点列表显示点的 Parameter、Field 和 Value 的内容。Parameter Name 选项卡字段对应的记录字段为 N/A。移动鼠标至 Field 字段下的任一带下划线的代码，箭头鼠标立即变成手形，单击，弹出相应的帮助菜单。单击 Home 菜单，单击 Browse For Points 按钮，返回多点列表窗口。

在 Ovation Point Directory Browser 多点列表中，选择一个打包点，双击该点，关闭 O-vation Point Directory Browser 窗口，展现 Point Information 窗口该点的单点列表内容。在 Point Information 窗口中，Module Operations 标题更名为 Packed Operations 标题。单击增加的 Value 菜单，点击 16 位中的某位值，强制数字。

3. 执行点搜索

点搜索的过滤用于快速查找点信息，过滤条件包括点名、点描述、点类型、控制器、特征字和广播频率等。在点名/点描述中，允许使用通配符号 * （匹配多个字符）或？（匹配单个字符）。点搜索的某些过滤操作方法如图 5 - 10 所示。

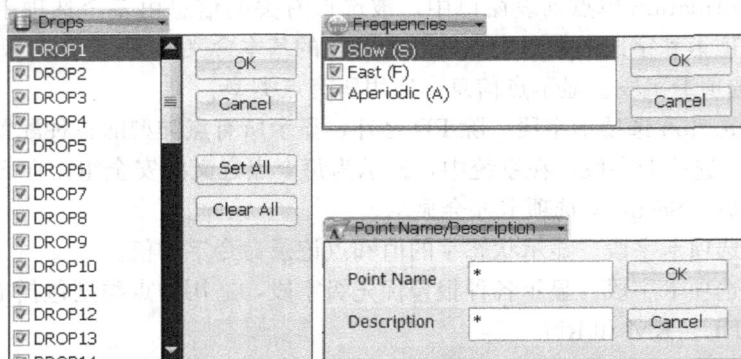

图 5 - 10　点搜索的某些过滤操作方法示意

在 Ovation Point Directory Browser 多点列表中，单击 Record Types 条件，选择 Algorithm (LC)，单击 OK，单击左上角的绿色三角形 Start 按钮，查询所有的算法点。

在 Ovation Point Directory Browser 多点列表中，查看点在何地被使用的方法是选择某点，点击 Point Information 窗口左上角的 Where Used 按钮，出现该点的 Object、Type 和 Where Used 的列表说明窗口。

如果使用 F1 键，则显示关于 Point Information 窗口中每个特定选项卡的联机帮助。将点导出的方法是单击左上角的功能按钮，选择 Export 选项，选择被导出的对象，确定导出文件的名称、类型和其他选项。

在 Point Information 窗口 View 菜单中，Font 对话框用于设置点信息的字体和字号等显示格式，Custom Tab 对话框用于自定义标签。在使用 Point Information 过程中，有时出现报错的提示，这些提示显示在 Point Information 窗口左下角状态栏中或消息框中。

Point Information 子系统的安全性级别包括功能安全性和点安全性。功能安全性可以限制对特定属性的修改，如锁定对任何点的扫描状态进行修改，同时启用对报警检查状态进行修改的功能。点安全性具有逐点禁用对点进行修改的功能，在 Point Information 中，如果某个新点出现时，则程序会检查该点的安全组。

二、访问 Point Review

Point Review（点查询）用于搜索数据库中特定点组的点和系统中点的实时值。厂区、设备、子系统、状态、质量（Good、Bad、Fair 或 Poor）、源站点和记录类型等搜索条件由操作员确定。

1. 访问 Point Review

打开 Point Review 的两种方法如下：

（1）单击桌面上的 Point Review 图标，出现 Point Review 窗口；

（2）单击桌面左下角的 Start 图标，选择 Ovation 文件夹，选择 Ovation Applications 文件夹，单击 Point Review 图标，出现 Point Review 窗口。

2. 首页查询

在 Point Review 窗口中，单击 Home 菜单，单击 Start 按钮，出现以 Point Name、Drop、Description、Characteristics、Alarm Status、Value、Qual 和 Point Status 等列显示点记录。查询所有质量为 BAD 点的记录的步骤如下：

（1）单击 Selection 对话框内的 Select Page，系统自动选择 Value 菜单。

（2）在 Value 菜单中，选择 Latched Quality 对话框内的 BAD，弹出确认对话框。

（3）在确认对话框内，单击 OK，弹出任务对话框。

（4）在任务对话框内，单击 OK，出现质量为 BAD 点的所有记录。

在 Home 菜单中，点查询包括开始/停止、点的搜索、选择页/清除选择和定义字体等操作。

3. 过滤查询

单击 Filters 菜单，出现六个过滤对话框。六个过滤对话框的双行显示如图 5-11 所示。

在 System 对话框内，单击 Drops，单击 Clear All，选择 DROP1，单击 OK，单击 Point Review 窗口左上角的绿色三角形 Start Point Review 按钮，出现只有 DROP1 的记录。在 Filter Control 对话框内，单击 Reset All，单击 Point Review 窗口左上角的绿色三角形 Start

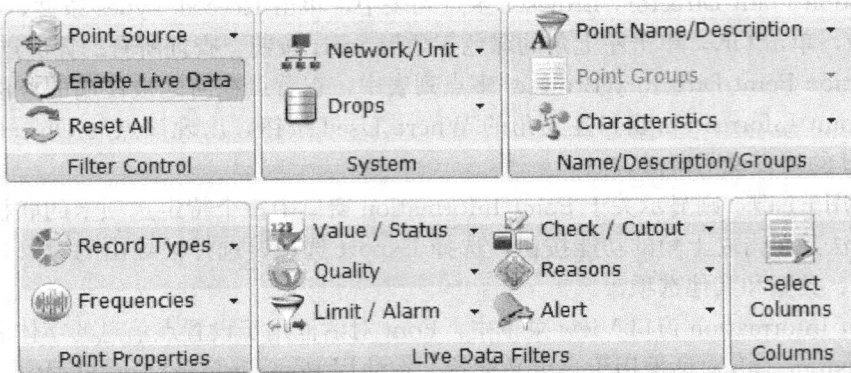

图 5 - 11　六个过滤对话框的双行显示

Point Review 按钮，重新显示未被过滤的所有点记录。

4. 强制点值

当选择需要修改的一个或/多个点时，被选择点的左侧出现打勾的标志，并且在菜单界面中，增加了 Value 菜单和 Alarm/Limit 菜单，这表明需要修改的点已被选中。

选择一个点质量为非 POOR 的点，在 Value 菜单 Latched Quality 对话框内，选择 POOR，在弹出的确认对话框内，单击 OK，该点质量被强制为 POOR。

5. 其他查询

将鼠标置于被选中的某个点的行中，使用鼠标右键，弹出一个关于该点的对话框。借助于该对话框，实施该点的 Point Information、Signal Diagram、Trend 和 Operations 等应用程序选项的操作。

（1）查询点的信息。选中 Point Information 应用程序选项，打开一个关于该点的 Point Information 窗口，实施 Point Information 窗口的有关操作。

（2）查询点的逻辑图。查看点的信号逻辑图方法是选择某点，右键，在弹出的对话框中，如果 Signal Diagram 呈现灰色，则表明该点没有相关的信号逻辑图；如果 Signal Diagram 呈现黑色，则表明该点存在相关的信号逻辑图，允许执行查询。

三、访问 Historical Review

在操作员站上，被选择的历史时间范围、数据过滤器和视图的数据由 Historical Review 显示、打印和保存。

（一）访问 Historical Review 主窗口

1. 打开 Historical Review 主窗口

访问 Historical Review 的常用方法是单击桌面左下角的 Start 图标，选择 Ovation 文件夹，选择 Ovation Applications 文件夹，单击 Historical Reviews 图标，出现 Historical Reviews 窗口，如图 5 - 12 所示。

2. 浏览六种数据类型

工具栏内的 PNT、ALM、OPE、SOE、ASC 和 CMN 等工具分别与位于 Historical Reviews 窗口下部的 Point、Alarm、Operator Event、SOE、ASCII 和 Common 六个选项卡的浏览作用一致，并且同步显示。六个选项卡的作用如下：

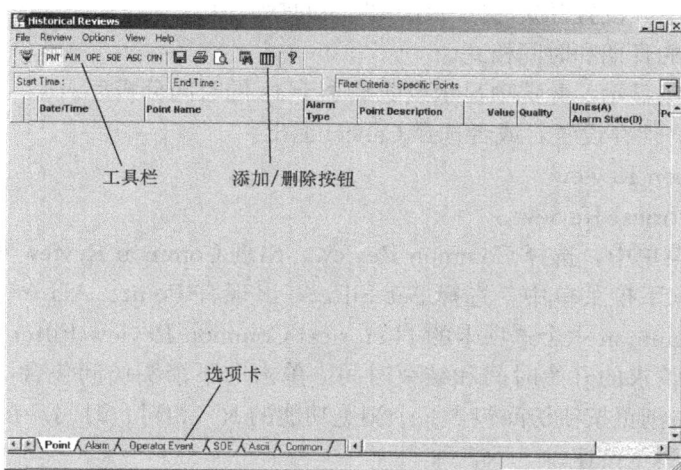

图 5 - 12　Historical Reviews 窗口

（1）Point 选项卡。Point reviews 显示特定点的数据。

（2）Alarm 选项卡。Alarm reviews 显示被选的站点、报警类型、点类型或个别点上发生的所有报警消息。

（3）Operator Event 选项卡。Operator Event reviews 显示特定的工作站、子类型、分组子类型、子类型的操作员事件和单个点的消息。

（4）SOE 选项卡。SOE reviews 可以显示工作站编号和点名称的信息。

（5）ASCII 选项卡。ASCII reviews 可显示、打印和保存工作站上的 ASCII 消息。ASCII 消息是系统生成的文本消息。

（6）Common 选项卡。按照时间顺序，Common reviews 显示一种或多种数据类型，查看多种类型的过程事件历史记录。

依次选择六个选项卡，并查看其中的数据类型。

3．增加／删除列

单击增加／删除列按钮，出现 Add/Remove Columns 窗口，单击需显示的列名称，列名称左边的矩形框内出现勾标记，单击 OK，保存设置，或者单击 Cancel，退出。

4．排序列

将光标悬停某个列的标题按钮上，如果显示 Click to Sort，则表明允许执行该列的升序和降序之间的切换。

（二）设置查询条件

如果要查询历史数据，则应设置相应的条件。

1．设置首选项

设置首选项的基本步骤如下：

（1）访问 Historical Review。

（2）在 Historical Review 窗口中，选择 Review 菜单，选择 Set Preferences，出现 Preferences 窗口。

（3）设置每个浏览类型的开始时间和结束时间之间的默认间隔。

（4）在对话框中，设置开始时间和结束时间的默认值。

（5）选择需要的日期和时间格式。

（6）选择亚秒级显示。此选项显示或隐藏小于 1s 的时间分辨率。

（7）单击 OK，保存设置，或者选择 Cancel 退出。

2. 设置 Common Review

（1）访问 Historical Review。

（2）在 View 菜单中，选择 Common Review，出现 Common Review 窗口。

（3）在 Review 下拉菜单中，选择 Set Filter，出现有 Point、Alarm、Operator Event、SOE、ASCII 和 Common 六个选项卡的 Historical Common Review-Filter Options 窗口。

（4）选择浏览请求的开始时间和结束时间。单击向下箭头访问包含一个日历选项的 A（绝对）时间，单击浏览按钮访问包含一个浏览功能的 R（相对）时间。在选择相对时间时，向下箭头按钮变为浏览按钮。

（5）选择要从中提取历史信息的历史站。

（6）在 Point、Alarm、Operator Event、SOE、ASCII 和 Common 六个选项卡中，选择要启用的浏览数据类型。

（7）根据显示的需要，选择每个被选浏览类型的条件。

（8）在选择所有数据类型后，单击 OK，开始浏览，这时出现一个浏览对话框。

（三）设置不同种类的历史查询

历史查询种类分为 Point Review、Alarm Review、Operator Event Review、SOE Review、ASCII Review 和 Common Review 六种。在执行不同种类的历史查询前，应设置所需条件，下面仅以 Point Review 的设置为例，说明设置的过程。

（1）访问 Historical Review。

（2）在 Historical Review 窗口中，选择 Point 选项卡。

（3）从 Review 下拉菜单中，选择 Set Filter，出现 Historical Point Review-Filter Options 窗口，如图 5-13 所示。

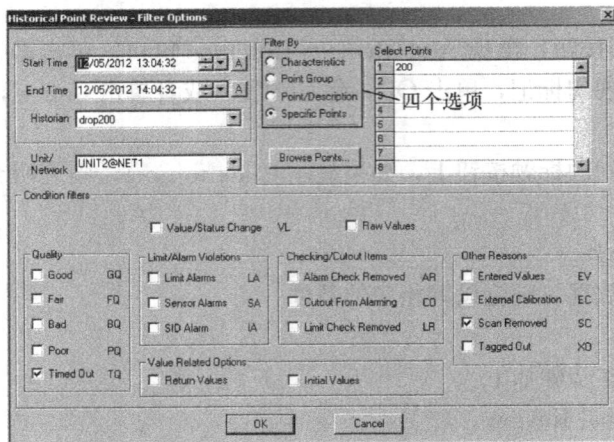

图 5-13　Historical Point Review-Filter Options 窗口

（4）根据显示的需要，在过滤历史点浏览的四个选项中，设置所需的条件，完成选择过滤器的工作。

（5）从 Historian 下拉菜单中，选择要使用的历史站。

（6）选择浏览的开始时间和结束时间。

（7）根据显示的需要，选择要提取历史信息的 Unit/Network。

（8）根据显示的需要，选择一个或多个 Condition Filters。如果选择 Value/Status Change 复选框，则浏览将包含所有过滤器。在选择 Initial Values 复选框之前，必须先选择 Value/Status Change 复选框。

（9）选择 OK，保存设置，运行浏览，这时出现一个浏览的提示窗口。

完成浏览过程后，窗口左下角将显示 "Point review complete" 消息。

（四）查看已编辑的历史数据

查看已编辑的历史数据的步骤如下：

（1）打开 Historical Review 窗口，选择 Point 选项卡。

（2）选择 Review 菜单，选择 Set Preferences，出现 Preferences 窗口。在 Get Original Value 和 Get Latest Value 之间切换，显示原始或最新数据。如果选择 Mark Edited Data 复选框，则已编辑的数据左侧显示铅笔图标。

（3）单击 OK。

（4）刷新屏幕。如果已选择 Mark Edited Data 复选框，则已编辑的数据左侧显示铅笔图标。

【任务准备】

一、引导问题

（1）点信息的内容。

（2）在 Point Information 窗口中，怎样搜索点？

（3）在 Historical Review 窗口中，允许浏览的六种数据类型有哪些？怎样设置查询条件？

（4）在 Point Review 窗口中，怎样强制点值？怎样过滤查询？怎样查询点信息？怎样查询点的逻辑图？

二、制订任务方案

在正确问答引导问题后，根据行业（企业）规程和项目化教学过程的基本要求，制订任务方案表。

【任务实施】

根据项目化教学过程的基本要求，完成任务的计划、准备、实施和结束等工作。在教师的指导下，实施本任务，具体内容如下：

（1）按照本任务的描述和项目化教学的要求，执行本任务。

（2）分组讨论，完成自评和互评。

（3）提交任务实施计划表、任务实施表和检验评估表。

【任务评估】

检查任务的完成情况，收集任务方案表和任务实施表，完成检验评估表。

【知识拓展】

Point Information 错误消息及其描述见表 5 - 11。

表 5 - 11　　　　　　　　　　Point Information 错误消息及其描述

消　息	描　述
Change Request Failed	在更改点属性时，检测到错误。这可能表明并未在网络上广播应用的点
Error accessing Ovation Network	初始化对 Ovation 网络的访问时检测到错误
Error occurred while updating data	从 Ovation 网络读取点数据时，检测到错误。这可能表明并未在网络上广播应用的点
Error accessing Ovation database	$WDPF_PDIR 环境变量设置错误，或者系统数据库无效或未初始化
Changes have been made to the data. Click Yes to apply the changes, No to discard the changes or Cancel to continue viewing this page.	在未保存输入字段中的数据时，用户试图切换选项卡
Point <name> not found	在数据库中，未找到指定点
Unknown record type	检测到无效的记录类型

Point Information 窗口的选项卡描述见表 5 - 12。

表 5 - 12　　　　　　　　　　Point Information 窗口的选项卡描述

选项卡	适用的点类型	描　述
Alarm	LA、DA、LD、DD、LP、DP、DU、RM、RN	显示各种报警优先级字段
Ancillary	所有点类型	显示有关点的用户定义的其他信息。在导入点定义时，将导入 Ancillary 选项卡中的信息；否则，不显示该选项卡
ASCII Params	LC	显示算法的 ASCII 参数。标签取决于在 Config 选项卡上选择的算法名称
Byte Params	LC	显示算法的字节参数。标签取决于在 Config 选项卡上选择的算法名称

续表

选项卡	适用的点类型	描 述
Config	除 PD 之外的所有点类型	显示点的各种配置
Display	LA、DA、LD、DD、LP、DP、DU、PD、RM、RN	表示显示类型（标准、指数、技术）和缩放限值
Hardware	除 PD 和 LC 之外的所有点类型	显示系统中每个点的 I/O 硬件配置。对于 RM（模块）点类型，还会显示与该模块相关的任何模拟点、数字点或打包点的名称
Initial	LA、DA、LP、DP、PD	显示各点的初始值
Instrumentation	LA、DA	显示包括传感器限制在内的各种硬件信息
Int（eger）Params	LC	显示算法的整数参数。标签取决于在 Config 选项卡上选择的算法名称
Keys	LC	显示操作员站和控制器之间的通信或"握手"参数
Limits	LA、DA	显示点记录的报警限值
Mode	LA、DA、LD、DD	显示测试模式参数
Plant Mode	DA、DD、DP	显示在六种模式下不同设置的参数采集
Point	所有点类型	显示关于点的信息
Real Params	LC	显示算法的实参（浮点）。标签取决于在 Config 选项卡上选择的算法名称
Security	所有点类型	显示在系统中为每个点定义的安全组。只有 Security Builder 创建点安全组后，才会显示 Security 选项卡
Status	LP、DP	显示状态字的值以及点记录命令字的值
Value	LP、DP	显示点的位值
Value/Status	LA、DA、LD、DD、PD、DU、RM、RN	显示点的状态字值和位值

任务四　趋势查看和操作

【教学目标】

1. 知识目标

（1）了解历史趋势的内容。

（2）熟悉实时趋势的图形、表格和图例等显示内容。

（3）了解 Trend 窗口中 File、View、Trend、Chart、Window 和 Help 六个菜单的主要功能。

（4）熟悉 Trend Point & Properties 对话框中的 Point Data、Trend Properties 和 Trend Config 三个选项卡的内容。

2. 能力目标

（1）能创建趋势。

（2）能定义趋势线条颜色。

（3）能修改趋势点的量程范围。

（4）能用图形、表格和图例等三种方式显示实时趋势数据。

3. 素质目标

（1）养成安全生产的意识。

（2）养成严谨务实的工作作风。

（3）养成团队协作的工作方式。

（4）养成严格执行国家、行业及企业技术标准的工作习惯。

【任务描述】

趋势图也称为统计图或统计图表。以柱形图、横柱形图、曲线图、饼图、点图和面积图等统计图的呈现方式，趋势图显示某事物或某信息的数据发展趋势。在 Ovation 系统中，操作员使用趋势图来监控与生产过程相关的大量数据。

通过本任务的执行，使学生熟悉趋势查看和操作的内容，增强 DCS 组态和维护的能力。本任务的具体内容如下：

（1）创建两个点的实时趋势表表格，并要求改变背景的显示颜色。

（2）完成【任务准备】、【任务实施】和【任务评估】的内容。

【知识导航】

一、Trend 窗口的内容

在多个界面中，趋势查看和操作都能得以实现，这里仅介绍在 Trend 窗口中有关操作的内容。

根据实时数据的点名称、缩放限值和采集间隔等条件，以图形、表格或趋势图标分列等方式，Trend Display System 显示 Ovation 网络活动点的数据和每组多达 16 点的趋势组。

访问 Trend 窗口方法是单击桌面上的 Trend 图标，或者单击桌面左下角的 Start 按钮，选择 Ovation 文件夹，选择 Ovation Applications 文件夹，点击 Trend 图标，出现空白的 Trend 窗口。

在 Trend 窗口中，菜单栏包含 File、View、Trend、Chart、Window 和 Help 六个菜单。Trend 窗口的菜单栏元素见表 5-13。

表 5 - 13	Trend 窗口的菜单栏元素
菜 单	描 述
File	New—打开新的 Trend 窗口
	Open—打开现有趋势
	Save—保存趋势设置
	Save As—以其他名称或格式保存趋势设置
	Save As Text—将 Trend Tabular View 窗口的内容保存为指定目录中的文本文件
	Print—将 Trend 窗口的内容发送到打印机
	Print Preview—打印预览
	Print Setup—显示设置打印机属性的对话框
	Name of most recent file—显示最近一次打开的文件名称
	Exit—结束程序
View	Toolbar—显示或隐藏工具栏
	Status Bar—显示或隐藏状态栏
	Trend Type—在活动窗口中，显示画面或表格，或者同时显示画面和表格
	Page Time Shift—向左移动一个或半个页面，向右移动一个或半个页面
	Refresh—刷新显示
	Stop—开始和停止当前活动趋势
Trend	Points—显示 Point Data 窗口
	Groups—显示 Select Group 窗口
	Configuration—显示 Trend Config 窗口
	Properties—显示 Trend Properties 窗口
Chart	Mouse Mode—在 Trend 窗口中，将鼠标指针与选项配合使用
	Show Grid—显示网格
	Reset View—将画面返回其原始尺寸
Window	Cascade—在图形用户界面中，显示连续和重叠的窗口，每个栏标题均可见
	Tile—在桌面上的相邻空间，显示连续的窗口
	Arrange Icons—重新组织图标
	在 Window 菜单底部，显示当前趋势名称
Help	Help Topics—显示 Help 菜单
	About Trend—显示包含应用程序名称和版本号的对话框

在菜单栏下，部分快捷按钮名称的简要说明如图 5 - 14 所示。

创建趋势的方法是选择快捷按钮或选择 Trend 菜单，选择 Points…，出现 Trend Point & Properties 对话框。Trend Point & Properties 对话框用于指定趋势的数据来源和范围，创建趋势的点来自实时数据或历史数据。

在 Trend Point & Properties 对话框中，Point Data、Trend Properties 和 Trend Config 三个选项卡用于创建和配置趋势。Point Data 选项卡用于选择趋势的点，Trend Properties 选项卡用于定义趋势的数据来源、趋势显示方式和趋势持续时间等属性，Trend Config 选项

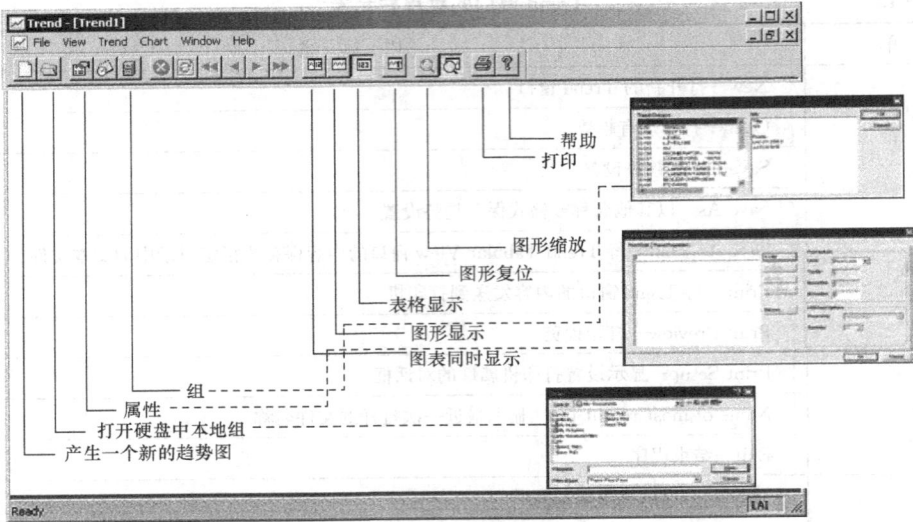

图 5 - 14　部分工具栏名称的简要说明

卡用于定义趋势的颜色和标度。

二、创建一个实时趋势

创建一个实时趋势的操作步骤如下：

（1）打开 Trend 窗口。

（2）选择 Trend 菜单，选择 Points…，出现 Trend Point & Properties 对话框。

（3）Trend Point & Properties 对话框中，选择 Point Data 选项卡。如果单击 Browse 按钮，出现 Find Points 对话框，选择所需点，单击 Apply 按钮，则添加点，或者选择数据库中存在的点，在输入字段中，键入点名称或 Item ID，添加点。对于实时趋势点，如果点名称为非完全限定名，则系统将添加默认的网络和单元。

在添加点的过程中，Find Points 窗口将一直打开，直至单击 Dismiss 按钮。如果要删除点，则单击 Delete 按钮。如果选择 Move Up 或 Move Down，则在添加点的列表内进行导航。

（4）点击"Add"，加入列表。

（5）选择点的量程范围。自定义量程的方法是利用 Point Options 栏的 Limits 选项，选择"Custom"，在 Top Bar 和 Bottom Bar 栏目中，分别输入的量程上限和量程下限，如图 5 - 15所示。

（6）在 Trend Properties 选项卡的 Source 对话框中，选择 Live，趋势时间长度选为 10min。

在特定的 Trend Point & Properties 对话框中，所有点的采集间隔相同，默认趋势类型为 Live。被采集数据的更新频率由选择的实时数据的持续时间确定，采集间隔由分钟、小时或天等组成的数字指定。

（7）定义趋势线条颜色。自定义线条颜色的方法是在 Trend Config 选项卡中，选择"Config"按钮，选择每个点的颜色。

（8）如果单击 OK，则退出 Trend Point & Properties 对话框，保存所选点，并开始出

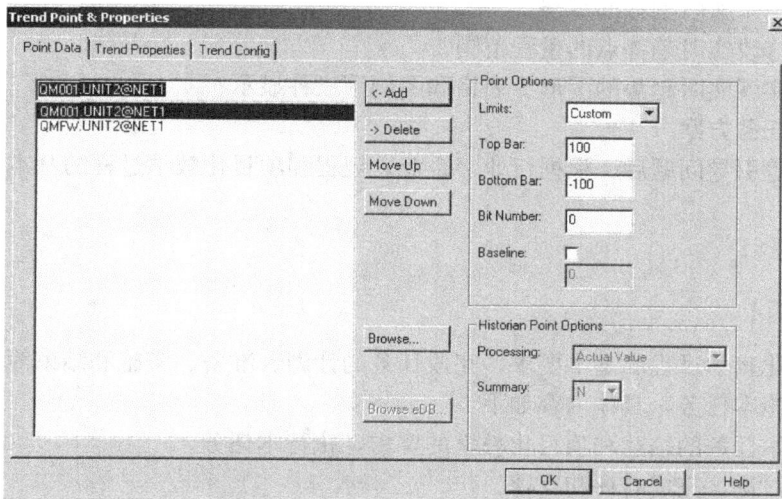

图 5-15　自定义量程

现所需点的 10min 实时趋势图形；如果选择 Cancel 按钮，则退出但不保存更改。

在实时趋势图形中，如果点的质量为好时，则线与点名的显示颜色一致；反之，则不一致。如果点的工程量量程范围超出组态值，则量程范围显示有底色。处于报警状态的点数值显示报警级别的颜色。如果光标置于任何一条趋势线上，则显示全部点的数值列表。

实时趋势有图形、表格和图例三种显示方式，实时趋势图形的显示方式如图 5-16 所示。

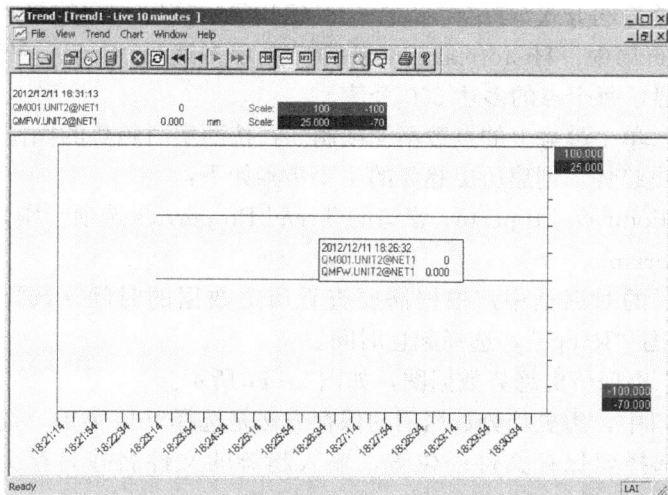

图 5-16　实时趋势图形的显示方式

【任务准备】

一、引导问题

（1）怎样定义趋势线条颜色？

（2）创建一个实时趋势的步骤。

（3）怎样修改实时趋势点的量程范围？

（4）怎样实现实时趋势的图形、表格和图例等三种显示？

二、制订任务方案

在正确问答引导问题后，根据行业（企业）规程和项目化教学过程的基本要求，制订任务方案表。

【任务实施】

根据项目化教学过程的基本要求，完成任务的计划、准备、实施和结束等工作。在教师的指导下，实施本任务，具体内容如下：

（1）按照本任务的描述和项目化教学的要求，执行本任务。

（2）分组讨论，完成自评和互评。

（3）提交任务实施计划表、任务实施表和检验评估表。

【任务评估】

检查任务的完成情况，收集任务方案表和任务实施表，完成检验评估表。

【知识拓展】

1. 创建历史趋势

以图形和数字趋势的方式，Historical trend 窗口显示实时数据的趋势和历史站的数据。在多个不同的图形布局中，Historical Trend 窗口显示多达 16 个点。在表格趋势中，Historical Trend 窗口显示每个点的多达 600 个值。

除历史趋势外，单个趋势上的点数不受限制。在按照实时趋势的操作添加点名并设置完成后，才能创建历史趋势。创建历史趋势的主要步骤如下：

（1）在 Trend Point & Properties 窗口的 Trend Properties 选项卡中，将 Source 对话框的内容选择为 Historian。

（2）在 Time 栏的对话框中，根据需要查看历史数据的时间，选择时间期间"Duration"，选择时间范围"Range"，选择起止时间。

（3）单击 OK，出现历史趋势数据图，如图 5-17 所示。

在趋势显示窗口中，历史趋势数据图的保存方法是选择 File 菜单，选择 Save As，出现 Save As 对话框，选择要保存文件的位置，输入趋势的文件名并另存为 .tnd 文件，单击 Save，保存趋势。

2. 调用趋势组

在工程师站中，如果将组态预设的趋势数据下载到操作员站，则操作员站可以调用趋势组。调用趋势组的主要步骤如下：

（1）打开 Trend 窗口，选择 Trend 菜单下的 Groups 选项，出现 Trend Group Builder 对话框。

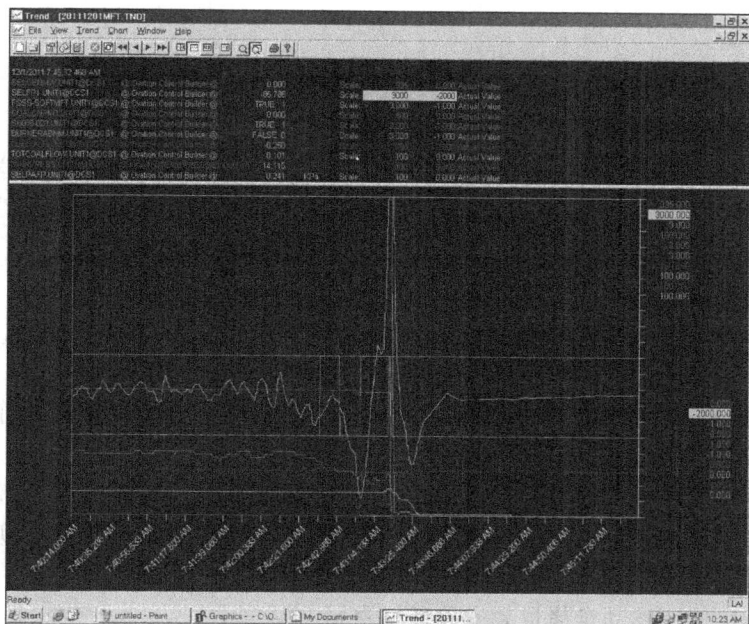

图 5-17　历史趋势数据图

（2）在 Trend Group Builder 对话框中，选择和调用趋势组，如图 5-18 所示。

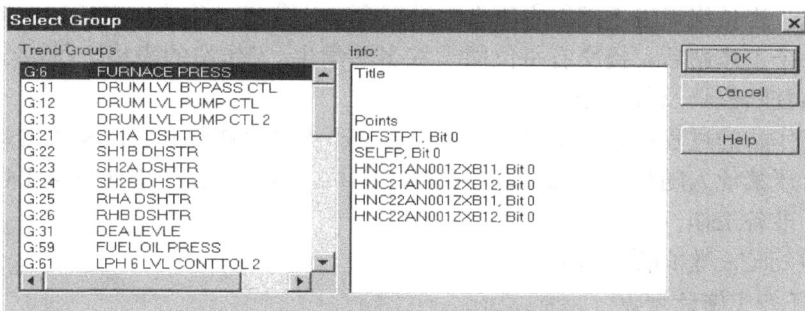

图 5-18　选择和趋势组

在 Trend Group Builder 对话框中，组号前的"G"表示全局趋势组，"L"表示本地趋势组。

（3）在调用趋势组后，按照实时趋势和历史趋势等两种方式查看趋势组。

【课后任务】

1. 说明报警管理的内容。

2. 点的信息包括哪些内容？

3. 说明趋势显示功能的主要内容。

4. 每个操作员事件包含哪些内容？

5. 分别说明打标签、扫描移位、SID 报警和传感器限位的意义及其实现方式。

附錄一　項目化教學過程的基本要求

理實項目化教學環境參照了電廠基本工作規範和要求。在實施項目化教學的過程中，為確保 DCS 檢修維護課程的教學正常進行，防止出現意外的事故發生，必須貫徹和執行理實項目化教學環境的規章制度，按照電廠基本工作規範和要求完成每一個任務。實施項目化教學過程的基本要求如下：

（1）在本課程學習網站中，學生下載項目化教學的工作票、工作任務書、工作任務引導文、任務實施計劃表、任務實施表和檢驗評估表等資料。

（2）在實施 DCS 檢修維護和故障處理的過程中，師生都必須嚴謹地操作，並隨時注意人身和設備的安全。

（3）如果學生發現設備故障和安全隱患，應及時向教師匯報，自己不得擅自處理。

（4）人為故意破壞教學環境、教學設備和檢修維護工具，當事人應承擔相應的責任。

（5）嚴禁學生使用移動盤拷貝和安裝任何資料。

（6）盡量消除電磁場對系統的干擾，防止移動運行的操作站和顯示器等，避免拉動或碰傷設備的電纜等。

（7）保持設備清潔，防止粉塵對設備運行和散熱產生不良影響。

（8）分組。班長組織班幹部對本班學生進行合理地分組，並選出組長和副組長。在每位同學分配到一個工作站後，提交有每位同學簽名的學生/工作站的表格，每位學生必須記錄各自的工作站登陸密碼及其站號。

在使用工作站的過程中，學生必須愛護設備，不得擅自刪除和修改有關的站、點和設備等設置，同時嚴禁他人隨意操作和修改自己的工作站，以免工作站不能正常工作。

（9）任務準備工作。

1）準備好 DCS 維護的常用工具。

2）制訂任務實施計劃表。

根據任務要求，以小組為單位，確定每位成員承擔的任務，並提交任務實施計劃表，見附錄二。

3）各小組準備好記錄工具。

4）教師檢查各小組的準備情況，在教師簽字後，各小組開始實施任務。

（10）在任務實施過程中，各小組必須按照任務的描述和目標進行工作，做好記錄，並填寫任務實施表。任務實施表見附錄三。

（11）教師現場驗收學生的任務實施過程。

（12）在任務實施後，各小組必須對照項目、任務的描述和目標進行討論，並形成要點；每組由兩位同學代表該組進行陳述和答辯，這組的其他成員記錄答辯，並在任務完成後，提交記錄。

（13）在任務結束後，每組學生必須將工具和設備歸位，按正常關機步驟關閉各自的工作站，打掃衛生，檢查安全隱患。

（14）检验评估。

1）小组完成检验评估表并提交。检验评估表见附录四。

2）教师收集任务实施计划表、任务实施技术报告、答辩记录和检验评估等资料，完成任务评价工作，并在下次教学前进行总结。

附录二　任务实施计划表

项目和任务	项目名称和编号	
	任务名称和编号	
工具和设施		
需查阅的技术资料		
任务实施安全措施		
班级小组序号	班级	
	小组序号	
任务完成起止时间	开始时间	
	结束时间	
批准人		
归档编号	备注	

附录三　任务实施表

项目和任务	项目名称和编号				
	任务名称和编号				
任务实施	步骤	操作项目	操作要领	操作记录	任务验收（教师签字）
	1				
	2				
	3				
	4				
	5				

任务实施结论和处理措施（组长编写）			学号	
			姓名	
			日期	

小组成员得分	班级					
	小组序号					
	学号	姓名	得分	学号	姓名	得分

任务完成实际起止时间	开始时间	
	结束时间	

小组得分	验收内容	得分
	1. 任务实施安全措施	
	2. 工具和设备完整性	
	3. 整理现场	
	4. 技术分析和答辩	
	5. 技术报告	
	6. 专业知识	
	7. 职业素养	
	合计	

验收教师			
归档编号		备注	

附录四　检　验　评　估　表

检验与评价内容	检　验　指　标	权重	自评	互评	总评
检查任务 完成质量					
检查任务 完成情况					
专业知识					
职业素养					

附录五　DCS常用硬件维护工具

序号	名称	备注	序号	名称	备注
1	防静电手套		21	避雷器	
2	数字万用表		22	电容	多种容量
3	活动扳手	多种规格	23	电阻	多种阻值
4	一字螺丝刀	多种规格	24	电感	多种阻抗
5	十字螺丝刀	多种规格	25	电线	多种规格
6	毛刷	多种规格	26	光纤	
7	移动硬盘		27	同轴电缆	不同规格
8	DCS备件		28	双绞线	
9	DCS资料		29	吸锡器	
10	剪刀		30	电烙铁	
11	试电笔		31	焊锡	
12	摇表		32	松香	
13	防静电接地环		33	对讲机	
14	空气枪		34	手电筒	
15	带滤网的减压阀		35	信号发生器	
16	清洗剂		36	施工指示牌	
17	网线钳		37	警告标志	
18	剥线钳		38	安全帽	
19	网线	200m	39	记录本	
20	布手套		40	笔	

附录六　Ovation 系统常用术语

术语	说　　明
API	数据库应用程序编程接口。用于连接到系统关系数据库或与其"通信"：Oracle（主数据库）或 Raima（用于操作员工作站且从 Oracle 填充的分布式数据库）
AUI cable	连接单元接口（AUI）电缆，可将 IOIC 卡连接到远程 I/O 应用中的 MAU 模块
B side	指端子板或 AUI 电缆连接器正面对查看器时，主基板右侧的板对板连接器
Base unit	包括印刷电路板、各种连接器和塑料外壳。它提供附加现场接线的机制，并可将现场信号连接到 I/O 模块。该设备让 I/O 模块能够接收电源，还提供了一种低阻抗的接地连接。每个主基板可容纳两组 I/O 模块以及相关的现场接线
Baud rate	调制解调器可发送或接收的"位/秒"数量
Branch	在 DIN 导轨上连续配置的一组主基板，其中本地总线连接到 Ovation I/O 控制器
Bridge	连接两个或多个网络组件，并在不同的网络组件上通过源地址和目标地址传输数据的设备
Broadcast	将数据包的副本传输至网络上的所有目的地的数据包交付系统
Business Rules	Ovation 应用程序和数据库接口软件间的软件层
Client	计算机或软件程序，用于联系和获取网络计算机上服务器软件程序中的数据
Collision	当相同网段上两个或多个节点同时传输数据时发生的数据窜改
Compact I/O modules	仅包含电子模块而不包含个性模块的 Ovation I/O 模块
Control Builder	用于从图纸构建控制图和生成源代码的超级工具包
Controller	用于控制过程的站点。控制器通过网络将过程控制信息传递到需要此信息的站点或设备
Discrete I/O	将实际现场设备与处理器相连的独立硬连线电路。每个离散输入基于现场设备的一种状态为处理器提供单数字信号。每个离散输出会根据位于处理器中的数据的一个位将单数字信号发送到现场
Distributed Database	包含存储在主数据库中的一个信息子集。分布式数据库出现在系统中的每个站点上，并随点信息的更改不断更新
Distributed I/O	用于在处理器和处理器机箱外部的 I/O 模块之间进行通信的硬件（也称为远程 I/O）
Drop	Ovation 网络成员（控制器、工作站或数据库服务器）的集合术语，并由 Ovation 配置工具（用于 Windows 的 Developer Studio 或用于 Solaris Init 和 Admin 工具）定义为站点
Dual attachment	两个不同交换机之间的连接。双连接站（DAS）是连接到两个不同交换机的节点
Electronics module	I/O 模块的组成部分，提供具有相关镜头和标记的塑料外壳。它包含两个印刷电路板（逻辑电路板和现场电路板），这些电路板提供将现场设备连接到 I/O 控制器所必需的电子设备

术语	说　　明
I/O module	标准 I/O 模块由一个电子模块和一个个性模块构成。紧凑型模块和继电器输出模块不包含个性模块。这些模块执行 I/O 控制器和现场设备之间的连接
IOIC card	Ovation I/O 接口卡的通用名称，也称为 PCI（Peripheral Component Interconnect，外围设备互连）卡。用于 OCR161 控制器的 PCQL、PCRL 和 PCRR 卡选项。OCR400 控制器仅使用一个 IOIC 模块
Init and Admin Tools	配置工具，包括基于 Solaris 的 Ovation 系统所需的全部集成工程工具
License	使用特定 Emerson Process Management 软件产品的必要许可
Load function	用于从主数据库传输数据并将其分发到控制站点和那些发起点的站点的 Ovation 功能
Master Database	包含整个处理数据库。它用于创建、修改和验证控制策略和处理点。运行时，它可以查询处理数据、捕获对控制器和点属性所做的更改，并将这些更改传递到分布式数据库
MAU	介质连接单元（MAU）是连接单元模块的替用名称，其中包括组合的电子模块和个性模块。此设备可将 IOIC 卡（通过 AUI 电缆）连接到远程 I/O 应用程序中的 RNC（通过光缆）
Migration	传统 Q-Line I/O 与 Ovation 控制器连接的过程
Network Nodes	Ovation 网络上站点的另一术语
NIC	各个终端站、控制器或 HMI 所需的网络接口卡（NIC）。NIC 适用于两种配置，采用铜连接的双连接站（DAS）或单连接站（SAS）。在一个系统中，不需要所有站都采用相同的连接模式
Node	快速以太网上具有地址的活动元素。可以是一个工作站或一台交换机。每个网络上最多可允许 1000 个节点
Ovation Developer Studio	配置工具，包括基于 Microsoft Windows 的 Ovation 系统所需的全部集成工程工具
Ovation network	其 Ovation 站点通过快速以太网介质相互通信的局域网
Ovation system	基于 ANSI 和 ISO 网络标准的开放式架构 Emerson Process Management 系统。将嵌入式模块用于 I/O
Personality module	I/O 模块的组成部分，提供具有相关镜头和标记的塑料外壳。它包含将 I/O 模块连接到特定现场设备所需的执行必要信号互连的印刷电路板。该模块通常仅包含无源组件，但介质连接单元模块和远程节点控制器模块在其个性模块中包含光纤变送器、接收器和收发器。模块直接插入基座
Point	全局数据库中的记录，包含值（例如输入或输出值）和相关数据
Q-Line	传统的 Emerson I/O 模块线路
QOR Card	远程 Q-Line 卡（包含于远程节点 Q-Crate 中），它允许通过使用光缆将远程节点连接至 Ovation 控制器、MAU 和 Ovation 控制器中的 PCRR 卡
Record	与点相关的一组数据，包括点名称、System ID、值、状态和各种其他字段，取决于点记录类型
RNC	远程节点控制器（RNC）是 Ovation 模块的替用名称，包括远程节点电子模块和远程节点个性模块。RNC 通过光纤通信链接将远程节点中的 I/O 模块与控制器中的 MAU 模块进行连接

术语	说　　明
Router	可处理两个或多个网络间的连接的硬件或软件设置
SCSI	Small Computer System Interface（小型计算机系统接口），用于将硬盘驱动器、CDROM 驱动器和其他存储设备连接到计算机的外围设备连接接口
Single attachment	连接一台交换机。单连接站（SAS）是连接到一台交换机的节点
SNMP	Simple Network Management Protocol（简单网络管理协议），是 TCP/IP 的网络管理协议。它可监控和报告网络上各个设备的相关活动。这些信息会保留在称为管理信息块的结构中
Station	快速以太网上的可寻址节点，可传输和接收数据
Synchronous	时间关键型高速数据通信。必须保证传输同步数据的节点服务，通常情况下定期提供
System ID	系统识别码。可能传输的每个点的网络参考号
Switch	连接站和/或局域网段，在数据链路层运行
Transition panels	其类型包括：ROP-I/O 传输板、TND-远程节点传输板、RRP-继电器主基板传输板（顶部位置）和 RRB-继电器主基板传输板（底部位置）
Working area	使用系统时要用的主数据库部分。这是与数据库进行所有交互的位置，是唯一可以编辑的数据库部分
Work Station	基于 Solaris 或基于 Windows 的计算机，它接收和发送数据，以便执行运行过程所需的任何操作。这些工作站（站点）通常连接到交换机，这些交换机转而连接到 Ovation 网络

附录七　Configuration 对话框四个选项卡的描述

项目	说　　明	设置选项
General 选项卡		
Scheduler Interval	定义计划程序处理记录间的时间段	分钟数
Generator Interval	定义生成器处理记录间的时间段	分钟数
Default Time Zone	选择 Report Manager 运行的时区	Local、Eastern、Central、Mountain、Pacific 或 GMT
Point Browse Server	选择浏览点时要使用的历史站	
Historian Server	选择用于数据报表的历史站	下拉菜单
Enable Scheduler	启用计划程序	复选框
Enable Generator	启用生成器	复选框
SOE 选项卡		
Last SOE Processed	确定处理上一则 SOE 消息的日期和时间	日期、时间和纳秒
Max SOE Hold Time	定义打印前保留 SOE 消息的最长时间	秒数
Max SOE Hold Count	定义打印前保留的最大 SOE 消息计数	消息数量
Report Definition	确定用于生成 SOE 报表的报表定义	下拉菜单
Enable	启用/禁用自动 SOE 报表生成	复选框
Triggers 选项卡		
Default Trigger Value	选择定义新触发时使用的默认触发值	0、1 或 Change in State
Default Start Time offset from Trigger time	选择将包括在报表中的默认时间量（触发前）	小时、分钟和秒数（hh：mm：ss)
Default End Time offset from Trigger time	选择将包括在报表中的默认时间量（触发后）	小时、分钟和秒数（hh：mm：ss)
Default Time to wait before Trigger Event is processed again	选择处理发生相同触发之间要等待的默认时间	小时、分钟和秒数（hh：mm：ss)
Enable Scan for all Triggers	启用/禁用所有触发采集	复选框
Advanced 选项卡		
Mark Edited data on report	启用/禁用显示报表上已编辑的数据的标记	复选框
Data Retrieval Mode for edited data	选择要包括在报表上的已编辑数据类型：原始值（未编辑的）、最后的值（最新编辑的）或所有值	单选按钮：Get Original Value、Get Latest Value 和 Get All Values
Show Annotations on report	启用/禁用对要显示在报表上的历史数据的注解	复选框

续表

项目	说　　明	设置选项
Advanced 选项卡		
Enable Reports Storage to Historian Server	启用/禁用保存报表输出文件为历史站上的历史文件，然后可与其他历史数据一样归档和管理	复选框
Set TIME input mode to Standard Time（Default is Local Time）	启用/禁用定义窗口默认的时间格式	复选框

附录八　操作员站显示的部分术语

术语	定　义
OK	应用更改并关闭窗口
Apply	用于验证数据、输入信息和启动所需操作，窗口不会关闭
Cancel	取消更改并关闭窗口
Close	退出窗口的操作，应用程序终止
LAI	最后活动的实例，此图标出现在最后查看的图窗口中。在出现 LAI 的窗口中，执行请求
质量原因	该系统可以配置为在点质量描述后显示附加的质量原因澄清。如果要显示原因，则应将系统配置为除显示每种原因的文本之外，还应设置质量原因的优先顺序。 Point Information 窗口中的 Value/Status 选项卡显示所有适用的质量原因。 可能的质量原因包括： Latched Quality Tagged Out Hardware Error Oscillating Point Sensor Calibrate Scan Removed Data Link Failure Substituted Entered Value Algorithm Application Test Mode User Definable Engineering Limit Reasonability Limit
质量显示	好＝none 描述＝数据与事实相符 一般＝F 描述＝由两种因素造成： 操作员输入的值和应用程序中质量检查算法的结果（循环传播） 差＝P 描述＝来自某些算法（如果某些输入坏而某些输入良好） 坏＝B 描述＝由四种因素造成，即 输入硬件故障、输入超出指定的传感器范围（模拟）、从扫描中移除某个点和质量检查算法的结果（循环传播） 超时＝T 描述＝该点并未更新。广播该点的站点可能已与网络断开。 先前定义的"Quality"并不包含状态"Timed Out"，但包含过程点状态的窗口通常在与这四个"Quality"项相同的屏幕位置显示"Timed Out"信息
W♯	W♯ 图标周围显示的方框表明哪个窗口处于活动状态

附录九　Ovation 系统常用算法模块

算法名称	图　符	说　明
AAFLIPFLOP	SRST → / RSET → AAFLIPFLOP → OUT / INIT - - - -	带复位的交替动作的触发器
ABSVALUE	IN1 → ABSVALUE → OUT	输入的绝对值
ALARMMON	IN1 → / ⋮ ALARMMON → FOUT / IN16 → → OUT	监视多达 16 个模拟或数字点报警状态
ANALOGDRUM	INC → / DEC → ANALOGDRUM → STEP / TMOD → → OUT / TRIN → → OUT2	带有一个或两个输出，且多达 30 步的软件包控制器
AND	IN1 → / IN2 → / IN3 → / IN4 → / IN5 → / IN6 → / IN7 → / IN8 → → OUT	多达八个输入的逻辑与门
ANNUNCIATOR	IN1 → / ACK → / RSET → / TEST → ANNUNCIATOR / PRHN → / PCHM → → OUT → FAST → SLOW → MDFY → STAT → HORN → CHIM	计算一个基于报警器逻辑运算结果的报警窗口状态

续表

算法名称	图　符	说　明
ANTILOG		以 10 或 e 为底输入的反对数
ARCCOSINE	IN1 → ARCCOSINE → OUT	反余弦［rad（弧度）］
ARCSINE	IN1 → ARCSINE → OUT	反正弦（rad）
ARCTANGENT	IN1 → ARCTANGENT → OUT	反正切（rad）
ASSIGN	IN1 → ASSIGN → OUT	将点的值和品质传递给相同记录类型的另一个
ATREND	ATREND R2= R3= X3= G0= → CARD, TRND	输出一个用户指定的点输出到带状趋势图
AVALGEN	A → OUT	模拟值发生器
BALANCER	TRK01 TRK02 TRK03 … TRK16, IN1, BALANCER → TOUT, OUT	监视下游多达 16 个 M/A 站，并执行用户指定的跟踪
BCDNIN	IN → BCDNIN → OUT	从 I/O 总线输入 N 位 BCD 码到功能处理器

续表

算法名称	图　符	说　明
BCDNOUT	IN → [BCDNOUT] → OUT	从功能处理器输出到 I/O 总线的 N 位 BCD 码
COMPARE	IN1 → [COMPARE] → OUT ENBL → → OUTG IN2 → → OUTL	两个输入的浮点数比较，设置的标志为 >、<、=
COSINE	IN1 → [COSINE] → OUT	余弦（rad）
COUNTER	IN1 → [COUNTER] → OUT ENBL → → ACT TARG →	基于回路时间（扫描周期）的上升/下降计数器
DBEQUALS	IN1 → [L / H] → OUT IN2 → OR	两个模拟输入之间的偏差监视器（带死区）
DEVICESEQ	(from MASTERSEQ)MSTR → [DEVICESEQ] → GTRT FAIL → PASS → TARG → → ACT RDY → → TIME	在一个顺序控制组态中，控制一个步或过程
DIGCOUNT	IN1 → [DIGCOUNT] → OUT IN2 → → FOUT IN3 → IN4 → IN5 → IN6 → IN7 → IN8 → IN9 → IN10 → IN11 → IN12 →	带标志的数字计数器，如果 N 个输入的 M 个是真，则输出标志是真（$M < 12$）

算法名称	图 符	说 明
DIGDRUM	DIGDRUM 输入:INC, DEC, TMOD, TRIN 输出:STEP, O01 … O32	带有 16 个数字输出,且多达 50 步的软件包控制器
DIVIDE	DIVIDE ÷ 输入:NUM (IN1), DEN (IN2), TRIN 输出:TOUT, OUT	带增益和偏置的两个输入相除
DROPSTATUS	DROPSTATUS 输入:DUID 输出:AOUT, POUT	站(DROP)状态记录监视
DRPI1A	DRPI1A 输入:IN1, ROD, SHUT, TRIP 输出:OUT, RODZ	数字棒位指示,读灰色代码并转换为实际棒位
DVALGEN	DVALGEN 输出:OUT	数字值发生器
FIELD	FIELD 输入:IN1 输出:FAIL	写模拟值到输出模件,且设置合适的跟踪
FIFO	FIFO 输入:IN1~IN16, RTAT, CLR 输出:OUT, FLAG	(先进—先出)排队处理

算法名称	图　　符	说　　明
FLIPFLOP	SET → S　　1 　　　　　0 RSET → R　→ OUT	带有置位或超弛复位的 SR 型记忆触发器
FUNCTION	TOUT　　　　　IN1 　　　F(X) TRIN　　　　　OUT	12 段非线性函数发生器
GAINBIAS	TOUT　　　　　IN1 　　　K TRIN　　　　　OUT	一个输入的增益与偏置
GASFLOW	IN1　PACT　TACT TOUT 　　GASFLOW TRIN　　　OUT	理想气体质量或体积流量的温度和压力补偿的计算
HIGHMON	HISP → H IN1 →　　→ OUT	信号高限监视器
HISELECT	TRK4 TRK3 TRK2 TRK1 IN1 IN2 IN3 IN4 　　　　　　　　　　>　 TRIN　　　OUT	选择带有增益和偏差的两个输入最大值
INTERP	XIN Y1 Y2 Y3 Y4 Y5 Y6 Y7 Y8 Y9 Y10 　　　INTERP　→ VALID 　　　YOUT	提供线性表查询与插入功能

算法名称	图　符	说　明
KEYBOARD	KEYBOARD → PK1 → PK2 → PK3 → PK4 → PK5 → PK6 → PK7 → PK8 → OPEN(PKS) → CLOS(PK10) → SPUP → SPDN → AUTO → MAN → INC → DEC	操作键盘与逻辑图接口
LATCHQUAL	IN1 → SET → QUAL → RSET → LATCHQUAL	输入质量的锁存与去存
LEADLAG	TOUT　IN1　LEADLAG　OUT　TRIN	超前一滞后补偿器，如果选择超前，则输出是输入对时间的微分；如果选择滞后，则输出等于一个惯性时间后的输入，即输出跟踪输入有惯性
LOG	IN1 → LOG → OUT	对输入取以10为底的对数
LOSELECT	TRK4 TRK3 TRK2 TRK1 IN1 IN2 IN3 IN4　<　TRIN　OUT	选择带有增益和偏置的两个输入最小值
LOWMON	LOSP → L　IN1 → → OUT	信号低限监视器
MAMODE	PLW PRA LWI RAI MRE ARE BACT STRK → MAMODE → TRK → AUTO → MAN → LOC → MODE(to MASTATION)	设定M/A站的操作方式，如手动、自动、输入降优先、输入升优先、禁止输出增、禁止输出降

算法名称	图　符	说　明
MASTATION		自动/手动控制站
MASTERSEQ		使用设备顺序控制器，为顺序控制的执行提供高级监控功能
MEDIANSEL		监视三个模拟输入的质量和偏差，输出等于三个输入的中间值
MULTIPLY		计算机有增益和偏置的两个输入乘积
NLOG		一个输入的自然对数
NOT		逻辑非门

算法名称	图　符	说　明
OFFDELAY	IN1 → / TARG → TD OFF → OUT, ACT	脉冲延迟，输入为假（下跳）x秒后，输出成为假（下跳）
ONDELAY	IN1 / ENBL / TARG → TD ON → OUT, ACT	脉冲延迟，输入为真（上跳）x秒后，输出成为真（上跳）
ONESHOT	IN1 → / TARG → → OUT, ACT	单发脉冲，输入为真（上跳）后，输出马上成为真（上跳），并保持x秒
OR	IN1, IN2, IN3, IN4, IN5, IN6, IN7, IN8 → OR → OUT	多达八个输入的逻辑或
PACK16	D0~D15 → PACK16 → PBPT	将16个数字点转化为一个数字记录打包点
PID	TOUT, ST, PT, PV, PGAIN, INTG, DGAIN, DRAT, TRIN → Δ, k, $\int$, $\frac{\mathrm{d}}{\mathrm{d}t}$ → DEVA, OUT	比例＋积分＋微分调节器

算法名称	图　符	说　明
PIDFF		带前馈的比例＋积分＋微分调节器
PNTSTATUS		基于一个点记录的状态字产生多达两个标志
POLYNOMIAL		使用用户定义常数的五阶多项式
PREDICTOR		补偿纯延迟时间，模拟标准的史密斯预估控制系统结构，输出是过程输出与没有延迟的模拟减去带有延迟模拟的输出模拟
QAVERAGE		计算 N 个输入的平均值（$N<9$）
QUALITYMON		输入量的质量检查
RATECHANGE		计算输入的变化率

算法名称	图　符	说　明
RATELIMIT		当变化率超出带有固定速率限制时，速率限制器进行限制，并给出标志
RATEMON		具有固定和可变限制的变化率监视器
RESETSUM		带复位的加法器，输出等于带增益和偏置输入加旧输出的和
RPACNT		计算 RPA 卡的冲脉数，基于由控制器定义的事件
RUNAVERAGE		分析 N 个输入采样，并根据结果设置输出的质量
SATOSP		传送一个模拟值到一个数字打包记录

算法名称	图　符	说　明
SELECTOR		N 个模拟输入之间传递（N＜8），选择是由三个数字标志完成的
SETPOINT		产生设定点的手动装载站
SINE		正弦（rad）
SLCAIN		从 SLC 卡寄存器中读出模拟输入
SLCDOUT		写数字输出到 SLC 卡寄存器中

算法名称	图 符	说 明
SLCPIN	PSTA - -→ / SSTA - -→ **SLCPIN** →OUT1 / →OUT2 / →OUT3 / →OUT4 / →OUT5 / →OUT6 / →OUT7 / →OUT8 / →OUT9 / →OUT10 / →OUT11 / →OUT12 / →OUT13 / →OUT14 / →OUT15 / →OUT16	从 SLC 卡寄存器中读出数字打包点
SLCPOUT	PSTA - -→ / SSTA - -→ / IN1 - -→ / IN2 - -→ / IN3 - -→ / IN4 - -→ / IN5 - -→ / IN6 - -→ / IN7 - -→ / IN8 - -→ / IN9 - -→ / IN10 - -→ / IN11 - -→ / IN12 - -→ / IN13 - -→ / IN14 - -→ / IN15 - -→ / IN16 - -→ **SLCPOUT**	写数字打包点到 SLC 卡寄存器中
SLCSTATUS	**SLCSTATUS** →PFID / →PPR1 / →PPR2 / →PAUX / →PSTA / →SFID / →SPR1 / →SPR2 / →SAUX / →SSTA	在 SLC 卡中完成状态检查,为误差设置合适的标志
SMOOTH	IN1 ↓ **SMOOTH** ↓ OUT	平滑值传递(数字滤波)

算法名称	图　符	说　明
SQUAREROOT	TOUT　IN1 （开方图符：带有√符号的方框，左上TOUT，右上IN1，左下TRIN，下方OUT）	对带有增益和偏置的输入进行开方
STEAMFLOW	DP　SV (from STEAMTABLE) IN1　IN2 STEAMFLOW OUT	流量补偿
STEAMTABLE	IN1　IN2　IN3 STEAMTABLE → FLAG OUT　OUT1　OUT2　OUT3	计算水和蒸汽的热力特性
STEPTIME	HOLD→　→STEP TMOD→　→RHRS TRIN→　→RMIN STEPTIME　→RSEC 　→EHRS 　→EMIN 　→ESEC	自动步进定时器允许多达 50 步，每一步时间的选择由时间常数确定
SUM	TOUT　IN1　IN2　IN3　IN4 Σ TRIN　OUT	四个带有增益和偏置输入的代数和
SYSTEMTIME	RUN SYSTEMTIME → SEC → MIN → HOUR → DAYM → MNTH → YEAR TNUP	读真实时间，并以秒、分、小时、天、月和年设定模拟点
TIMECHANGE	TIMECHANGE → HCHG → MCHG → SCHG	读真实时间，并以秒、分、小时设定标志，为一个回路时间设定标志

算法名称	图　符	说　明
TIMEDETECT	TIMEDETECT → DCHG → SHFT → WCHG	读真实时间，并以天、星期的变化设定标志，为一个回路时间设定标志
TIMEMON	RUN → TIMEMON → FLG1 → FLG2	对照真实时间，检查输入的时间和日期，在时间情况改变时，设置标志
TANGENT	IN1 → TANGENT → OUT	正切（rad）
TRANSFER	N (IN1) FLAG TRK1 Y(IN2) → T TRK2 TRIN OUT	根据标志的状况，选择一个带有增益和偏置的输入
TRANSLATOR	IN1 → TRANSLATOR → OUT	基于一个输出值（索引）输出 50 个与定义整数值中的一个
TRANSPORT	IN1 → ～ → OUT	得到一个输出点的 N 个采样值并输出，采样带有滞后
UNPACK16	PBPT → UNPACK16 → D0 ⋮ → D15	从一个打包数字点得到多达 16 个数字的值

续表

算法名称	图　　符	说　　明
X3STEP		具有偏差控制装置的数字定位，允许保持三个类型的输出脉冲的通或断
XOR		两个输人的异或

注　——→—必选模拟量输入或输出；——▶—必选数字量或打包数字量输人或输出；--→—可选模拟量输入或输出；
--▷—可选数字量或打包数字量输入或输出。

附录十　报警系统的常用术语

术语	定　　义
Alarm Annunciation System	并非在所有系统上可用。该报警系统提供了一种在操作员工作站上检测和显示工厂异常情况的方法。报警显示于出现在工作站监视器顶部的报警带中，这是报警系统的一个替代选择
报警收集器	报警收集器负责连接到远程网络、接收所有远程报警数据并将其传播到 Alarm 窗口
报警抑制	报警抑制是一种可选功能，可阻止某个点发出报警或阻止已发出报警的点显示报警消息，可以通过 Developer Studio 选择要在 Ovation 系统中使用的报警抑制类型
报警抑制延迟	表示解除报警抑制之后与实际报告报警之前的这段时间
报警目的地	每个操作员工作站均可以定义为接收来自特定工厂区域或目的地的报警，可通过为每个点指定特定目的地来实现。目的地通过每个点的特征字段的第一个特征来进行定义。可以将每个工作站指定为接收一个或多个特定目的地的报警或整个系统的报警
报警优先级	每个点都具有为其指定的报警优先级。优先级可指定为 1~8，其中 1 为最高级别（最紧急/最重要），而 8 为最低级别（最不紧急/最不重要）。可以为模拟点分配最多五个不同的优先级（四种限值每种一个，用户定义限值一个）。如果定义了相应的限值，则会定义优先级。high X（其中 X 为 1~4）报警使用相应优先级字段的高半字节，low X（其中 X 为 1~4）报警使用低半字节。 传感器报警和 SID 报警使用所有已定义优先级的最大值，而恢复则使用所有已定义优先级的较小值。例如，如果已定义 high1 限值，而未定义 low1 限值，则将定义 limit1 优先级字段的高半字节，而不会定义其低半字节。因此，当确定传感器报警或从报警恢复的优先级时，limit1 优先级字段的低半字节将不会用于评估
报警系统	该报警系统提供了一种在操作员工作站上检测和显示工厂异常情况的方法，报警显示在列表中，这是标准 Ovation 报警系统
过滤	允许选择要在操作员站上的各种报警列表中显示的报警类型，并过滤不想显示的报警，可以根据模式、优先级、目的地（厂区）、类型和网络/设备对显示在 Alarm 窗口中的报警进行过滤
图标报警系统	此报警系统提供了一种基于报警的优先级和厂区对其进行分组的机制，每个报警组由显示器上预配置的位图表示
增量高限值和低限值	除了用于 Ovation 点的 high1~high4 和 low1~low4 限值之外，还可以分配增量高限值和增量低限值。超出增量报警时，将发送信息到操作员工作站以指示该点的值正逐渐变好还是变坏（即该值正在远离还是接近并最后超出高限值或低限值）

术语	定 义
重置（可重置恢复）	表示恢复先前已得到确认并且必须重置，以将其从报警列表中删除并从屏幕中清除。启动可重置恢复有以下两种方式： （1）确认未确认的报警，然后恢复。此恢复将作为一个可重置恢复被重启。由于先前的报警状态已被确认，因此恢复无需再确认，但需要进行重置。 （2）未确认的报警恢复正常，并且未确认的恢复被广播到所有站点。未确认的恢复一旦得到确认将作为可重置恢复启动
恢复（恢复正常）	表示先前处于报警状态的某个点现已恢复正常且不再处于报警状态中
SID 报警	表示无效点被用作限值或抑制，也表示计算的限值质量差（仅在模拟点上）
状态更改	表示数字点的状态更改，仅显示在历史记录列表中
用户定义限值	Ovation 模拟点可以分配有可选的用户定义高限值和低限值。当超出这些限值之一时，会将该点的报警状态广播到 Ovation 网络上。该报警与标准报警限值无关
未确认报警	报警发生时（新报警、切换报警或增量报警），该报警将作为未确认报警广播到 Ovation 网络上。在操作员对其进行确认之前，该报警将保持未确认状态。这是系统范围内的确认，将广播到所有站点。如果该报警再次重启（即已超出新的限值），则其将再次成为未确认报警。如果站点超时，则该报警将被视作未确认。当操作员确认该类型的报警时，不会在系统范围内进行广播，而必须逐站进行确认
主要和次要报警数据	服务器确认报警收集器为接收远程报警数据而连接到的报警数据服务器，或报警收集器所做的最后连接。对于每个报警收集器，必须定义其连接到的远程网络

参 考 文 献

［1］上海爱默生过程控制系统有限公司．Ovation 系统硬件培训手册．2010.

［2］电力行业热工自动化技术委员会．火力发电厂分散控制系统典型故障应急处理预案：艾默生 Ovation 系统．北京：中国电力出版社，2012.

［3］张波．计算机控制技术．北京：中国电力出版社，2010.

［4］华能国际电力股份有限公司．热工控制系统运行维护手册（Ovation 控制系统）．北京：中国电力出版社，2008.

［5］刘海．OVATION 系统的 MODBUS 通讯分析及应用．热力发电，2004（12）.

［6］田宏梅．OVATION 系统在热电厂中的应用．科技创新导报，2009（20）.

［7］邓冠宇．由 OVATION 画面自动建立电气仿真模型的研究．电力科学与工程，2008（8）.

［8］赵石兵．OVATION 系统下装过程中的故障处理及防范．自动化博览，2008（8）.

［9］赵志军．OVATION 控制系统中典型逻辑控制图例的分析．河北电力技术，2004（1）.

［10］张琦．爱默生新版 DCS 控制系统 Ovation-XP 的可靠性分析和故障预防．山西电力，2006（6）.

［11］毕经美．项目教学及其在高职课程教学中的应用调查．软件导刊（教育技术），2011（6）.